U0094085

魔法講盟 專業賦能，
賦予您 5 大超強利基！
助您將知識變現，
生命就此翻轉！

Beloning
Becoming

1 輔導弟子與學員們與大咖對接，斜槓創業以被動收入財務自由，打造屬於自己的自動賺錢機器。

2 培育弟子與學員們成為國際級講師，在大、中、小型舞台上公眾演說，實現理想或開課銷講。

3 協助弟子與學員們成為兩岸的暢銷書作家，用自己的書建構專業形象與權威地位。

4 助您找到人生新方向，建構屬於您自己的 π 型人生，實現指數型躍遷，「真永是真」是也。

5 台灣最強區塊鏈培訓體系：國際級證照＋賦能應用＋創新商業模式。

魔法講盟是您成功人生的最佳跳板！邀您共享智慧饗宴
只要做對決定，您的人生從此不一樣！

唯有第一名與第一名合作，才可以發揮更大的影響力，
如果您擁有世界第一．華人第一．亞洲第一．台灣第一的課程，
歡迎您與行銷第一的我們合作。

學會將賺錢系統化，過著有錢又有閒的自由人

打造自動
賺錢機器
斜槓創業
ES → BI

E B
S I

保證賺大錢！跳晉複業人生！數位實體雙贏，改寫你的財富未來式！

您的賺錢機器可以是……
讓一切流程自動化、系統化，
在本薪與兼差之餘，還能有其他現金自動流進來！
您的賺錢機器更可以是……
投資大腦，善用費曼式、晴天式學習法，
把知識變現，產生智能型收入，讓您的人生開外掛！

保證大幅提升您
創業成功的機率增大
數十倍以上！

密室逃脫 創業育成

「創業 Seminar」，透過學員分組 Case Study，在教中學、學中做；「創業弟子密訓及接班見習」，學到公司營運的實戰經驗；「我們一起創業吧」，共享平台、人脈、資源、商機，經由創業導師的協助與指引，能充分了解新創公司營運模式，不只教你創業，而是一起創業以保證成功！

★ 經驗與新知相乘 ★ 西方與東方相輔 ★ 資源與人脈互搭

一年Seminar研究 → 二年Startup個別指導 → 三年保證創業成功賺大錢!

時間：★為期三年★

每月第三週
- 星期二 15:00 起 ▶ 創業 Seminar
- 星期四 15:00 起 ▶ 創業弟子密訓及企業接班見習
- 星期五晚 ▶〈我們一起創業吧〉

費用：★非會員價★280,000　★魔法弟子★免費

公眾演說 A+ to A++ 國際級講師培訓

收人 / 收錢 / 收心 / 收魂

培育弟子與學員們成為國際級講師，在大、中、小型舞台上公眾演說，一對多銷講實現理想！

面對瞬時萬變的未來，您的競爭力在哪裡？你想展現專業力、擴大影響力，成為能影響別人生命的講師嗎？學會以課導客，讓您的影響力、收入翻倍！

我們將透過完整的「公眾演說班」與「國際級講師培訓班」培訓您，教您怎麼開口講，更教您如何上台不怯場，讓您在短時間抓住公眾演說的撇步，好的演說有公式可以套用，就算你是素人，也能站在群眾面前自信滿滿地侃侃而談。透過完整的講師訓練系統培養開課、授課、招生等管理能力，系統化課程與實務演練，把您當成世界級講師來培訓，讓您完全脫胎換骨成為一名超級演說家，晉級 A 咖中的 A 咖！

為您揭開成為紅牌講師的終極之秘！
不用再羨慕別人多金又受歡迎了！

從現在開始，替人生創造更多的斜槓，擁有不一樣的精彩！

02 區塊鏈講師班

區塊鏈為史上最新興的產業，對於講師的需求量目前是很大的，加上區塊鏈賦能傳統企業的案例隨著新冠肺炎疫情而爆增，對於區塊鏈培訓相關的講師需求大增。魔法講盟擁有兩岸培訓市場，對於大陸區塊鏈的市場更是無法想像的大，只要你擁有區塊鏈相關證照及專業，魔法講盟將提供你國際講師舞台，讓你區塊鏈講師的專業發光發熱，更有實質可觀的收入。

03 區塊鏈技術班

目前擁有區塊鏈開發技術的專業人員，平均年薪都破百萬，在中國許多企業更高達兩三百萬台幣的年薪，目前全世界發展區塊鏈最火的就是中國大陸了，區塊鏈專利最多的國家也是中國，魔法講盟與中國火鏈科技合作，特聘中國前騰訊的技術人員來授課，將打造您成為區塊鏈程式開發的專業人才，讓你在市場上擁有絕對超強的競爭力。

04 區塊鏈顧問班

區塊鏈賦能傳統企業目前已經有許多成功的案例，目前最缺乏的就是導入區塊鏈前後時的顧問！顧問是一個職稱，對某些範疇知識有專業程度的認識，他們可以提供顧問服務，例如法律顧問、政治顧問、投資顧問、國策顧問、地產顧問等。魔法講盟即可培養您成為區塊鏈顧問。

05 數字資產規畫班

世界目前因應老年化的到來，資產配置規劃尤為重要，傳統的規劃都必須有沉重的稅賦問題，工欲善其事，必先利其器，由於數字貨幣世代的到來，透過數字貨幣規劃將資產安全、免稅（目前）、便利的將資產轉移至下一代或他處將是未來趨勢。

區塊鏈創業

洞見趨勢，鏈接未來，翻轉人生！

THE BEST BLOCKCHAIN FOR YOUR BUSINESS

區塊鏈師資培訓專業教練
吳宥忠——著

全方位認識區塊鏈技術

自從2008年美國次級房貸引發的全球金融危機後，2008年10月31日，Satoshi Nakamoto發布了比特幣的白皮書《Bitcoin：A Peer-to-Peer Electronic Cash System》，吹響了去中心化金融時代的第一聲號角。迄今（2021年1月）約莫12年的韶華間，比特幣與區塊鏈兩詞悄悄踏入世人的耳目間，有些人在上古時期大膽踏入賺得盆滿缽滿；有些人遭詐落得血本無歸；亦有人在旁靜靜觀看著幣圈風浪。若我們將時間的維度拉大，綜觀區塊鏈技術的發展歷程，其實大致上如同世界級資訊科技研究及顧問機構：Gartner Inc.於1995年提出的新興技術評估模型「技術成熟度曲線（Hype Curve）」。

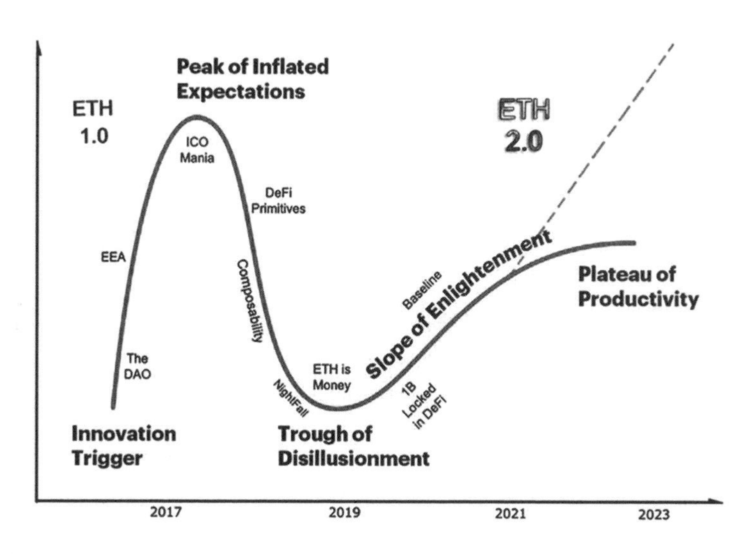

圖片來源：https://bitnewstoday.com/news/ethereum-and-the-gartner-hype-cycle/

2017 年的 ICO 狂熱與泡沫讓投機客鳥獸散後，許多真實的區塊鏈技術信仰者：研究員與開發者們仍舊努力不懈地透過實驗探詢區塊鏈技術的潛在應用，於是我們見證了 DAPP 寒武紀大爆發的 2018 年。經過眾多的實驗與常識後，回歸到區塊鏈技術的本質：「價值傳遞」，相對於互聯網技術的「資訊傳遞」，區塊鏈的本質仍是屬於金融的。而金融的本質——「跨越時間與空間的資源調度」正能透過區塊鏈技術完美地實現。於是乎，2019 年起，以太坊上繁榮的去中心化金融生態系逐漸發跡，並發展成為了今日區塊鏈最主流的應用。

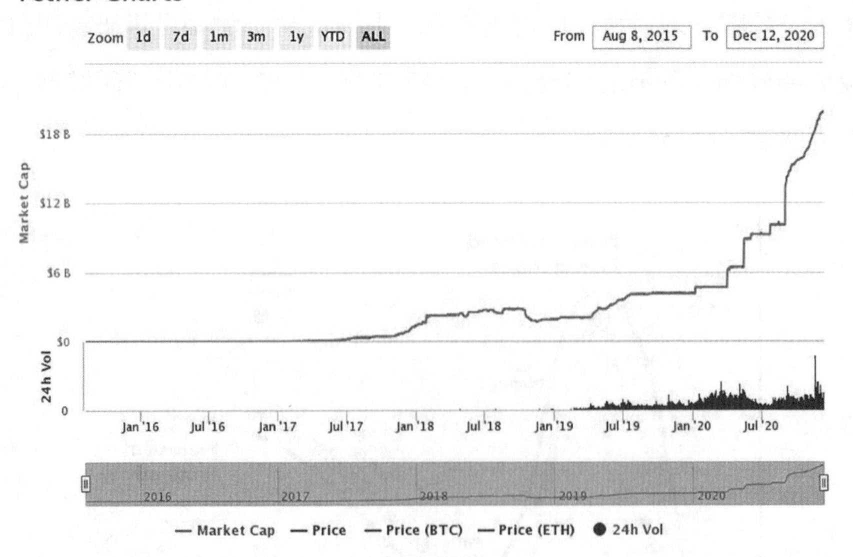

USDT 總發行量圖表，圖片來源：https://coinmarketcap.com/currencies/tether/

儘管小週期內的幣價與市值波動始終存在，然而我們綜觀「從現實世界流入區塊鏈世界的資產」其實在大週期仍舊可以觀察到驚人的指數型增長態勢，上圖的 USDT 發行量圖表顯示人們正不斷地將資產與價值從傳統金融世界轉移到去中心化世界，並且這一態勢隨著時間變得更加猛烈。如此現象反映了人們經歷無數次金融危機後對於傳統金融的不信任以及對於去中心化的信仰。透過本書，讀者將能從頭開始紮實地建立起對於區塊鏈技術的完整概念與認識，在更大量的資金如潮水般湧入去中心化世界前站穩腳跟，乘著風口興風破浪。關於去中心化金融的完整知識，我在第五章第 05 節「去中心化金融 DeFi」將有更詳盡的闡釋。

Bruce

資深去中心化金融技術研究員
區塊鏈技術與金融專欄 Medium 首席作者
區塊鏈與 DeFi 技術佈道師暨特聘講師
台灣最大區塊鏈技術暨密碼學研究社群共同組織者
國際知名 DeFi 協議共同創辦人
加密貨幣及 DeFi 投資操盤好手
畢業於國立台灣大學管理學院

區塊鏈還在成長

隨著我們邁向未來，我們發現對信任交互系統的需求日益成長。早在斯諾登事件之前，我們就意識到將信息交給網路上的任意實體是充滿危險的。然而，在斯諾登事件之後，這種觀點顯然又落入了另一些人的手中，這些人認為大型組織和政府經常試圖擴大和超越自己的權力。

因此，我們意識到，將信息（信任）委託給組織（公司或政府單位），通常是一個從根本上就已經殘破不堪的模式。這些組織表明不亂用我們的數據，僅僅是因為那樣做的努力超過了預期收益而已。鑒於他們喜歡採用的模型要求他們盡可能大量地掌握人們的數據，因此現實主義者會意識到，改變信息濫用情況的困難程度是難以估量的。

所以我們更要重視區塊鏈，我們能夠做什麼？除了我們在區塊鏈上面能夠自主地進行信息的保護之外，我覺得更重要的是資產的保護，以及資產的自主權，讓區塊鏈的出現重新定義了數位資產，過去我們認為的數位資產可能是歌曲、書籍、影片等等……，但是現在區塊鏈的出現帶來了翻天覆地的改變，讓這個世界為數位資產創造了巨大的機遇，但同時也為其研究帶來了艱難的挑戰。

接下來關於區塊鏈的實質，已經有很多不同的觀點論述。有人認為是分布式帳本技術，有人定義為一種有特色的數據管理技術，有人定義為智能合約平臺。著名經濟學家朱嘉明認為，區塊鏈是人類有史以來內涵最豐富、外延最廣闊的技術之一，因此難以全面概括，在認知上更不可急於求全。

在此我絕對認同這一看法，並認為迄今為止所有對於區塊鏈的定義和描述，都可能是片面的、是管中窺豹，因為區塊鏈還在成長。

在這個自主性、跨國際、跨平臺的系統之下我們恣意結合對於資產表達問題的新思考，沿著通證這一思路進一步推進對區塊鏈的認知。

在本書中，我們提出要從合約支持技術的角度去理解區塊鏈，並且將區塊鏈視為在文字紙張簽約合約沿用數千年之後，在合約支持技術領域最重大的技術升級，因而也是資產表達技術的劃時代重大升級。

因此我們將區塊鏈描述為由多方共同維護的、支持數位化合約的創建、驗證、存儲、流轉、執行以及其他相關操作的分布式系統。

區塊鏈的前驅技術為文本合約、簽名、制式合約、票證、證券、貨幣、法律等合同技術，這些技術的傳統應用已有數千年歷史，而區塊鏈是這一場景上數千年來最重大的一次技術升級。

由於合約及律法是人類制度的基礎，因此區塊鏈將有能力影響一切制度安排。

從傳統型的數位資產定義到區塊鏈的數位資產表達、分類以及區塊鏈數位資產的一系列問題。

到底什麼是數位資產？區塊鏈上的數位資產跟此前中心化系統中的數位資產到底有何不同？這些不同是如何發生的，又將產生怎樣的影響？上述相關問題在本書將會有系統化的探索和討論。

我個人認為，數位資產和虛擬貨幣是區塊鏈經濟最重要的兩個方面。數位資產的發展不僅可以有效擴展虛擬貨幣的應用場景，未來還可以為虛擬貨幣的發行奠定重要的基石，二者的協同發展是區塊鏈經濟發展的基礎動力和重要標誌，首先將資產定義為由可交易或其他約定行為形成和調整的、具有明確的所有者或控制者的、預期會帶來經濟收益的權利所構成的集合體。對應於資產的表達形式，區塊鏈都提供了理想的數字化支持。

區塊鏈作為一項可信技術，由多方認可，多方背書，是新一代金融基礎設施的技術雛形，可以為現有金融機構未能觸及的底層實體「加持」信用，增進相互協作，降低交易成本，這對於信用和貸款資源一直不能很好滲透到的中小企業及邊緣群體而言，有可能創造一個全新局面，而這對於國家的經濟發展和金融監管，意義非同一般，因此我們認為，區塊鏈是數位資產理想的支持和管理技術平臺。

麥祐睿
臺灣區塊鏈策進會秘書長
奧智森科技有限公司執行長
BBAI 區塊鏈研究中心 特聘講師
中級區塊鏈應用規劃師
區塊鏈商業模式講師

站在趨勢的風口上，就連豬都會飛

在時代不停的演進下，只有不斷為自己充實最新資訊，才不會輕易被這社會淘汰，對於各種產業鏈來說，只要搭上區塊鏈應用，你也可以是這時代的先鋒，區塊鏈時代的到來，不僅僅只是改變了我們的生活模式，更將重置我們的財富分配，正所謂資訊懂得越早的人賺資訊落後者的錢，資訊落後者賺無知者的錢，這就是金錢流動的方向，懂得站在風口上的高思維商人們，不僅能賺上大筆財富，更需懂得如何賺上快錢。

談到區塊鏈就會想到本質的數字貨幣比特幣，比特幣的問世造就了很多年輕世代對投資的興趣，也改善了許多低薪族們的生活品質，更有許多人因為比特幣而致富的，所有的商品都需要經過市場的炒作才有話題，自然而然地數字幣就更加有價值了，沒價值的東西怎麼會有人願意以每顆近 2 萬美金（2020 年 12 月來到）的價位購買比特幣呢？短短半年暴漲 300% 以上的！也只有數字貨幣辦得到，數字貨幣的投資跟傳統投資的報酬是不一樣的，傳統投資報酬是以百分比計算，數字貨幣帶來的獲利是以倍數計算，在我的第二本財商書中，也會分享如何操作數字貨幣讓您也能賺上 300% 以上的獲利。

區塊鏈的應用使我們在金融市場有了更新的突破與便捷，就因為區塊鏈是以點對點的交易模式，去中心化及去中間化架構，使我們省去了過程中繁雜的交易程序，讓這些處理過程得到了更快速到帳的時間及成本，往往我們進行匯款動作都需要經過中心化（如銀行）的審核，再到用戶的銀行錢包，這時間上的耗費可能需要個 2~3 天，及手續費昂貴（因為銀行也需要養員工），但去中心化後，每筆生意帳款都能在第一時間收到，而且互相查得到帳款。

在產品上搭載區塊鏈，能夠讓客戶對商品產生更良好的信賴度，對廠商而言，也能達到品質保證的效果，商品上鏈後的商業模式使廠商及顧客中達到雙贏，為何如此說呢？我們都知道區塊鏈是一個去中心化的架構，廠商在商品的製造流程中，每一製程管制都會上鏈且不可篡改，如果發現哪個環節出了瑕疵品，廠商自己也能追溯是哪一個製程中所導致，不但改善了品質，更能少掉許多不必要的成本，客戶買到產品時更能知道買到的是正品還是仿冒品？因為區塊鏈上的資料完全是公開透明可查詢的，且是無法篡改。

人跟人之間的信賴要以什麼做為保證？區塊鏈替我們解決了這個的迷思，好比當人們在事前都是滿口承諾，在事後卻是耍賴不兌現，就算是彼此當下有簽訂契約，也難保證主事者就會按照契約內容執行，所以對被承諾的另一方不是百分百的保障，區塊鏈就不同了，在區塊鏈上有個智能合約，它將解決人跟人之間的不信任問題，這道習題也大大提升了主事者的信用，因為智能合約是事先寫好的且寫好後不得篡改，智能合約會在事後生效並強制執行。好比我誇下海口：如果我當選市長，要將空氣污染 pm2.5 指數調降到我設定的目標內，如果上任百日後沒達標？那麼我每月薪水的一半要捐出來做慈善，因為這不是一般契約（一般契約依然可以賴皮不執行），但智能合約是強制執行的，如果上任百日後沒做到這項政見，那麼我的每月薪水將有一半會被強制捐出來給當初設定好的慈善機構，想想這對我們人跟人之間的信賴度是不是更有保障呢？

在此，感謝本書作者吳宥忠老師對於區塊鏈知識的無限奉獻，這本書將一條龍地完整介紹區塊鏈整體運用模式，不論你是受薪階級，還是自營商老闆，又或者你是學生，都應該讀完這本區塊鏈的武功祕笈，它將重新啟動你的思維及賺錢 BM，傳統市場當然依舊可以賺到錢，但賺錢的速度就像是搭火車的區間車一樣，在起起伏伏中走走停停，甚至已經到達沒什麼利潤可言的境界，區塊鏈的到來就像是把火車賺錢的速度改成以高鐵行走的速度，甚至是用磁浮列車的速度下去賺錢，這更是以最有效率的方式，將財富送進您我的口袋，相信我，讀完這本書後，您會感謝這本書的作者吳宥忠老師！

羅德（Freedom , Lo）

亞洲區塊鏈經濟策略師

不了解，就開始了解吧！

區塊鏈這個領域，常常聽聞到艱澀的名詞還有許多暴富的傳說，但是到底怎麼樣可以暴富？

我大伯父今年60出頭了，依舊在職場上，從事的是紙類相關的工作，與家人一同經營工廠，人高大挺拔，從小對於做生意非常有興趣，高中時期就會批發一些東西來賣；他高中畢業那時正值台灣的七〇年代，百業興起，當時造紙業是很大的需求，讓他對紙業產生興趣，於是踏入了這個行業，當時的造紙還沒有非常的規格化，卻是戰後嬰兒潮民生必需的一環，起初最大的勢力是國營企業，但腳步時常無法跟上市場，讓民間有許多機會切入，而造紙的入門也並不算非常高的門檻，一群人合夥購進一些機器找一個大鐵皮屋工廠，就開始做出堪用的產品；而紙箱在生意物流上一定會有需求，便可以找到初始的生意，許多願意拚的，就在搶一個區域新市場的生意。

之後，大伯與我父親在我的阿嬤抵押了一些田地後，湊了筆錢，一起經營紙廠。當時崛起的紙業工廠大多小巧，每間公司各有其特色。而造紙過程，紙屑飄盪是難免的副產品，整天下來，工廠難免有累積的紙屑粉塵，跟廚房煮菜難免有油煙的道理一樣。大伯是個相當嚴苛的人，特別愛乾淨，非常在意造紙環境，花了許多時間調整流程，增配管路，過程動用許多人力，甚至調整事業發展順序來整頓清潔的流程，一些做工的老師傅以及工廠的創始員工都不太理解為什麼最先著墨的不在提升產能，而是環境整潔這些小地方；當然，精進的過程裡並不是完全置產能於不顧，或者捨棄產品品質，那和重視環境並不衝突，而是在整個追求整潔的過程中，環境的要求比起所有其他同業的工廠而言似乎領先而嚴謹多了，尤其是在那個民間工廠的成本不高，大家都是想辦法熬過下一個月的初期發展。

然而這些要求，卻讓參觀工廠的廠商印象深刻，許多參觀者走進工廠的第一句話就是：「我以為這是食品廠，沒想到紙廠可以這麼乾淨。」而這句話並不是只來自於其中一個廠商，而是每一個廠商最後都留下這樣的印象。

一直到現在我們每年都還是會定期巡視這些老廠房，三十幾年了，廠房依舊非常整潔乾淨，動線清楚，粉塵跟垃圾不落地，這些副產品在製造的過程就同時處理完畢。大伯與家人的紙廠從那幾筆初始的訂單以後，每年有不同的成長，業務遍及桃園、台中，如今也已經邁入第三十二個年頭。

也許當時會受到注目並不在產品如何地獨特，畢竟當時紙箱的工藝，在成品上要差異化的成本極高，而小廠商的進價成本又比大廠高出許多，在價格競爭上難有優勢。但我們的紙廠當年讓人留下了特別的印象，從一個小地區工廠就有了自己的市場範圍。

講回區塊鏈的行業，目前都還在初創的階段，並且變化相當快速，下一個在風口上的會是什麼，沒有人知道，這就跟當年紙廠的發展是一樣的，一個新的市場裡的各種需求都會發生。

台灣幣圈跟區塊鏈圈的發展，從過往現貨買賣，有了場外交易，買賣幣的幣商和早期的撮合交易，讓市場上的人賺了一筆錢；之後有了募資的項目，有了代投，代投曾經呼風喚雨，甚至是搶著送錢給他代投而不收的情形也有。交易所跟募資項目是一起火的，全世界最大的交易所幣安，創辦人 CZ 趙長鵬，只用了一年就做出了超越老東家 OKEx 的成績。後來火紅的還有 Defi（Decentralized Finance），到之後的合約交易等等，每一個機會都是市場創造出來的，行業的標準跟規則還有給客戶的體驗都是由先行者制定，要切入許多機會，只要願意提供服務，並且願意提供夠強的差異體驗，就有機會在一個新市場立足。

「也許你會問，我完全對這個市場不瞭解，我要怎麼開始？」不了解，就開始了解吧，菜鳥最直接能夠獲取的資訊，就是市場上目前服務提供者所創造出來的，可以看出市場基本的腳步，隨著接觸的種類越多，就會越發現不同的市場在哪裡，找一個相對新的，有資源的，開始研究。沒有資源就勇敢地問問身邊的朋友，說明自己願意提供服務跟做事，然後就開始吧，這個領域的大家都相對歡迎新血的幫助，從一張白紙到能夠了解各個生態，或許認真起來三個月已經足夠，剩下的都是實際接觸市場的經驗。

我們認識的朋友中，有還是大學生就經營自己社群的 KOL 並且成立公關公司；也有年紀不到三十歲就是量化公司的 CEO，更有許多是原本做資訊工程師，卻抓住了對的趨勢，在 Defi 上面做了好的投資而從此退休。

因為領域太新，對於成功沒有一個固定的途徑，相對確定的是，如果你在某個領域是先行者，並且願意制定規則，那你肯定會是行業前幾名，又或者是一個區域的代表性人物，接著只要你願意完善服務，提出「夠強的差異體驗」，這體驗可以像當年我的大伯父一樣，創造了一個非常乾淨的工廠，又或者是現在的話，可能是一個非常貼心的服務，一直教導到最後一步，又或許是地域上你有什麼跨界的優勢，只要這個差異足夠讓人對你產生印象，之後創造的就是你自己的服務和市場了。

願各位都能夠在這嶄新的沃土上，插秧，結果，開花；期待在未來市場上，一同並肩觀賞整片美麗的花田。

Kenneth（Ken）

區塊鏈領域專欄作家與 KOL

區塊鏈將顛覆傳統金融

區塊鏈（Blockchain）是 FinTech（金融科技）的關鍵技術之一，因具有去中心化及去中間化的特色，對現行金融業運作模式的破壞性和創新性是最強的。

在傳統金融產業正面臨互聯網金融及金融科技（FinTech）的衝擊，而其中又以數位金融相關的區塊鏈技術為新興顯學，也吸引全球政府機關與金融業的巨頭相繼投入研究。目前區塊鏈技術在西方國家研發可謂如火如荼，光是投資到新創公司的資金就超過 10 億美金，是 1990 年代中期對網際網路的新創投資的四倍金額。

區塊鏈的應用場景大致可分為數位貨幣、記錄保存、智能合約和證券等等。具體的包括跨境支付、電子商務、投票、公證、智慧財產權保護、證券發行交易、眾籌、契約、擔保等各類社會事務。無論是公證、醫療、房地產還是物聯網的領域，只要有過多的中間參與，過高的中間成本和高資訊安全的需求，都會有區塊鏈技術的存在必要。金融領域存在大量的銀行、證券交易所等中間機構，對區塊鏈技術的巨大需求也形成了目前對區塊鏈投入最多的領域，金融系統的去中心化將大大提高系統的運行效率。目前的貨幣發行是由央行控制，以政府為中心，進行集中式貨幣管理控制，比特幣的產生是為人們提供一種去中心化的數位貨幣。

在比特幣以及數位貨幣的蓬勃發展後，區塊鏈技術的發展及價值已經逐漸被市場關注及重視。區塊鏈具有去中心化、匿名性、不可篡改性、可追蹤性以及加密安全性的特性，任何人都可以在上面創造新的服務和應用，對於未來產業創新將扮演一定的角色，再加上其導入信任機制，使具有高度安全性，區塊鏈將有機會重新定義未來市場運作模式並建構新一代資訊架構。

區塊鏈目前已經從金融領域逐步向其他產業延伸，包含數位交易、智能合約、產銷履歷、資產管理等。台灣在區塊鏈發展上，已有銀行業在金融科技（FinTech）有相關專案的應用及推動，預計未來在 FinTech 外，包括生產履歷、健康記錄、房仲交易、薪資支付等非密集交易的業務上，都將逐步運行實現。

比特幣的成功對傳統金融機構產生了巨大影響，就是各大機構紛紛涉入區塊鏈領域，試圖用區塊鏈技術取代傳統金融底層協定，金融業對區塊鏈技術的探索對區塊鏈發展起了明顯推動的作用，衍生出側鏈、私有鏈等新概念，加速區塊鏈技術成熟與應用。由於區塊鏈在金融領域應用前景廣闊，全球各大金融機構也都積極參與區塊鏈項目的投資，在區塊鏈技術上加強研究，其中包括那斯達克、高盛、花旗、摩根士丹利、瑞銀等。銀行等金融機構的基礎設施融合底層區塊鏈技術結合，將對現有的支付、交易、結算的方式產生深遠的影響，提升其運作的效率。

最後要大力推薦宥忠這本區塊鏈書籍，深入淺出地從區塊鏈技術一直到區塊鏈特性、應用場景、產業連結及如何運用區塊鏈來創業，最重要的是書中還包含了許多的實際案例，讓你不僅簡單清楚地讀懂區塊鏈，而且還提供了許多運用區塊鏈技術賺取被動收入的工具。對任何準備進入並開始利用這項技術的人來說，是一本非常寶貴的工具書。

黃鈞蔚老師

區塊鏈金融交易達人
兩岸百強講師
區塊鏈認證班講師
區塊鏈金融操作講師
合約交易達人

要創業或想找到金飯碗的人，一定要先看這本書

華文培訓圈區塊鏈教育的 A 咖——「區塊鏈小王子」吳宥忠老師又出書了！

吳老師早已是數本暢銷書的作家，更是多家知名企業、社會團體競相禮聘的培訓師、顧問，這次推出最新力作，是要為有上進心的朋友們，在事業及職涯規劃上點亮一盞明燈。

無論是創業還是就業，最大的風險是「入錯行」，最大的誤區是「不符合趨勢」，當思維、眼界、格局都達到一定的水準以上，再掌握時代潮流，所付出的心力將能贏得豐厚的回報；反之，將陷入「選擇不對，努力白費」的窘境。

本書便如同指南針，指引你往正確的方向邁進——此書可說是集吳老師近年於商務培訓領域心血之大成！從內在的想法指引，到引導大家正確地認識正處於時代風口的區塊鏈，進而再將其各式各樣的企業賦能與商業應用，做精闢的論述，在在都是正準備要大展鴻圖的有志之士，一定要掌握的素養與必定要具備的見識，是想了解和運用區塊鏈技術的創業者們，參考必備的實用指南。

比爾 · 蓋茲（Bill Gates）當年大聲疾呼「未來要麼電子商務，要麼無商可務！」時，許多人不當一回事，時至今日，任何一家稍具規模的公司行號，沒有不再網路上曝光的，現在沒有用網路，跟在廿世紀七〇年代

沒有申裝電話，是沒有兩樣的！

邇來有識之士倡議「將企業上鏈」，又有不少酸民說出許多酸言酸語，不知道若干年後，又將有多少人悔不當初……屆時沒上鏈的商業實體，將會面臨比今天沒上網的業者更困頓的處境（我們有生之年，應該會看到這一天）。

受邀為這本書寫序，身為學生的我感到非常榮幸（吳老師是我學習真正區塊鏈知識的啟蒙恩師，也是一路陪著我成長的指導者），又因本人在保險業界服務有年，平時對於與保險議題相關的區塊鏈應用新資訊，自然會多留意。老師知道這一點，邀我將所知及所學論述、梳理為本書第四篇第 10 章，更是使我受寵若驚，有道是恭敬不如從命，便花了數日完成了該章節的內容，願對想了解區塊鏈於保險之應用、欲從事保險相關產業、想發掘保險業新商機的朋友們，能有所裨益。

最後鄭重向大家推薦，如果想在人生的事業方面少走彎路，一定要認真讀通本書。祝讀者朋友們一帆風順、鵬程萬里。

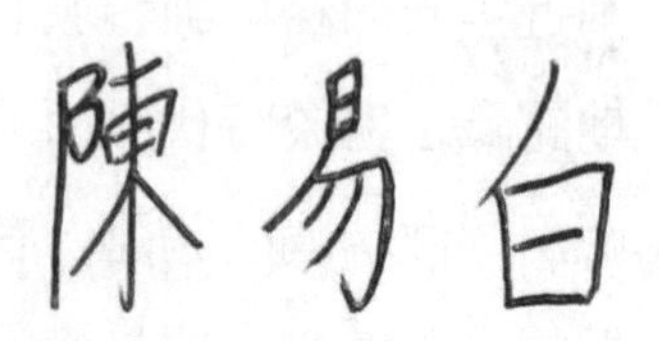

兩岸百強講師／區塊鏈大學士

區塊鏈為各行各業賦能

我們人類不能想像出來，沒有體會過或是看過的東西，所以你永遠賺不到超出你認識範圍之外的錢，除非靠運氣，但是靠運氣賺到的錢，往往又會靠實力虧掉，這是一種必然的過程。

你所賺的每一分錢，都是因為你對這世界的認知的變現；而你所虧的每一分錢，也是因為與這世界認知的缺陷 。這個世界最大的公平在於，當一個人財富大於自己認知的時候，這個世界就會有一萬種方法來收割你，直到你的認知與財富匹配為止，你認同嗎？

台灣是全世界老闆密集度最高的地區，台灣人非常喜歡創業，不論是小公司大公司或是路邊攤，但是在台灣創業的成功率僅僅僅只有 5%，五年的存活率更只有 1%，根據研究調查這成功的 1% 特性，大多為跟對趨勢以及創新的商業模式，未來的三大趨勢分別為：區塊鏈、AI 人工智慧、健康產業的大數據。

目前又以區塊鏈的應用最為廣泛，而且區塊鏈擁有一個絕佳的功能，就是可以為各傳統產業賦能，也就是很多產業因為以往的技術、法律、流程等等，沒有辦法突破的商業模式，在區塊鏈上都可以一一做到，所以很多傳統企業只要簡單地將區塊鏈特性賦能，就可以立即從紅海市場變成藍海市場。想要創業的創業家，若是運用區塊鏈的特性來創業，必定能在創業這條血路之中，打造與其他創業者完全不同的市場，進而大大提升創業的成功率。

馬雲曾經講過一句話，創業這檔事別想太多放手去做就對了，不知道是不是網路上假借馬雲的流傳，還是真的是馬雲說的，要是真的什麼都不想，就出去創業那就完蛋了，所要付出的成本實在太可怕了，有句話是這樣說：「失敗並不可怕」，但是可怕的是，還有人願意相信這樣的話，創業失敗帶來的後果是非常可怕的，所以在創業之前，一定要盡可能地避免創業失敗的原因，美國有位著名創業家、創業顧問比爾·格羅斯（Bill Gross），他從十幾歲就不斷設立公司，並幫助他人成立公司。在其創立的「創意實驗室（Idealab）」裡，曾孵化出 100 家以上的公司，融資 300 餘次，成功幫助 40 家公司上市，創造了超過 100 億美金的市場價值，並總共創造了 1 萬多個就業崗位，和約 100 位百萬富翁，比爾·格羅斯認為創業最重要的在於流程，只要沒有依照創業的流程去創業，失敗的機率就非常的高，那什麼是創業的流程呢？

創業的流程細分有 19 步驟 ，分別是：

第一步驟 ▶ 在創業之前，你應該學習相關的知識

第二步驟 ▶ 試著把你的創意轉化成一個新奇的商業模式

第三步驟 ▶ 了解分析你的競爭對手

第四步驟 ▶ 開始打造夢幻團隊

第五步驟 ▶ 創業公司的股權分配

第六步驟 ▶ 新推出最簡單並可行的產品開始建立客戶名單

第七步驟 ▶ 開始建立你的品牌

第八步驟 ▶ 開始設立公司

第九步驟 ▶ 正確的聘用律師

第十步驟 ▶ 招募董事和顧問

第十一步驟 ▶ 尋找財務人員和財務系統

第十二步驟 ▶ 開始建立和管理信用

第十三步驟 ▶ 通過數據分析評估業務

第十四步驟 ▶ 設立股權計畫激勵團隊

第十五步驟 ▶ 融資與投資人的溝通管道

第十六步驟 ▶ 建立投資人的渠道

第十七步驟 ▶ 股權眾籌平台

第十八步驟 ▶ 了解公司的估值

第十九步驟 ▶ 退出享受成功的收益

第一個步驟也就是最重要的步驟，就是創業之前要先學習創業相關的知識，這個步驟非常重要，可以讓你沈思，甚至於演練整個創業的過程，以最少的成本去模擬創業是否會成功，有的人一開始創業的第一步驟就直接跳到第八步驟開始設立公司，於是便開始要付出一些定期的費用，甚至有的人直接跳到第十九步驟，借到了創業的資金後，就開始享受這些錢帶來的虛榮感，購買一些自以為創業需要用到的奢侈品，例如高大上的辦公室、高級西裝、精修的裝潢等等，於是錢花完也就創業失敗了，所以請記得創業的第一步就是要先學習創業相關的知識，這也就是為什麼我想要寫這本書的初衷。

同時也向各位創業者致敬！我們一起創業！我們一起學習！我們一起把資源做大吧！

區塊鏈為各行各業賦能，魔法講盟為您賦能！

我們一起創業吧！

有人說結婚跟創業一樣都是往墳墓裡去，當然這是一句玩笑話，不過在台灣創業一年的存活率不到 5%，五年後的存活率不到 1%，也差不多是往墳墓裡去。

離婚最主要的原因就是因為你結婚，同樣的道理，創業失敗就是因為你創業了，但是前面得加上「隨便」兩個字，就是你隨便創業，沒想清楚就把金錢、時間、資源等投了下去創業，這樣失敗的機率當然高。

創業最重要的一點你知道是什麼嗎？就是你缺的那一點，有人創業的技術、人才、團隊都有了，就是沒錢，那麼他缺的就是資金；有的人天生就是土豪，他想創業缺的就是商業點子、項目；有個人他有了技術，也找到了團隊，也募到了啟動資金，那麼他缺的就是商業模式，所以創業就是在不斷地解決問題，並尋求資源，所以魔法講盟有鑑於此，特別開了一堂帶狀課程，課程名稱為「我們一起創業吧！」這個課程的宗旨是希望打造創業的環境，因為創業能不能成功，環境佔了很大一部分。

跟著百萬賺十萬，跟著千萬賺百萬，跟著億萬賺千萬。一根稻草不值錢，綁在白菜上，就是白菜的價錢，綁在大閘蟹上就是大閘蟹的價格。跟著蒼蠅進廁所，跟著蜂蜜找花朵，看看你所在的環境，需要改變什麼呢？現實生活中，你和誰在一起的確很重要，甚至能改變你的成長軌跡，決定你的人生成敗。你和什麼樣的人在一起，就會有什麼樣的人生。和勤奮的人在一起，你不會懶惰；和積極的人在一起，你不會消沉；與智者同行，你會不同凡響；與高人為伍，你能登上巔峰。2019 年的諾貝爾經濟學獎授予印度裔美國學者阿比吉特．班納吉（Abhijit Banerjee）、法國出生的埃斯特．迪弗洛（Esther Duflo）、美國學者邁克爾．克雷默（Michael

Kremer）三人，以表彰他們「在減輕全球貧窮方面所提出的實驗性方案」。阿比吉特．班納吉和埃斯特．迪弗洛將研究成果寫成《貧窮的本質：我們為什麼擺脫不了貧窮》一書，便揭示出懶惰是對窮人的刻板印象這一真相。兩位研究者通過實證探究貧窮的根源，發現處在貧窮狀態中的人和普通人在欲望、弱點以及理性的層面上，其實差別不大。區別在於，貧窮的境遇，導致窮人接收信息的渠道受限，造成許多小錯誤，並產生惡性循環，比如沒有收入來源自然沒有退休計畫，不識字於是無法看懂健康保險產品等。普通人所忽略的小消費、小障礙和小錯誤，在窮人的生活中可能成為關鍵問題。要變富有必須先要改變你所處的環境，為什麼環境那麼的重要呢？

三位諾貝爾經濟學得主證明貧窮的本質是就是環境造就一切，他們用了 15 年的時間踏遍了五大洲、18 個國家和最貧窮的地區做實驗及研究調查，結果發現貧窮並不是因為「懶惰」，而是剛好窮人活在一個「貧窮」的環境而已。在這個環境裡沒有足夠信息令到他們做出正確的選擇，所謂環境不對努力白費，貧窮它是一個結果的呈現罷了！

一個人處在貧窮的環境，就會有貧窮的思維，最終造就貧窮的結果，是行動造成的結果，那行動則是由思維而產生，思維則是環境造就，所以前因後果是環境造就思維，思維產生行動，行動造成結果，所以要變富有，就要先要改變你所處的環境。如果只是不斷更改結果，例如給窮人一筆錢，讓窮人暫時的有錢，你會發現沒多久窮人又會變成窮人。又例如你給窮人上課，教育他們，教他們怎麼賺錢、怎麼投資、如何做生意等商業技巧，一開始有機會賺錢，日子久了又會回歸到窮人的日子，就是因為根本的思維沒有改變，思維又是環境造成的，所以你想賺錢，就必須接近有錢人，必須跟著有錢人混，先改變你的環境！同樣的道理，你想創業成功，就必須要有一個創業的環境，這環境裡有很多有利於你創業成功的因素，包括人脈、團隊、知識、資金、人脈、技術、行銷等等，在這樣的創業環境下，大家共同提供現有的資源一起創業，這樣的模式對於創業的成功率勢必大大提升。

所以，魔法講盟於每個月的第三及第四週的星期五，晚上七點到九點，在中和的魔法教室開課「我們一起創業吧！」，集結一群有創業精神及尋求機會資源的各方人脈，大家共同學習創業相關的知識，透過每個人不同的行業人脈互相交流商機，從中尋求合作夥伴或是優質項目並進行投資。

我們一起創業吧！學習社群，歡迎加入！

2021年區塊鏈將迎來爆發期

當前，新一輪科技革命和產業變革席捲全球，以區塊鏈、大數據、雲計算、物聯網、人工智能為代表的新技術不斷湧現，數字經濟正深刻地改變著人類的生產和生活方式，大力發展數字經濟已成為全球共識。隨著大數據和雲計算技術的興起和發展，全球每年產生的數據以爆發的態勢急速增長。數據存儲是基礎且關鍵的一項技術，往下可作為信息留存的基礎設施，往上可構建商業模式、形成具體產品的核心資產。

中國在 2021 北京國際區塊鏈展覽會暨高峰論壇中，近 500 餘家大數據、互聯網、物聯網、人工智能、消費電子展商同館展出，同時共享消費電子展帶來的近兩萬名電子信息科技行業的專業觀眾與投資機構，為區塊鏈技術在智能科技、大數據、物聯網、人工智能等行業落地尋求廣泛的合作與應用。

區塊鏈技術的應用已經從單一的數字貨幣應用，延伸到經濟社會的各個領域，如金融服務、供應鏈管理、文化娛樂、房地產、電子商務等場景。區塊鏈技術的價值也逐漸得到了各大企業的認可，同時也快速引起各行各業及政府的高度聚焦。

2020 年 8 月更新的本年度第二期《IDC 全球區塊鏈支出指南》（Worldwide Blockchain Spending Guide, 2020V2），IDC 預測 2024 年中國區塊鏈市場整體支出規模將達到 22.8 億美元，年複合成長率高達 51%。

◆從政策層面來看：

區塊鏈已經上升到了國家戰略高度，國家發改委在今年首次將「區塊鏈」列入新型基礎設施的範圍，明確其屬於新基建的信息基礎設施部分的新技術基礎設施。這給疫情衝擊下面臨嚴峻考驗的區塊鏈市場帶來了機遇，也讓區塊鏈在技術發展和行業應用方面有了進一步發展的動力。

◆從應用場景看：

雖然當前全球區塊鏈和分佈式帳本市場的規模還很小，但該技術的具體使用案例在穩步成長。COVID-19 疫情影響了企業在區塊鏈上的支出，但它也暴露了全球供應鏈、食品供應、石油和天然氣生產以及金融服務等領域的脆弱性。因此，在這些領域，區塊鏈技術開始獲得重視。

許多企業的試點和概念驗證正在取得積極成果，並且正在將其區塊鏈項目投入全面生產，以全球知名公司 GE 為例，GE 正在利用區塊鏈和

區塊鏈的應用場景廣泛

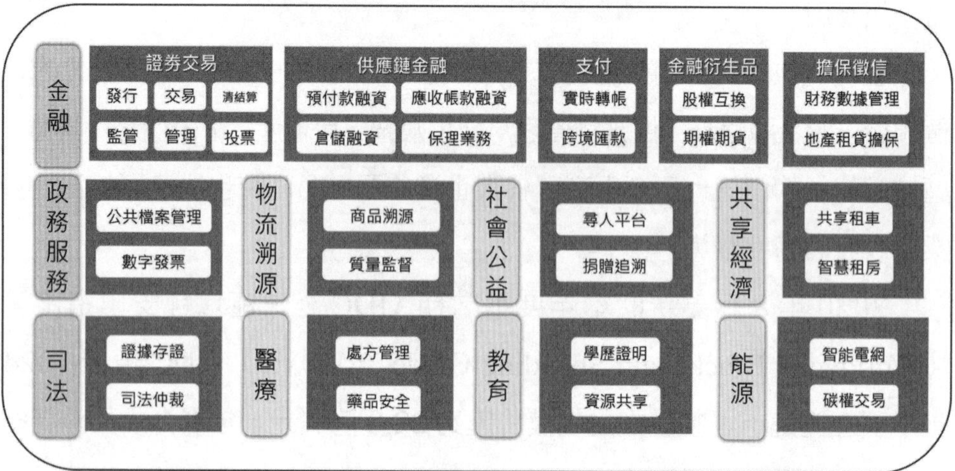

• 目前區塊鏈已經開始深入應用到各行各業並且取得不少成績。

分佈式帳本技術實現其內部計費系統現代化改造，大幅提升內部運營的效率。這些成功的實施案例為探索區塊鏈的客戶增加了可以借鑑的最佳實踐。

另外一個趨勢是，「區塊鏈即服務」（BaaS）提供商已經發展成為提供各種協議、用例和節點配置靈活的產品的全服務平台提供商。這將極大提升企業構建區塊鏈應用的效率，推動區塊鏈市場快速發展。

區塊鏈技術的一些好處

在區塊鏈模型中，交易各方依靠一個開放註冊表來驗證交易。這對各種交易都有一定的影響。

速度

理論上缺乏中央權威使得區塊鏈更快。如果您依賴中央認證機構，則依賴有限的資源。例如，清算和結算股票交易可能需要幾天時間，通常涉及一些人為干預。通過區塊鏈，則有很多節點（電腦）可以快速處理您的交易。今天可以在幾分鐘內完成。將來它可能只需要幾秒鐘。

成本

區塊鏈也更便宜。所有持有區塊鏈的計算機都由參與者支付，希望他們能夠獲得首先驗證交易的動機。

透明度

區塊鏈更透明。它可以使監管機構更清楚地了解金融交易的來源，幫助他們打擊洗錢和管理風險。

跟蹤追溯

由於沒有任何東西可以改變，並且分類帳存在於多個節點上，因此區塊鏈更易於追蹤。

技術創新和金融創新只有和實體經濟深度融合，推動實體經濟發展，創新的價值才能得以充分發揮。而區塊鏈只有真正在產業場景中落地才能彰顯其內在價值。

2021 年區塊鏈將迎來爆發期，為什麼這麼說呢？

一為實體資產將廣泛「上鏈」，鏈上實體資產和 DeFi（去中心化金融）結合將進一步引領區塊鏈技術和數字金融賦能實體產業。二為數字貨幣將成為企業數字化轉型的關鍵工具，試點將進一步帶動產業的數字化升級。三為數據保護與數字身份重要性突顯，區塊鏈分佈式存儲等的「新基建」將加快身分數字化和數字資產化的歷史進程。

基於以上三點及後疫情時代的到來，WPS（在家工作、玩樂、學習）是社會發展趨勢，相信 2021 是區塊鏈另一個新時代運用的起點，加上 2021 年初比特幣帶領下的價格不斷創新高，成功吸引還未進場的小白更加關注區塊鏈，在運用、參與者、市場面，三方面都不斷擴大的區塊鏈版圖，勢必將迎來一波爆發潮，而正在看此書的您有參與嗎？

/ 推薦序 /

第一篇 創業請從思維開始

第二篇 你不可不知的區塊鏈

第三篇 區塊鏈的特性

第四篇 區塊鏈的切入機會

第五篇 區塊鏈新創產業

創業
請從思維開始

The Best Blockchain
for Your Business

01 打通你的創業思維通路

一、透過時間的思維通路

時間在創業者身上是最無情的，它不會管你是否跟得上，在創業的過程中「時間的思維」我認為是最重要的，小米創辦人雷軍曾經說過一句話：「站在風口上，豬都會飛」，如果人的成就是由努力決定的，那雷軍在很多年前，就應該獲得最大的成功，因為當時他的努力程度，不僅遠超常人，也超過絕大多數企業家，包括那些最成功的企業家，如馬雲、馬化騰。雷軍大學畢業後，努力奮鬥十幾年，換來的是一次次的失敗。最後勉強把金山公司帶上市，市值卻連很多後起之輩的零頭都比不上。直到後來，他才幡然醒悟——耕錯了地頭，再努力也是白搭。

於是，在辭去金山 CEO 職位、過了兩年多每天睡到自然醒的日子後，他創辦了小米，踏上智慧型手機和行動網路的風口，這才有了爆炸式的成長。小米成為最年輕的世界 500 強，雷軍也第一次真正成為中國企業界的大佬。

與雷軍形成鮮明對比的是馬雲，馬雲成立阿里巴巴，一開始就踩在網際網路和電子商務興起的風口上，所以雖然他不像雷軍那麼拚命，但是阿里巴巴的發展，比雷軍在醒悟之前的金山公司要好得多。如今馬雲的阿里巴巴依然是中國市值最高的公司，是小米的 16 倍、金山的 144 倍。

雷軍和馬雲，都是成功人士，各自都有自己的特點。其中，雷軍最突出的是「勤奮」，馬雲最突出的是「眼光」，這一個區別，決定了兩人成功程度的高低。將雷軍與馬雲的過往經歷做一對比，全部總結起來就是一句話：「時間的趨勢，比努力更重要」！

雷軍曾感嘆道：凡事要順勢而為，不能逆勢而動。這些話最後總結起來就是雷軍著名的「風口上的豬」理論。雷軍從最勤勉的勞模，到最懶惰的豬。這變化真是天翻地覆，用文學語言來描述，我們可以這樣說：「勞模」雷軍已經死去，「飛豬」雷軍誕生了。

2010 年，雷軍發了一條微博，他說：「過去三年我每天都在反思。一日夢醒才明白：要想大成，光靠勤奮和努力是遠遠不夠的。」他總結道：「三年長考，有五點體會：一、人欲即天理，更現實的人生觀；二、順勢而為，不要做逆天的事情；三、顛覆創新，用真正的網際網路精神重新思考；四、廣結善緣，中國是人情社會；五、專注，少就是多。」

這五條體會，一和四說的是要順應人心；二和三說的是要順應大勢；五說的是要順應自己的能力。一言以蔽之，凡事都要順勢而為，不要總想著逆天而行。雷軍在現實中摸爬滾打多年才領悟到的道理，馬雲早就在實踐了。當雷軍還在累死累活當勞模時，馬雲早已乘著颱風，飛上了雲端。一個是當牛做馬，一個是御風而行，試問當時的雷軍，怎麼可能追得上馬雲呢？

許多的勵志雞湯告訴我們「只要努力，就可以獲得成功」，不知擔誤了多少人，如同台灣教育最大的錯誤，就是教孩子相信「只要努力就會成功」。

例如，有人問籃球巨星 Kobe 為什麼那麼厲害？Kobe 回答：「你見過凌晨四點的洛杉磯嗎？」這個故事很有畫面感、很感人、很勵志，可惜的是它太有誤導性了。我的朋友曾經開過幾年早餐店，每天早上四點就要去開工，凌晨四點的城市不知道看了多少次，但是這並沒有幫助他們獲得任何成功，僅僅是維持一個基本的生活而已。而要說起凌晨四點的城市，看得最多的，莫過於環衛工人，但他們很成功嗎？並沒有。他們只能用這份辛苦換一個溫飽。

Kobe 的成功，是無數因素的綜合，例如天生的身體條件、他的運動能力、他的智商、他對打籃球還是上大學的抉擇等等。勤奮是眾多因素之一，但並不是唯一因素。用學術語言來說，勤奮只是必要條件，而不是充分條件。所以，如果我們聽了 Kobe 的話，被感動、被激勵，然後每天凌晨四點起來打籃球，一輩子也不可能達到他的高度。雷軍當時的誤區就在這裡，他過於相信勤奮能改變一切、勤奮能創造一切，殊不知「時間的趨勢」才是王道。

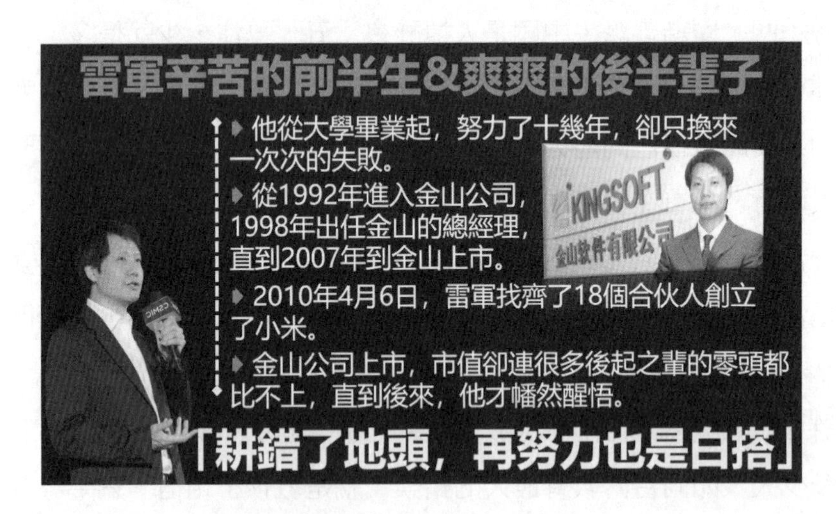

在 80 年代之前時間通路思維創業，就是專注在「實體」的店面與產品，到了 80 年代之後的網路世代，這時候創業的時間通路思維就得搬到「網路」上了，你得用網路思維去規劃你的企業，這時如果你的時間思維還是用 80 年代之前的思維，那你創業成功的機會就會比較小。2000 年

之後，你的創業時間通路思維就要以「手機」為主，到了 2017 年之後創業的時間通路則來到了「區塊鏈」，每個階段的時間通路思維你會發現都不一樣，永遠記住一句話：「凡事都要順勢而為，不要總想著逆天而行。」

二、改變角度的思維通路

當我們換到不同的角度，我們的思維方式就會不一樣，我們會看到不同的風景，看到不同的價值取捨，這時就更能夠理解他人，接受這個時代帶給我們的新觀點。今天的阿里巴巴很強大，但是阿里巴巴在成長的道路上也曾經遇到比自己更加強大的對手，比如 eBay。

在當時 eBay 在全球 C2C 領域的市場占有率和雄厚的實力，是阿里巴巴絕對沒辦法想像競爭的對手，甚至在美國或是其他國家也都找不到可以競爭的對手，於是馬雲把阿里巴巴與 eBay 之間的戰爭，形容成螞蟻和大象之間的競爭，但儘管如此，阿里巴巴依然毫不畏懼，在競爭的過程當中，因為兩家企業領導者的思維不同，看問題的角度也都不同，兩家企業的結果也就完全不同。我們看到阿里巴巴最終大獲全勝，淘寶網在中國市場上完全大勝 eBay，甚至於在全球的市場上也逐漸蠶食了 eBay 的市占率，那麼馬雲的角度是什麼呢？馬雲說：「我從來不看競爭對手，如果你把競爭對手當靶子打，你就死了，我只看客戶的需求。所以，阿里巴巴的使命是讓天下沒有難做的生意，我們要把我們的價值最大化，我們要產品最便宜，我們要實行免費的策略，要更好地服務客戶，獲得更大的價值。」馬雲他站在客戶的角度思考問題，最終贏得了客戶。我們在商戰中，企業家要隨時調整自己思考問題的角度，角度錯了，即使企業擁有再豐富的資源，企業家再有能力，也無濟於事，而決定角度的不是能力、知識，也不是豪華團隊的豐富經驗，而是企業家的思維方式，思維方式正確了企業將發展得如火如荼，最終取得輝煌的成就。

三、不同空間的思維通路

大家所處的空間不一樣，思考的方式也會不一樣，人的生命價值和事業的價值也會變得不同，一個人把自己放在更大的空間裡，他的事業格局就會產生翻天覆地的變化。

幾年前我有一個朋友，在台灣事業做得相當的不錯，正當如日中天的時候，另一個朋友在美國邀請他過去，提供了免費的辦公室，還有一大筆資金，以及許多現成的通路，於是我的朋友心動了，他把自己的企業搬去了美國，三年過去了，他的事業不但沒有當初在台灣的輝煌，反而面臨破產的邊緣，為什麼會有這樣的情況呢？

明明是所有的條件都比原來的好，照道理來說應該是發展得比之前好，原因就在於他的公司在美國失去了產業群聚效應的優勢，也很難招聘到像台灣優秀的人才，美國人對於工作的態度也不如台灣人一樣，所以他的企業反應速度變慢，產品的周期也拉長了，最後只能面臨被淘汰的命運，由此可見，當一個人或一個企業處於不同空間的時候，思維的方式也會不一樣，這就是空間的思維通路。

在中國大陸，如果你要做電子商務，你就應該去杭州，因為那裡是電子商務的聚集地，如果你要做服裝貿易，你應該要去廣州，哪裡有數不盡的服裝批發市場，如果你做的是手機零配件生意，那你就應該去珠三角的電子市場上尋寶，找到正確的空間經營，事業才能事半功倍。

作為一名企業家，你一定要把你的思維方式最好的通路打開，你不僅要懂得利用時間通路，懂得在不同的時間做不同的事情，同時你還要善於打開角度的通路，從不同的角度解決不同的問題，得到不同的答案，還要充分利用空間的通路，通過置換時空來考慮如何解決問題，而形成全方位的判斷，唯有如此，比才能做出最明智的決策，為你的公司找到最好的方向，制定最好的策略，這樣才能引領你的企業走向輝煌。

02 成功模式與商業思維

一、人生成果的計算公式

稻盛和夫將自己的成功心法，總結成一個成功的方程式，「稻盛和夫成功方程式＝正確的思考方式 × 熱情 × 能力」。

稻盛和夫在日本被譽為「經營之聖」，大學畢業論文鑽研黏土特性的他，23 歲時進入松風工業，投入特殊陶瓷的技術開發，讓所屬部門成為公司營運主力；27 歲時與好友共同創立京都陶瓷公司（簡稱京瓷），不僅從創業開始每年都賺錢，還成長為世界 500 大企業；52 歲時成立第二電電（後改名 KDDI），成為日本第二大電信公司，更同樣進入世界 500 大企業，創下所創兩家企業都進入世界 500 大的紀錄；78 歲受託擔任破產的日本航空董事長，一年內就令日航轉虧為盈。

二、成功方程式的解讀

稻盛和夫說：「思考方式是決定一個人一生成就的關鍵」，針對成功方程式我們先來看看熱情，熱情的評分可以從 0 ～ 100 分，具體的參考標的可以從組織創新、內部市場化、業績評價等等，去打分數。

而能力的評分也可以從 0 ～ 100 分，而具體的參考標的可以從經營會計，業務能力、設計能力、本職學能等等的方式給予 0 ～ 100 分。

至於正確的思考方式最為重要，而正確的思考方式評分標準就與熱情和能力的區間不同，正確的思考方式的評分區間為−100 ～ 100 分，你或許會問為什麼熱情與能力的區間是 0 ～ 100 分，而正確的思考方式卻是從−100 ～ 100 分。

熱情之所以從 0 ～ 100 分，主要的原因是最不熱情的表現就是冷淡，最冷淡的表現分數就是 0 分，最熱情過火的分數就是 100 分，所以熱情沒有到負分，而能力也是一樣，完全沒有什麼能力的人，就如同學校考試時，考卷發下來什麼都不會，最差就是 0 分，所以能力最差、最低的分數就是 0 分。

但是正確的思考方式卻不一樣，你一定有聽過「負面思考」，正面思考可以非常的積極向上，你的分數可以從 1 分到 100 分，而負面思考從字面上來解析，就是從負分開始，可以從−1 分到−100 分，你或許會問為什麼這一項「正確的思考方式」是最重要的呢？

我們來試算看看，稻盛和夫成功方程式＝正確的思考方式 × 熱情 × 能力。

第一個試算條件：我們先把能力和熱情降到最低，也就是能力和熱情都是 0 分，可以得到以下的方程式，稻盛和夫成功方程式＝正確的思考方式 ×0×0，這時候正確的思考方式完全不重要，因為正確的思考方式不管幾分答案都是 0 分。

第二個試算條件：

我們把能力和熱情達到最高，也就是能力和熱情都是 100 分，我們就可以得到以下方程式，稻盛和夫成功方程式＝正確的思考方式 ×100×100，這時候有趣的事情來了，如果正確的思考方式不管有多高，只要是正面思考至少都是高於 10000 分，我們給正面思考 1 分就好，你得到的結果如下，1×100×100 ＝ 10000。

反之，如果你的正確的思考方式是屬於負面思考，我們給負面思考－1 分就好，我們來看看會有什麼樣的結果，稻盛和夫成功方程式：－1×100×100 ＝－10000，你將會得到的並不是－1 分，而是你的能力與熱情越大你以為是對企業越好，而一個小小的負面思考則會帶來極大的傷害。

總結，一位名校畢業生，能力有 80 分，但如果他因此自傲，熱忱只有 30 分，則總分是 80×30 ＝ 2400 分；另一個人能力只有 60 分，但自知不足而拚命努力，有著 80 分的熱忱，則總分為 60×80 ＝ 4800 分，反而比前者更優秀兩倍。

但影響結果更大的是「人的想法」。一個人看待生命的態度，可以是正向也可以是負向，數值可以從「正 100 分」到「負 100 分」，而因為方程式是乘法，所以不管多有才能、多麼努力，只要想法負面，相乘結果都會變成負數。

思考方式、能力、熱情每項雖然都非常重要，唯獨正確的思考方式一定要特別注意，所以稻盛和夫在經營企業的時候，首先就將企業的文化和理念從下到上一致，而且稻盛和夫推崇的是「利他主義」，唯有先幫助他人最後才能自己獲利，這種正確的思考方式正是企業要的理念。

三、思維模式的正負產值

「擁有什麼樣的心靈，就會選擇什麼樣的人生，實現什麼樣的人生價值」。思維方式可以分為兩種，一種是利他，一種是利己。

所謂利他的思維方式，就是我們常常說的正面思維方式，而損人利己的思維方式，則是負面思維方式，在創業奮鬥的過程當中，當我們的思維方式是以善念為導向，這時候再搭配卓越的能力和不懈的努力，我們就能獲得巨大的成功。

如果我們的思維方式是負面或是惡性的，這時，就算我們的能力很強，也很有熱情，你會很快地掉入深淵中。所以企業家自我修練的過程當中，首先要做的就是重建自己的思維方式，先擁有正面思維，然後才是提升能力，調整心態、激發熱情。

馬雲的成功就是一個靠正面思維取勝的經典例子，創業之初，馬雲樹立了一個偉大的夢想，他要讓天下沒有一個難做的生意，幫助小企業走向世界，他的出發點是善意的，是屬於利他主義，這就是正面的思維方式，因為他經營企業的起心動念就是要幫助他人，同時也是符合國家利益，符合客戶的利益，和社會價值。

最後終究這個善的循環會回到自己身上，所以阿里巴巴才能有今日輝煌的成績，利他主義做得越多越久，最終才能利己，朝向利他主義不斷的努力，培養自己的起心動念為了幫助他人，之後你會發現，這個思維的方式和行為習慣，將會給你的事業以及人生帶來巨大的改變。

03 輕重資產創業策略

輕重資產策略

我還記得有許多的朋友的創業方式是，先工作幾年，存到一筆創業基金，或是經由貸款取得第一筆創業的資金，就開始找店面或工作室開始他的創業人生，乍看之下一切相當美好，但是一半以上的新創公司撐不到一年就倒閉了，於是就背負著龐大的負債繼續過著朝九晚五上班的日子。

我身邊就有很明顯的兩個對比成功和失敗例子：

輕資產失敗案例

有位學員很喜歡做菜，我建議他去學習網路行銷以及知識變現的課程，所以他辭掉原本的工作，月薪 35,000 元，因為工作繁忙讓他沒辦法專心拍攝教學影片，而且要拍攝教人做料理的影片需要比較多的後製時間，為了省錢所以親力親為。辭掉正式工作後他立即投入拍攝工作，三個月期間他拍攝了 50 部教人做料理的影片，但是他的收入每個月透過付費觀賞收到的費用，平均下來大約不到 10,000 元，他的成本基本上也不多，廚房是用家裡的廚房，攝影器材也是用既有的設備，不知道是太多人拍攝一樣的主題造成的紅海市場，還是內容不夠吸引人，就不得而知了，最後他用一年的時間拍攝了 162 部影片，但是每個月收入一樣不到 10,000 元，沒堅持多久，他便放棄了教人料理的創業，重新找一個工作繼續朝九晚五的人生。他的創業失敗並沒有背負龐大的貸款，最主要的原因是因為他的創業是輕資產創業，就算失敗了，也不會背負著龐大的負債的壓力，最後我建議他縮小範圍做小眾市場，因為小眾市場就是大眾市場。為什麼這麼說呢？

幾年前台灣並沒有特別針對殘障人士舉辦的旅遊，有一位身障人士非常熱愛旅遊，但是每次報名參加旅行團總是被刁難，於是他萌生自己開辦旅行社的念頭，當時台灣約有 100 萬的身障人士（當時台灣的人口約有兩千多萬），所以他成立專門為身障人士規劃的旅行社，就是小眾市場，那小眾市場其實就是大眾市場，怎麼說呢？我們來算算看，他的殘障人士旅行社全台只有一家，和台灣約有 100 萬的身障人士，所以他的準客戶就有 100 萬人，而一般的旅行社在台灣約有一萬家，這一萬家旅行社的客戶就是台灣兩千萬人，所以平均下來一家只能分到 2000 人，而身障人士的旅行社卻有 100 萬人，客戶數量是正常旅行社的 500 倍，這就是小眾市場便是大眾市場的含義。所以我建議我的那位學員，如果真的很熱愛料理的話，可以深切市場定位，最後他找到他的定位，就是為對牛奶、蛋白過敏的人，研發適合的料理，並且建議他採用斜槓創業。

重資產失敗案例

我的一位前同事因為熱愛喝咖啡，於是將工作數年的積蓄，大約 300 萬投入創業中，他一有這個創業念頭，隔月就立馬辭職，全心投入開店，一開始先尋找合適的店面，之後花了 200 萬這一大筆錢裝潢，又花了 150 萬買機器設備，30 萬花在店面的租金和押金上，最後又花了 50 萬的雜費開銷，還沒有開始營業就花掉 430 萬，除了自己工作數年的積蓄 300 萬之外，還將自己的房子二胎貸 200 萬出來，現在也只剩 70 萬可以週轉。然而開店之後的收入遠遠不如預期，每天的營業額都在 3000 元上下，根本不夠成本開銷，一天至少要有一萬元的營業額才能打平，每月大約就要虧 15 萬，經營了半年左右他就把店收了，這個創業夢把原本數年的積蓄 300 萬賠了不說，每個月還要繳交房屋二胎貸出來的 200 萬，一個月就多出近一萬多的貸款要繳，時間更長達 20 年。一個創業的決定就賠得如此慘烈，主要是因為他的創業是重資產創業，風險非常大，成功的話也不過多賺一點點，失敗的話就要賠上數十年的積蓄。

輕資產成功案例

我有一名同事非常熱愛釣魚，他在臉書成立了一個粉絲團，專門教人家如何釣魚能滿載而歸，起初也只是單純地分享而已，後來越來越多的粉絲問他問題，他就意識到可以將這些知識變現，於是他開始拍攝一些比較專業的影片，這些專業的影片就必須要透過付費才能觀看。他的本業是一名送貨員，他並沒有辭去原本的工作，而是用一種斜槓的概念去創業，所以粉絲團那邊的收入對他來說是多出來的，有收入是很好，沒有收入也不會影響到他的生活，他依舊去釣他的魚，拍他的影片，因為這是他的興趣，就算不給他任何一毛錢他還是會繼續做下去，當然，有付他錢是更好，最後他拍了將近 100 支影片上傳，這 100 支影片都是要付費才能觀看的，起初在台灣每個月這 100 支影片，可以為他創造出近 1 萬元的額外收入，加上他還有一對一的現場教學，因為他也喜歡釣魚，一對一的教學不過是別人付錢請他釣魚如此而已，一對一的教學一個月的收入也近 5 千元，所以他靠教人如何釣魚的知識每個月多出一萬五千元的收入，經營一兩年後的某一天，有一個平台的經營者找上他，問他是否可以將影片放到他的平台並且收入對拆，因為他的平台主要的觀看對象是中國地區的觀眾，一下客戶從兩千三百萬提升到十四億，客戶人數就提升了 60 倍，當然之後的收入每月就有 50 萬台幣以上。後來他才將送貨員的工作辭去，專心發展他熱愛的教人釣魚的事業。

我們來看看他的成本有哪些呢？他經營臉書的粉絲團並沒有花任何一毛錢，拍攝影片的機器一開始是用手機拍攝，後來添購了一台 3 萬元的攝影機，其他的都是時間成本，所以他靠知識變現這種輕資產斜槓創業方式，創業成功。他一開始收入只有一萬五千元的時候，並沒有立刻辭職去專職教人釣魚，而是在影片上架到大陸的平台後，每個月收入達五十萬以上才辭去原本的工作，就算粉絲團經營得不如預期成功，對他來講也不會有任何影響，這就是斜槓創業、輕資產、知識變現的好處。

重資產成功案例

我有一位車友，十分熱愛偉士牌的摩托車，於是他決定創業銷售偉士牌的摩托車，他用父母的房子貸款 500 萬，用 200 萬來租房子、裝潢店面、買維修設備還有維修零件的備品，300 萬用來購買新車，所以他每個月必須還貸款 500 萬本息，一個月將近要 3 萬元，房租 1.5 萬，其他的開銷約 1 萬，所以一個月不算自己的薪水就要 5.5 萬的固定開支，好在他每個月的營業額還不錯，他本身有在經營臉書粉絲團、偉士牌的車聚還有一些 LINE 群等等，每月營業額都在往上衝，每月的淨利潤約有 10 萬，扣掉每個月的基本開銷 5.5 萬，他的薪水大約就是 4.5 萬，對一個上班族來說是還可以的薪水，但是，他的風險就在於，用現金先買斷的那些偉士牌摩托車，如果賣不出去就等於現金卡在車庫裡，當然他現在最大的收入來源，就是賣出去的摩托車回廠保養、維修、改裝等等。他的創業就是屬於重資產型的創業，比起輕資產型創業，要背負的風險也就更大了。

04 邊際成本思維

邊際成本思維

在經濟學和金融學中，邊際成本亦作增量成本，指的是每增產一單位的產品或多購買一單位的產品，所造成的總成本之增量。這個概念表明每一單位的產品的成本與總產品量有關。

例如僅生產一輛汽車的成本是極其巨大的，而生產第 101 輛汽車的成本就低得多，而生產第 10,000 汽車的成本就更低了，這是因為規模經濟。但是，考慮到機會成本，隨著生產量的增加，邊際成本可能會增加。還是這個例子：生產一輛新車時所用的材料可能有更好的用處，所以要儘量用最少的材料生產出最多的車，這樣才能提高邊際收益。邊際成本和單位平均成本不一樣，單位平均成本考慮了全部的產品，而邊際成本忽略了最後一個產品之前的。例如，每輛汽車的平均成本包括生產第一輛車的很大的固定成本（在每輛車上進行分配）。而邊際成本根本不考慮固定成本。「邊際成本定價」是銷售商品時使用的經營戰略。其思想就是邊際成本是商品可以銷售出去的最低價，這樣才能使企業在經濟困難時期維持下去。因為固定成本幾乎沉沒，理論上邊際成本可以使企業毫無損失地繼續運轉。

邊際效益、邊際成本、邊際利潤

多生產一個商品或服務，能增加多少利潤？

假設你是產品經理，正在思考該把剩餘的 100 萬元預算，用來生產 A 產品還是 B 產品，你要如何評估，才能得到最大好處？《常識經濟學》指出，想做出好的決定，就不能只思考哪個產品的總利潤較高，而是要考量在兩項產品的現狀之上，「多生產一個 A/B 產品，增加的利潤各是多少？」如果提高 A 產品產量增加的利潤較高，就應該投資它。

邊際利潤：你能得到的額外好處，比要追加的成本還高嗎？

這種「多一個」的概念，在經濟學裡稱為「邊際」，像是你要多買一件襯衫、多蓋一間工廠，隱約都會用邊際來思考，只要這個選擇「得到的額外好處」大於「追加付出的成本」，通常你就會決定要「多一個」。額外得到的好處，稱做「邊際效益」；追加付出的成本，叫做「邊際成本」，而邊際效益扣除邊際成本，就代表每增加一單位產品，你能得到的「邊際利潤」。對廠商而言，只要有邊際利潤，就應該繼續做產品來賣，直到你無法多賺進任何一點利潤（邊際利潤等於零）才停止。

邊際效益會遞減，邊際成本卻可能會增加（通常是實體產品），也可能會減少（知識型產品的邊際成本可以趨近於零），相對於邊際效益會隨著產量增加而遞減或遞增，邊際成本也會隨著產量增加而遞增或遞減。廠商在擴張企業規模時，不只要思考總成本，還要一併考量邊際成本的增減，才能找到最適規模。

全球零售巨擘沃爾瑪在積極拓點的初期，會因為多家零售店面可以共用總部的財務會計、人資等資源，以及共同採購進貨以量制價，達到規模經濟，所以每新開一家店要多付出的成本（邊際成本）會漸漸降低。隨著人員和店數的擴張，組織變得龐大複雜，每個位置都聘到適任者的難度增加，溝通和管理成本也逐漸攀升，使得邊際成本增加。即使採用通訊軟體聯繫，還是可能因為彼此協調不佳，而影響效率。

《我不要當負翁！》一書中提到，想要得到最多的好處，就是要在花錢時思考，「多投資一塊錢，可以帶來多少效益？」想想從「現在」的產量「再增加一單位產品」，邊際效益有大於邊際成本嗎？如果答案是肯定的，就表示這個決策可以帶來利潤。假設你是個甜點店的老闆，有賣蛋糕和咖啡，最近發現蛋糕賣得比咖啡好、利潤也比較高，於是你打算在烘培器材和工作環境不變的前提下，讓所有員工都轉做蛋糕，這樣結果真的能擴大蛋糕產能，賺更多錢嗎？

答案是不行的，因為邊際效益遞減！因為所有人都擠在一起，搶空間、搶機器做蛋糕，每增加一個人所帶來的好處（蛋糕量）只會下降。

所以，「創業一定要找尋邊際成本低或是未來邊際成本有可能趨近於零的產業」，才能立於不敗之地。

05 高築牆思維

元朝末年，朱元璋拜訪一位德高望重的老儒朱升，朱升通過兩次對朱元璋的「試探」，已知朱元璋平易近人，禮賢下士，而且胸懷大志，就送朱元璋三句話。

第一句話是高築牆：要輕徭薄賦、減刑廢苛，讓百姓安居樂業；要廣納賢才、興師重教，讓士兵凝聚成一股繩。要有強大的軍事力量，可以戰勝和抵擋強大的敵人，以此來鞏固自己的根據地，這是立足之本。

第二句話是廣積糧：要勸民農桑、廣儲食糧，有充分的物資準備；要積蓄力量，防患於未然，有充分的給養；要有經濟實力做支撐，要有飯吃要有衣穿，要多措並舉千方百計地讓將士們死心塌地地為你賣命，這是發展之源。

第三句話是緩稱王：槍打出頭鳥，不要過早地出頭，過早地出頭就成為別人攻擊的目標，你想稱王，別人更想稱王呢！誰想稱王先滅了誰。要先繼續臣服小明王，尋求他的「庇護」，蓄勢待發，再圖發展壯大，這是安邦之策。

朱元璋聽後，輕輕地重複一遍，突然眼睛一亮，喜上眉頭，說：「我明白了，謝謝您的指教。您這三句話，真是為我點亮了一盞明燈，使我豁然開朗。照這三句話行事，大業可成。您是讓我操練兵馬，積蓄力量；發展農業，備足軍糧；韜光養晦，以待時機啊！」

創業視同作戰，在創業的初期你就必須要高築牆，而高築牆最好的方法就是「秘密」，什麼是秘密呢？秘密就是你能做，別人就算知道了但是也做不了，或者就算做出來，跟你的也完全不一樣，這個就是「秘密」，現在天下創業可以說是一大抄，在資訊透明及傳播速度極快的時代之下，你有一個好的商業點子往往過不了多久，就會有相同模式的項目出現。

「問題」是決定市場的大小，而「秘密」決定者創業風險的大小，沒有秘密是創業者最大的風險，假如創業者選擇了要解決社會問題而創業，很可能又因為市場太小而賺不到錢，又如果秘密不夠，即便市場再大，你也可能賺不到錢，甚至要生存都很困難，但是只要把握秘密，讓抄襲者無法輕易抄襲，就是你抗風險的最佳武器，秘密越大則抗風險的能力就越強，核心競爭力也就越強。

之前有一位想要創業的學員跟我說：「宥忠老師我有一個特別好的項目打算要來創業。」我問他：「你的項目是什麼呢？」，他卻一臉神秘地說：「這個可不能說，一說別人就會知道了，要是別人把我的點子拿去做，那還得了」。聽完了這句話，我的心裡就認為這個項目不值得用來創業或是投資，因為就如他所說的「害怕別人知道的這件事」來看，這根本就不算是秘密，充其量只是一個想法或是點子，說句現實的話，這是不值錢的。

山寨文化在全世界各地都是層出不窮，根據統計 2019 年假貨的市場大約四千億美金，你一旦有一個好的產品或是項目就一定會有山寨，當山寨這個現象層出不窮時，你只能靠秘密讓你的創業風險降到最低。

舉例來說，中國大陸的分享單車市場，是由 ofo 及摩拜這兩家公司找到了社會問題，也精準地將這問題解決，變成一門生意，由於地鐵站到公司有些距離，叫計程車也不好叫，於是就產生了一個社會的問題，但是這個社會問題衍生出來的共享單車市場的創業商機，這個模式就是標準的「有問題而沒有秘密」，就缺少了企業防範山寨或是抄襲的武器，共享單車這門生意根本沒有任何的秘密可言，只要能夠找到足夠的錢，誰都可以做這個生意，於是中國大陸全國都出現了各種顏色的共享單車，到了後期甚至連顏色都不夠用了，也因為沒有秘密，在不理性的投資環境之下，ofo 及摩拜這兩家公司想要保持市場的優勢，只能藉著不斷地擴充資本才有辦法做到。一家公司沒有秘密就沒有護城河，公司就會處於危險的處境，任誰來搶都可以。

台灣早期是以代工工廠起家，尤其是以電腦代工聞名全世界，在代工的市場上流傳的一句話，代工一台電腦的利潤是毛三到四，意思是說一台價值三萬的電腦，代工廠只能賺到 0.3％～ 0.4％，大約 90 到 120 塊，為了賺這個每台 90 到 120 塊，必須投入極大的資金用來買地或是租地、建廠房、買設備、供養大批的員工，一旦訂單發生轉單效應，公司就陷於極大的風險當中，之所以代工的費用如此低，就是因為沒有秘密，造成很多競爭對手不斷削價競爭，反之為什麼蘋果公司的利潤率能保持 38％～ 40％，就是因為它擁有全世界知道卻沒有辦法模仿的核心秘密。又如海底撈火鍋，火鍋這個行業看是似沒有什麼秘密，要真的山寨海底撈火鍋，你還真的做不到，因為它的核心秘密並不在表面上，而是在它的企業價值、員工訓練、企業文化、產品物流等等，都是你知道卻沒有辦法抄襲的秘密。

那到底什麼才算是好的秘密呢？可以從以下五點去思考：

第一點為獨有資源

全世界都沒有的資源只有你有，就是一個很好的秘密，資源當然包括實體的資源和虛擬的資源，實體的資源例如中美貿易戰，中國就擁有稀土的資源，稀土這個只有全世界在中國大陸某些省才有的資源就是一個很好的秘密，就算你知道稀土的提煉流程也沒辦法，因為原物料的資源不在你手上。虛擬的資源，如你的人脈關係、銷售通路、領導統禦等。

第二點為企業文化

企業文化也是山寨很難抄襲的秘密，日本的經營大師稻盛和夫，他創辦的東京京瓷及 KDDI，這兩間公司的企業文化是同業無法抄襲的秘密，這個企業文化就是「利他主義」，利他主義的文化即便稻盛和夫退休後，這兩間公司還是運營得很成功，甚至紛紛在稻盛和夫退休後，陸續進入世界 500 強企業，這表示是企業文化在領導的公司，所以你要有一個企業文化的秘密。

第三點為科技技術

科技在現今科技蓬勃的世代尤其重要，例如華為公司在 2018、2019 年的中美貿易大戰中，為什麼在美國總統川普近似追殺的情形之下還能依舊屹立不搖，靠的這就是科技，華為老闆任正非將每年公司營業收入的 10%用於研發，確保它的護城牆越蓋越高，想要抄襲華為的競爭對手根本不可能超越，台灣的大立光在手機鏡頭這個領域也是競爭對手難以取代的，因為它擁有製造手機鏡頭科技技術獨家的秘密，可以說是壟斷了高端手機鏡頭這個市場。

第四點為品牌口碑

想吃速食就會想到麥當勞；想喝可樂就會想到可口可樂；想用高端手機就想到蘋果手機；想吃小籠包就想到鼎泰豐，這些就是品牌口碑，品牌是一個非常重要的秘密，也是一個非常難以超越的秘密，所有的大公司到了後期都是靠品牌在賺錢，我記得早期我在電腦組裝公司上班，兩個一模一樣的液晶螢幕，一個 Logo 掛台灣的小公司品牌，一個 Logo 掛 vsonic 的品牌，價格就差到兩倍以上。就像一杯水，在自助餐店是免費的，在大賣場賣 10 塊，在 7-ELEVEN 賣 20，到了五星級大飯店變成 150，這就是品牌影響價格的秘密。

第五點為運營能力

以前我在做業務的時候，發現一樣的產品給不同人銷售，會銷售出不同的價格，以比較高的價格買的客戶，有的反而覺得賺到；以比較低的價格買的客戶，反而覺得沒有賺到，這就是運營能力的其中一部分，公司的運營能力是一個很重要的秘密，運營能力可以透過談判技巧、經營管理，來達到一部分的運營能力，也要藉著目前最流行的大數據、AI 人工智慧、區塊鏈來為你的企業賦能。

06 現金流策略

在此想提醒各位創業者，做企業最重要的是現金流，而不是淨資產，如果你公司可以運用的現金流永遠處於緊繃的狀態，甚至常常需要向別人調錢，一旦出現銀行抽銀根的風險，那麼你就會很慘，古語說：「一分錢逼死英雄好漢」就是這個道理，有很多失敗的創業者都是因為這個因素而導致企業倒閉，他們長期依賴貸款或是週轉來維持現金流，有時候創業者甚至會借錢來發工資，讓員工再撐一口氣，讓公司繼續運營下去，甚至有的承擔超高的利息，突然有一天，銀行說貸款到期了，不能再給新的貸款了，他們就會被最後一根稻草壓垮，直到那個時候，他們才會發現，原本在他們心中最值錢的土地和廠房，在被拍賣時根本值不了那麼多錢。

我認識一位企業家，他是一位傳統公司的老闆，是一位白手起家的創業者，一開始創業非常辛苦，生意也沒有想像中好，但是經過他多年的努力，公司也逐步漸漸穩定的成長，穩定後的公司一年也有七、八千萬的利潤，即便公司如此賺錢，他卻很少進行利潤分紅，這點令我十分納悶，我就問他說：「你既然賺了那麼多錢，為什麼不分一點紅利給股東及員工，讓他們可以享受到投資公司的成果」，但他回答我說：「我要將錢投入下一步的發展」，我問他說下一步的發展是什麼呢？他說要繼續地買地建廠房，七、八千萬看起來很多，但是要實現他心中的目標遠遠還不夠，怎麼辦呢？於是他跟銀行貸款好幾個億，買了一大片土地，全部蓋上廠房，把所有貸款的錢都花光，錢花完了就繼續跟銀行貸款，到了年底公司賺的錢又繼續買土地、建廠、貸款，這個循環不斷的重複，最後他發現公司每年賺的利潤正好只能用來還銀行利息，我聽了覺得很不可思議，但是這位企業家卻覺得一點問題都沒有，他驕傲地對我說，我那些土地廠房是非常值錢的，如果將那些不動產拿去拍賣，就會發現我的淨資產是很多的，所以我的企業是賺錢的並沒有賠錢。從他的邏輯來看，他的公司確實有很多的土地廠房，但是做企業最重要的是現金流，而不是土地和廠房等等的淨資產，如果你的現金流永遠是緊繃的狀態，一旦銀行抽銀根，你的企業將陷於極大的風險當中。

07 反脆弱思維

什麼是反脆弱呢？很多人認為反脆弱就是堅強，其實不是，以經營公司的思維來看，堅強就是當不確定因素發生，公司在這事件上只是沒有遭受到損失，就如同一個玻璃杯往地上摔，堅強僅只是沒有破，而反脆弱則是在某一個突發事件沒有受到損失反而還獲益。

為什麼創業者要有反脆弱的思維呢？因為創業者創立一間公司已經不容易了，能將公司推上平穩成長的道路更加不容易，一路上更別提那些黑天鵝、灰犀牛等等不確定的事件爆發，例如在 2020 年初爆發的武漢肺炎病毒傳染，很多公司就因為這個黑天鵝的發生而倒閉，所以要能夠降低創業風險，並且真正有效地幫助創業者降低創業風險，就是反脆弱的結構設計。

所以我們一定要學會在不確定中受益，如果問大家你們創業最怕的是什麼，相信每一個人都會有自己的答案，其實所有的答案都是表象，歸根究柢大家害怕的一件事情，就是可能出現的不確定性，就是所謂的黑天鵝事件，所以每位創業者再創立公司初期，就要非常了解反脆弱的精神並且想盡辦法把這個元素融入公司之中。

之前聽過一個關於養豬的故事，是關於很多養豬大戶其實有幾百幾千甚至幾萬頭豬都不掙錢的原因，主要是因為養豬的豬農都有一個共同的特點，就是會不斷地擴大養殖範圍，養 10 頭豬掙錢了就把所有的錢去養

100 頭豬，100 頭豬賺錢了就接著養 200 頭豬，一直循環下去，直到發生豬瘟為止就全部賠進去了。

之前也碰過做貿易的朋友，一開始賺了一筆財富，於是把賺到的錢繼續投入購買更多的產品，之後他才發現他的所有財富都是倉庫裡面堆積的產品，一旦時機過了這些產品就不值錢了，只能以整貨櫃賠錢賣出，這就是脆弱性。

很多創業失敗的創業者都沒有思考過脆弱性與反脆弱性的關係，想弄明白什麼是反脆弱，就要先了解黑天鵝事件，所謂黑天鵝就是指發生不確定的事件，而反脆弱就是當不確定性發生時不但沒有受損反而從中獲益。

什麼是「黑天鵝」？在還沒有發現澳洲的黑天鵝之前，歐洲人一直以為所有的天鵝都是白色的，隨著第一隻黑天鵝的出現，這種不可動搖的信念崩潰了，因而引出「黑天鵝事件」，黑天鵝事件指的是不可預測的重大稀有事件，它使在意料之外，卻又能改變一切，這就是不確定性。

人類總是過度相信經驗，而當黑天鵝事件一旦出現就不知所措，以至於影響整個大局導致崩潰。而一個非典型的黑天鵝事件往往具備以下三個特性：

意外但必然性

黑天鵝事件往往出現在通常的預期之外，也就是過去沒有任何能確定其發生的證據，但它一定會發生，例如這次的武漢肺炎，以過去世界有過很多流行病的案例來看，知道有一天會再次爆發，只是不知道哪一天爆發，但是它一定會發生。

巨大的衝擊性

黑天鵝事件一旦發生，會讓現今發展良好的社會，或是給一個穩定發展中的公司，帶來致命的打擊，產生極端不可測的後果。

事後可預測性

雖然黑天鵝事件具有意外性，但是人的本性會在事後編造各種理由，並且或多或少地解釋它是可被預期的，我們回顧過去，幾乎都是根本無法預測卻影響巨大的黑天鵝事件，甚至能影響一個國家的命運，當然也會影響到一個創業者公司的命運。

你不需要去猜測黑天鵝事件，大前提是它一定會發生，就像一輩子一定會遇到一些難以想像特別困難的事情一樣，既然黑天鵝事件發生是必然性，並且會產生致命性的後果，那麼要如何應對就成了創業者的必修課程，創業者的脆弱性越強，伴隨的風險也就越大，那麼如何才能在看不清的變數裡未雨綢繆，就要靠「反脆弱」。反脆弱的精神就是從不確定性中獲益，脆弱的反面並不是堅強，堅強只能保證創業者在不確定中維持現狀不受傷，但是卻沒有辦法更進一步獲益，讓自己變得更好，而反脆弱能令人在不確定風險發生時自我保全，還可以從中變得更好獲取更多的利益，那要怎麼設計反脆弱的商業結構呢？

其中的核心就是「成本」和「收益」，一個具有反脆弱的創業項目，最重要的設計特徵就是成本要有底線，即使你一直虧本，最多只能允許虧到成本的底線，而不會無止盡地虧損下去，但你的收益卻沒有上限，我們可以不停的賺錢，不會出現明顯的「天花板」（凸性效應）。

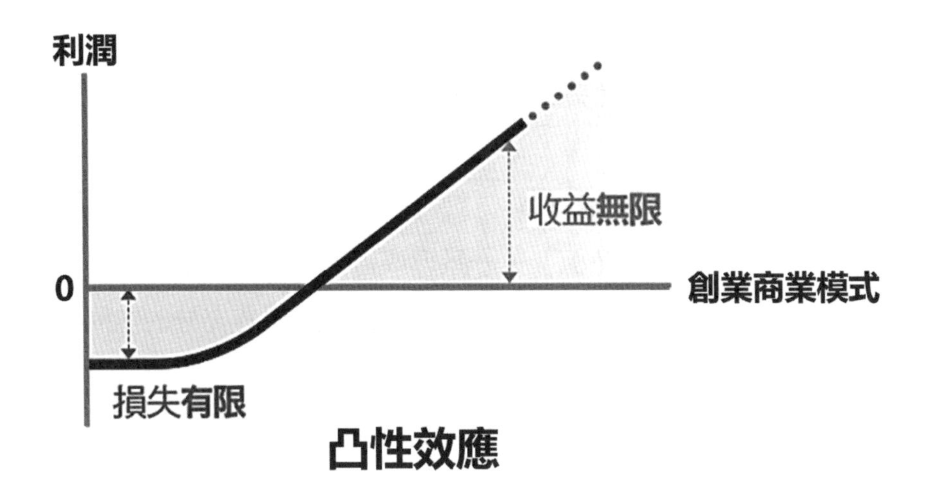

反之，如果你的創業項目是這樣設計，成本無底線，而收益卻有上限（凹性效應），若一切順利自然可以賺錢，但是賺錢是有上限的，一旦虧錢卻是一個無底洞，這種生意模式風險非常大。例如開餐廳，餐廳人潮再多一定會有一個收益的上限，因為餐廳的座位和翻桌率都有上限，但是一旦生意不好，或是碰到水災、火災等天災，那虧損就是沒有底線的。

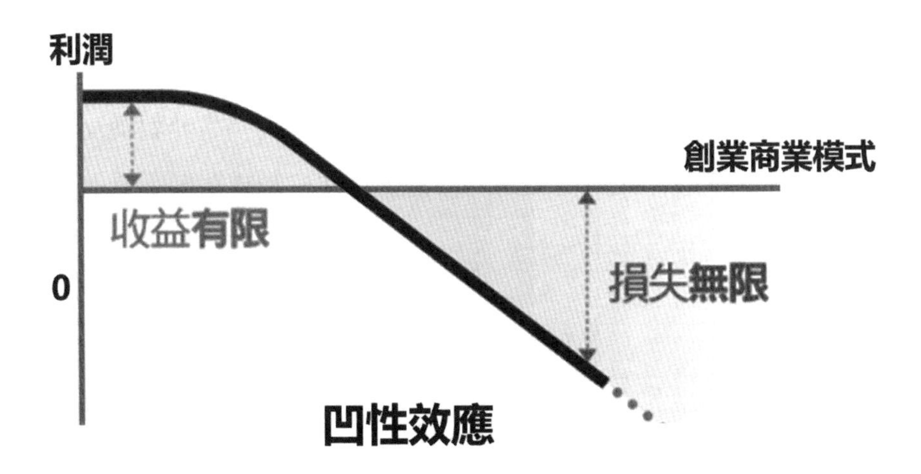

天天賠錢對一個創業者來說是一件很可怕的事情，因為你看不到未

來，對未來失去掌控性，繼而產生巨大的壓力，使你的情緒焦躁，進而影響員工的工作態度，最後導致整個公司營運下滑，這種惡性循環將一直持續下去直到公司倒閉。

所以反脆弱的商業結構就是，「將失敗的成本控制在最低」和「收益可以不斷地放大沒有天花板」，一旦形成這樣的商業結構，企業的抗風險能力就會極大地增強，即便出現黑天鵝事件，你也有充分的空間可以轉圜，可以自由的選擇下一步的發展。

所以反脆弱就是要找到「非對稱性」的機會，創業的真相在於你要認清這個世界不是線性的，很多人的腦袋裡存在非常深刻的線性思維，尤其是一般的上班族，例如一般上班族都是這麼想，我現在是基層職員一年賺三十萬，兩年後就升上小組長，年收入就可以有五十萬，在經過兩年之後就可以晉成組長，年收入就有七十萬，再過兩年後就可以晉升成課長，年薪就有近百萬了，這種思維就是線性的思維，以前的我也是這種思維，之後的我改變了線性思維，成了曲線思維，因為真正按照線性思維的發展情況少之有少。因此，才會有那麼多的不確定性和隨機事件，曲線帶來的是大量的不對稱性，其中有一種思維方式叫做「非對稱交易」，就是損失和收益並不完全對應。古往今來，所有成功的商人大多是非對稱交易的獲益者，如果你能把握住非對稱交易的機會，你便會離成功創業更進一步。

08 解決一個社會痛點思維

「想要讓客戶日久生情，首先得讓客戶對你的產品一見鍾情」，如何才能做到呢？就是找到讓客戶最痛的那個問題，並加以解決，反之，如果你找到的問題不是那麼的痛，那麼創業就是一條不歸路。這世界上所有偉大的公司，都是因為解決了一個巨大的問題才會有所成就，只有在客戶最大的痛點上面突破，才能在最短的時間內獲得客戶的青睞，才能大幅度降低創業的風險。

解決問題之前你必須要找到問題，這一點非常的重要，任何的創業者在創業的初期，最先應該做的就是，先找到一個問題，那如何才能準確地找到一個問題呢？你可以從矛盾開始想起，最好是一個巨大的矛盾，例如大家想要看一些有趣的影片，又不想花任何一毛錢，這就是一個矛盾點，因為製作一個影片沒有那麼簡單，背後要有攝影團、編劇、服裝、道具、劇本、後製等等的支援才有辦法做到，所以不可能免費，於是就有抖音這個平台出現，抖音解決了一個巨大的矛盾，它就成為了一個獨角獸企業。

又例如，大家希望自己穿的衣服便宜又好看，就是「物美」「價廉」，這其實就是一個非常矛盾的例子，要物美，這個背後就需要物流、原料、人工、設計等等方面的配合，以上這些就決定了成本將居高不下，如果再將這個物美的產品，賣個「價廉」的價格就一定會虧本。一分錢一分貨，便宜絕對沒好貨的概念使然，如果你想買品質好的衣服你就必須選擇名牌，選擇名牌的話價格肯定不便宜。如果你追求的是低價，你就應該去五分埔或者是成衣批發市場，那邊的衣服有的還是秤斤在賣，但是品質卻存在很多的問題。

UNIQLO 的老闆柳井正卻不是這麼想，在他的眼裡經營企業的本質就是遇到矛盾，然後盡力去解決矛盾，並完成所有偉大的創新及不可能的使命，創業者最重要的力量在於正視矛盾，並且解決矛盾，而不是逃避矛盾，UNIQLO 解決的正是在成衣領域物美價廉的矛盾，UNIQLO 通過各方面的努力和協調，將一件西裝的價格賣到一兩千塊，而且西裝的質料還非常地好，穿個幾年不是問題，也因為柳井正解決了巨大的矛盾，2009 年其財富總價值達 5700 億日圓，成為日本 40 大富豪之一。更於 2013 年以 155 億美元再次成為日本首富。柳井正家族在《福布斯》2019 年億萬富翁排行榜中名列第 41 名，資產達到 222 億美元。

找到一個問題可以從矛盾開始之外，你也可以從抱怨中發現創業的機會，你可以開始收集抱怨，在生活上聽聽身邊的人在抱怨什麼，哪些事情是他們每天都會抱怨的，我認為這是一個接近市場非常重要的途徑，你可以透過收集抱怨，分析、洞察以及親自體驗這一連串流程，來找到創業的突破口。例如當初的 Facebook 是祖克柏為哈佛大學校設計的內部產品，因為他當時聽到很多同學在抱怨，說要尋找其他同學的聯絡方式很困難，應該要有一個哈佛大學的花名冊，而從學校的層面來看是不太可能推動這樣的事情，於是祖克柏覺得自己可以比學校更快地做出這個系統，Facebook 就此誕生了，誕生於很多人的抱怨中。

又例如 Uber，很多人抱怨計程車司機態度不好，車子過於老舊，不好叫車，車費過高甚至漫天喊價，所以就有了 Uber，中國有了滴滴打車。現在人工作繁忙，有時候要抽空出去用餐都沒有時間，回到舒適的家，又懶得出門，這時候熊貓外送、Ubereat 等等的外送平台因應而生。所以想要創業的你，從現在開始仔細地請聽身邊那些抱怨的聲音，要將這些抱怨的聲音當成天籟之聲，從這些抱怨中找到客戶真正需求，因為如同賈伯斯說的，客戶不知道他要的是什麼，聽到抱怨之後就要著手進行解決，創業的起頭有時候就是那麼簡單開始，你永遠不知道這個起頭有可能造就一個跨國企業。

下一步開始進行分析洞察，這也是找問題的其中一個來源，有時候市場的機會是沒有辦法從大家的抱怨中獲得，而是要靠自己用心分析洞察，賈伯斯曾說過一句話，「我們不會到外面的市場做市調，只有差勁的產品才需要做市場調查」，客戶永遠只會對自己已經知道的事物有需求，而且在需求主張上不外乎是服務更好、功能更多、運送更快等等。

例如當時當初手機大廠 Nokia、Motorola，他們的想法就是站在顧客的思維上將手機做到極致，所謂的極致就是手機的品質能不能更好、電池能不能使用時間更久、價格能不能更便宜、外型能不能更時尚，在這些方面 Nokia 和 Motorola 都已經做到極致了，最後依然輸給蘋果賈伯斯的顛覆性創新。

賈伯斯的觀點源自於汽車大王亨利福特的名言，「如果我當年去問顧客他要的是什麼，他們肯定會告訴我，要一匹更快的馬」在汽車普及化之前，人們最熟悉的交通工具就是馬車，他們的腦袋裡根本沒有汽車這個東西，這時候問顧客，他們當然就只能想到馬車這個交通工具，怎麼也不會想到有四個輪子的轎車，像賈伯斯這種顛覆市場的創意到底是怎麼來的，他肯定不是傾聽抱怨而來的，而是來自深入客戶生活去「分析洞察」得來的。你要比客戶還了解他自己的需求，跳脫客戶的思維，將自己的分析洞察徹底的進入客戶的生活，這時候你一定能夠洞察到一些機會。

有一個小故事發生在波蘭，一名年輕人原是在火車站賣冷飲的，之前他的生意非常的清淡，但是聽了一場演講之後，知道了分析洞察的重要，於是他就每天站在月台邊觀察乘客，還真的被他觀察出一些細節，他發現很多乘客在上車經過他的冷飲店之前，都會先看一眼他的冷飲攤位，馬上接著再看自己手上的手錶，看完手錶後也就不買冷飲了，匆匆忙忙上車走了，但其實這個時候離開車還有二、三分鐘的時間，這個二、三分鐘的時間絕對足夠乘客買杯冷飲，為什麼乘客沒有這樣子做呢？因為人類有時候是容易緊張的，雖然離發車時間還有二、三分鐘，買冷飲綽綽有餘，但是在心裡緊張的情況之下，多數的乘客更加傾向不買，於是他透過了分析洞察找到了問題，接下來就是解決問題，他的方法非常簡單、有效，就是他花了少許的費用，去超市買一個非常精準的時鐘，這個時鐘的時間完全跟車站的時鐘一樣，他把這個時鐘放在冷飲攤的明顯處，就是這樣一個簡單的策略，讓他的生意翻了一倍多，乘客在上車之前轉頭一看，一眼就可以把時鐘和冷飲攤一覽無遺，當乘客可以充分的掌握時間就不會緊張了，這時候選擇到攤位前面購買冷飲的比例大幅提升。小小投資買一個時鐘，卻可以換來每天銷售額翻倍的銷量。如果創業者能夠掌握洞察的技巧，就會發現生活中有太多太多的創業機會了。

接下來找尋問題的靈感來源就是「體驗」，菲利普・科特勒被譽為現代的營銷之之父，他說：「其實根本不存在產品這個東西，客戶唯一會付錢的就是體驗」，你要把自己當作一般的用戶，親自試用自己的產品，體驗的關鍵在於忘掉自己的身分、能力等等的一切，這樣子才可以站在最客觀的立場上面去體驗，如果你抱持著行業專家的心態去體驗，你將不會體驗出什麼問題。

例如微軟的創辦人比爾・蓋茲，當時他創造了 Windows 這個跨世紀的產品，最早的雛型並不是完美的產品，我經歷過 Windows95 那個時期，那時候的 Windows95 充滿了一大堆的問題，沒有多久就要更新一次，還常常當機，為什麼這樣的產品微軟還敢推出呢？那是因為寫程式的這些專家認為，程式出現 bug 是很正常的，他們自己就可以解決了，但是使用電腦的客戶並不是專家，所以那時候使用 Windows95 的人常常是抱怨連連。

找到一個問題雖然是創業的一個好機會，但是我要提醒各位創業者，你找到的問題要足夠大，而且要特別注意，沒有一種產品可以討好所有的人，不要試圖想要做適合所有人的生意，上到 90 歲的老人下到 2 歲的嬰兒，創業一開始的方向是很重要的，很多的創業者當他決定走上創業的道路時，經過了一番的努力事業也有所成，突然發現他沒有辦法再擴展下去，因為他選擇的行業已經碰到了天花板，意思是他再怎麼精進他的技能，擴展他的事業版圖，也沒辦法，因為目標市場就是這麼大，所以在創業的初期，也要考慮到你最終的市場到底能做多大，當然如果你只是要開一個小店，或是在市場擺個小攤位，這些就不在你的考量之內了。

真痛點 VS 假痛點

痛點也有分真假，創業的目的是解決社會存在的某一個問題，但是問題會對應不同種類的社會痛點，客戶對某些問題的感受並不全然相同，如果你做出的產品或服務售價不是很高，客戶可能也會買單，但是如果沒有你的產品，客戶的生活也不會有明顯的影響，因為那些真正的痛點的問題，都已經被解決得差不多了，你要能真的找到當然最好，實在找不到的話該怎麼辦呢？你也別著急，你要試著學習怎麼分辨真痛點和假痛點，例如人們穿衣服的目的最主要是為了保暖，所以衣服的設計在如何保暖才是真正的痛點，但是這不意味著這裡沒有其他的風險存在，因為真假痛點並非一成不變，而是隨著技術水平以及人類發展和消費需求的變化而改變，例如剛剛的例子，衣服當初真正的痛點是為了保暖，而隨著時代的演進，現在衣服真正的痛點需求反而是在設計以及價格，穿這件衣服能不能讓你整體的美感加分，或是可以提升你在別人眼裡的社會地位，早已不是保暖這個痛點。

但大方向依舊沒有變，所有偉大的企業，探其成功的原因，都是從找到問題開始創業，經由人們的抱怨，你的分析洞察，以及親自的體驗，尋找用戶的痛點並且加以解決，我認為這是一個尋找問題最好的方法，你要常常地問自己，客戶真的有購買動機嗎？例如一瓶礦泉水在都市或是在沙漠地區，礦泉水的需求同點絕對不同，在沙漠地區又可以分找不到水的情況和隨時都可以買到水的情況，兩者的需求點又不同，唯有在一片沙漠當中，只有你擁有一瓶可以救他的性命的水，這就是屬於真正的痛點，而且客戶需要在非常口渴的狀態下，需要立即大量飲用礦泉水，就是客戶的痛中之痛了。

09 淨利潤思維

在全球頗負盛名的日本「經營之聖」京瓷（Koycera）創辦人稻盛和夫認為，企業的稅前淨利率至少要大於 10%，否則就「不算是企業」。

稻盛和夫說時常用這樣的狠話來激勵企業家：「如果連 10%的稅前利潤率都達不到，那麼你還是把公司關了吧。」這是他的一種激將法，為的是讓企業家們能夠發奮圖強，改變現實環境。

日本經營之聖稻盛和夫說：「京瓷今年迎來了創立 57 週年，而在這 57 年間京瓷沒有出現過一次年度虧損，實現了企業順利成長發展的目標。但是回顧這半個多世紀的歷史過程，我們曾遭遇過多次嚴重的經濟蕭條。

70 年代的石油危機，80 年代的日圓升值危機，90 年代的泡沫破裂的危機，2000 年代 IT 泡沫破裂的危機，以及雷曼金融危機，我們經歷了各式各樣的經濟蕭條。

每次面臨經濟蕭條，作為經營者的我總是憂心忡忡，夜不能寐。但是，為克服蕭條不懈努力，每一次闖過蕭條期後，京瓷的規模都會擴大一圈、兩圈。從這些經驗當中，我堅定了『應當把蕭條視為成長的機會』這樣一個信念。

企業的發展如果用竹子的成長做比喻的話，克服蕭條，就好比造出一個像竹子那樣的『節』來。經濟繁榮時，企業只是一味地成長，沒有

『節』，成了單調脆弱的竹子。但是由於克服了各種各樣的蕭條，就形成了許多的『節』，這種『節』才是使企業再次成長的支撐，並使企業的結構變得強固而堅韌。將蕭條視作機會，重要的是在平日裡打造企業高收益的經營體質，高收益正是預防蕭條的最佳策略。為什麼呢？因為高收益是一種『抵抗力』，使企業在蕭條的形勢中照樣能站穩腳跟，就是說企業即使因蕭條而減少了銷售額，也不至於陷入虧損。

同時，高收益又是一種『持久力』，高收益企業有多年累積的、豐厚的內部留存，即使蕭條期很長，企業長期沒有盈利，也依然承受得住。另外，此時還可以下決心用多餘的資金進行設備投資，因為蕭條期購買設備比平時便宜許多。像這樣，在蕭條到來之前，就應該盡全力打造高收益的企業體質，這才是經營。平時沒能實現高收益，遭遇蕭條，必須堅忍不拔，千方百計去克服蕭條。」

所以，對於盈利性企業來說，成功只有一種真實的衡量標準：「利潤」。畢竟，如果沒有獲得利潤，其他的都沒有意義。利潤理論上很簡單，它只是收入和成本的差額。然而，它又並不簡單。

一些商業，像代工廠或折扣店，他們的利潤率都非常低，低到個位數。他們通過薄利多銷的形式獲取利潤。也有其他的商業，他們的銷量小，但利潤率非常高。不論如何，幾乎所有小企業主都會碰到的問題是，無論他們的利潤率是多少，他們怎樣才能增加利潤？方法有百百種但主要有三種增加利潤的方法：

第一種方法：提高價格

你可能不想漲價，但從大局考慮，你的商品或服務的特點使得人們成為你的客戶。你的位置、價格、商品、價值、便利性、選擇性、專業性、口碑等方面可能和你的競爭對手一樣甚至更好。你會注意到價格只是上面所提到的一方面。原因在於，除非你的基本價值主張是，你是最便宜的，但這是不可能的，否則人們選擇你的商品會因為許多因素，而價格只是其中之一。

總的來說，沒有人喜歡漲價，並且害怕因為漲價而流失客戶是正常的，但所有的商品都會漲價。想想你什麼時候會因為商品的漲價而停止購買呢？是的，這種情況很少發生。因此，如果你想賺更多的錢，特別是你想增加利潤率的話，就要考慮為你的商品或服務漲價了。假如你仍然擔心漲價會流失客戶，那麼先測試新價格，再全面推廣。

第二種方法：增加銷量

假如你不想漲價，又想增加利潤，你的第二選擇只有增加銷量。增加銷量意味著你能賺更多，這是一個顯而易見的事實。

增加銷量的一個辦法是進行二八分析，二八分析是指80%的利潤或銷售額，來自於20%的商品或來自於前20%的客戶。因此，這個問題的答案是前20%的商品是哪些？前20%的客戶是哪些？少數商品和客戶為你帶來了絕大部分的銷售額。一旦你知道了這個問題的答案，增加銷量的辦法就顯而易見：集中銷售那些有價值的商品，擴大銷售對象。然後你就能收穫更大的銷量，進而賺到更多錢。

第三種方法：減少支出

再想想我在前文提到的利潤公式：利潤是成本與收入的差額。前兩個方式是通過增加銷售額來增加利潤。另外的方式涉及到公式的第一部分就是降低成本。以更低的成本賣出同樣的銷量來增加利潤，這個挑戰在於減少什麼成本、如何減少成本而又不降低銷量。減少成本必須使用解剖刀而不是屠刀。但要明智，看你是否能找到更便宜的貨源，或者降低勞動成本或保險金。可以透過整批購買、激勵員工來降低價格。

增加利潤是有可能的，但這要求你密切關注利潤率，並設法改變利潤公式來提昇你的優勢。

10 跟對趨勢思維

根據統計人生有三至五次翻身的機會，但是一般人往往錯失良機，記得讀高中時正是台灣錢淹腳目的年代，股票是閉者眼睛亂買都會賺錢，當時還有一本《理財聖經》的書，作者為黃培源老師，在書中提到股票是隨時買、隨便買、不要賣，那時的時空背景的確依照這模式會賺大錢，但好景不常，股票賺錢時代歷經了十年左右到了房地產時代，同樣的操作模式放在房地產市場依舊通吃，只是換了一個策略，就是隨時買、隨便買、馬上賣，沒錯就是買到了就要馬上賣，因為當時並沒有奢侈稅和房地合一稅限制，房地產景氣正旺的時候，你買一間房子，房子的產權登記人還沒過戶完成，就可以將房子又賣出去，一間大約四百萬左右的房子，可以賺三四十萬，甚至預售屋的紅單更好賺，找兩三個朋友一起去排隊搶紅單，隔天轉手後，一張紅單大約賺十萬元，隨隨便便就可以賺幾十萬，房地產這行業也歷經了十個年頭，自從有了奢侈稅和房地合一稅，加上政府的打房政策對房價並不友善，以及綠色執政對對岸朋友來台買房的政策緊縮，可以操作的空間就被限縮，很多朋友也都套在房產上。

接下來就是網路世代了，從微商到阿里巴巴及各大電商平台，先入場的幾乎都賺了不少錢，直到 2017 年開始沒落。2016 年代區塊鏈時代爆發了，一個當初用一萬顆比特幣買了價值約 900 元台幣的披薩，在 2018 年最高的兩萬美金，共約 6 億台幣，到現今 2020 年 3 月的 2.7 萬美金，共計約 8 億台幣，比特幣的漲幅千萬倍！但是賺快錢的時代將要過去了，賺大錢的時代正在來臨，那就是用區塊鏈賦能傳統企業的時代正在發生，只要能跟對趨勢順勢而為，基本上創業的路途就會順遂許多。

人最大的成本並不是金錢而是時間，趨勢一旦過了就永不復返，1998 年，面對 100 萬美元收購 Google 的交易，雅虎拒絕了。2002 年，雅虎覺得還是收購 Google 比較好，開價 30 億美元，Google 還價 50 億美元，雅虎放棄。2006 年，雅虎提出以 10 億美元加股票收購 Facebook，適逢 Facebook 內憂外患，雅虎隨即又把價碼縮水到 8.5 億美元，感到不被尊重的祖克伯在董事會上當眾撕掉了協議書；2008 年，微軟帶著 400 億美元現金希望收購雅虎，雅虎內部討論了數月之後，拒絕了微軟；2016 年：雅虎以 46 億美元賣給了 Verizon。

每個人的人生都會有三～六次的翻身機會，就在於你有沒有把握住，如今正是區塊鏈的世代，區塊鏈是物聯網的升級，區塊鏈並不是橫空出世，而是由互聯網→大數據→ AI 人工智慧→區塊鏈一個個科技世代堆疊而來的，從歷史的角度來看，人類從農工業時代發展了數百數千年，改變比較劇烈大概是從工業革命之後，所以那個時代的趨勢就是重資產的世代，誰擁有最多的重資產誰就是贏家，所以那個時代的世界首富就是鋼鐵大王安德魯・卡內基。從農工業時代進化到電腦世代，這時候誰擁有電腦裡面的技術誰就是贏家，所以當代的世界首富就是微軟的比爾・蓋茲。

電腦世代又演進到手機時代，此時講求的是平台，誰擁有最大的平台、最快速的服務誰就是贏家，所以現在的世界首富就變成了亞馬遜的老闆貝佐斯。

如今正從手機時代邁向區塊鏈時代，《2018 胡潤區塊鏈富豪榜》比特大陸 39 歲的詹克團以財富 295 億元成為「區塊鏈大王」，今年中國「85 後」和「90 後」白手起家新首富均出自區塊鏈領域，也來自比特大陸，分別是財富 825 億的吳忌寒和財富 34 億的葛越晟，幣安、OKCoin 和火幣的創始人均位列榜單，數字貨幣交易平台幣安 41 歲的趙長鵬以 750 億位居行業第三，主營礦機的最多，占三分之二；其次是數字貨幣交易平台。北京是區塊鏈富豪之都，有 8 位居住於此；其次是杭州，有 4 位；上海和美國各有 1 位，平均年齡不到 37 歲，是百富榜上最年輕的行業，公司平均創立 5 年，區塊鏈行業成為胡潤百富榜上成長最快的行業，在之前發布的《胡潤百富榜》上，第一次有區塊鏈相關領域上榜者，便有 14 位。

胡潤表示：「全球還沒有一個真正的區塊鏈行業上市公司，今年是區塊鏈元年。雖然有借殼想上市的火幣和 OK，有提交港交所想上市的比特大陸，提到區塊鏈，大多數人能馬上想到比特幣和以太坊，當我們細分這個行業以後，看到以礦機為主業的最多，交易平台居第二。

在區塊鏈領域找到 14 人財富超過 100 億，可能還遺漏 50 多人，比我們百富榜上遺漏掉的人數比例要高，主要原因是很難找到虛擬貨幣的真正所有者，但可以看到，比特幣價格從 2017 年 12 月最高峰已經下降了 70%，很多原來有資格上榜的人現在已經排不到，我相信三年內憑藉區塊鏈上榜的會有上百人，區塊鏈行業是一個頗受爭議的行業，主要受到空氣幣炒作等行業亂象的影響。但是，區塊鏈技術應該會對未來產生深遠的影響。任何一次財富的締造必將經歷一個過程：「先知先覺經營者；後知後覺跟隨者；不知不覺消費者！」而你還在不知不覺嗎？快跟上區塊鏈這個未來的趨勢吧！

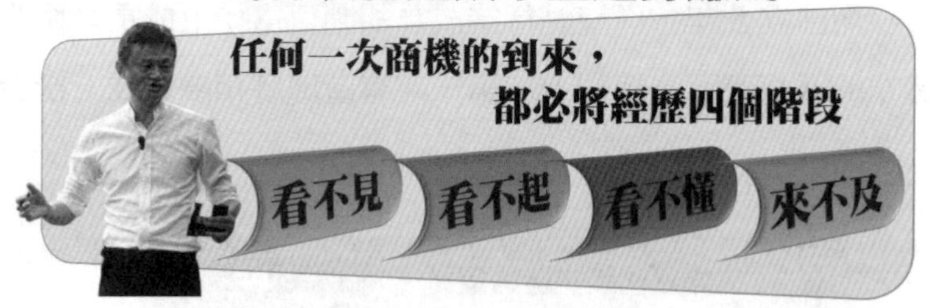

11 打造品牌IP（知識產權）

一般說來，財產有三類：動產、不動產和知識財產，其中後者即知識產權（IntellectualProperty）。知識產權來自英文IntellectualProperty的意譯，指權利人對其所擁有的知識資本所享有的專有權利，一般只在有限時間期內有效。各種智力創造比如發明、文學和藝術作品，以及在商業中使用的標誌、名稱、圖像以及外觀設計都可被認為是某一個人或組織所擁有的知識產權。

知識產權是一種無形財產權，是從事智力創造性活動取得成果後依法享有的權利。通常分為兩部分，即「工業產權」和「版權」。根據1967年在斯德哥爾摩簽訂的《建立世界知識產權組織公約》的規定，知識產權包括對下列各項知識財產的權利：文學、藝術和科學作品；表演藝術家的表演及唱片和廣播節目；人類一切活動領域的發明；科學發現；工業品外觀設計；商標、服務標記以及商業名稱和標誌；制止不正當競爭以及在工業、科學、文學或藝術領域內由於智力活動而產生的一切其他權利。總之，知識產權涉及人類一切智力創造的成果。

➤ IP，是 Intellectual Property 的縮寫，即「智慧財產權」，指權利人對其智力勞動所創作的成果享有的財產權利。

➤ IP，是即有內容力和自流量的魅力人格體。

➤ 人們談論的 IP 不是狹義的智慧財產權（Intellectual Property）的縮

寫，而是泛化的概念——泛 IP，指有持續影響力的多元化的優質內容，並且可以通過對特定的人的影響力將與之相關的內容變現。

- 凡是有內容、有一定知名度和一定粉絲群的文化產品或文化產品碎片，都是 IP。
- 品牌 IP 是企業一系列原創、持續、人格化的價值內容，是無形品牌資產的內容載體。

品牌 vs. IP

品牌：傳統的品牌行銷通過產品和服務實現價值主張，品牌提供的是功能屬性。

IP：終極目的是追求價值和文化認同，IP 提供的是情感寄託。

IP 通過內容實現人格構建，當一個品牌開始透過製造內容，塑造人格化表達，而非單純以產品和服務實現價值主張。品牌實現 IP 化運營時，就完成了品牌向 IP 的轉化。

目前品牌行銷面臨的挑戰有—— 1. 碎片化的媒介環境；2. 多元化的消費場景；3. 獨立割裂的單次行銷活動；4. 非原創內容很難具備穿透力；5. 碎片化的內容難以形成品牌印象點。

消費者的消費場景和媒介使用都朝向多元化發展，對於品牌而言，接觸消費者變得更難。現在是由觀眾來選擇何時、何地看到何種資訊。他們可以自主地跳過廣告、限制廣告甚至完全規避廣告。廣告已不再是一個設定好的內容消費公式的一部分，傳統的干擾式廣告效果越來越差。而碎片化的媒體環境，是品牌行銷最大的挑戰，尤其是主打年輕人行銷時，這種問題更突顯。很多互聯網媒體，本身就是一種非常精彩的娛樂，比如每天都有很多年輕人在露天、蝦皮上購物，在 YouTube 上看視頻，到 LINE 上與朋友聊天；還有一些新冒出的更符合年輕人文化的媒體，比如臉書、IG、抖音。這些媒體很強勢地分散了消費者的注意力。對品牌來說，的確有很多不同的選擇，有很多種可能，但卻導致不知道應該選哪個管道發廣告。行銷的環境不斷地在改變，所以行銷的方式也必須跟著改變，面對新的行銷環境，品牌該如何應對？

行銷的演進，把行銷分為四個進程：

行銷 1.0 時代（突出產品功能）

在當時這年代所有產品只要有曝光的機會，往往只需要將自家的產品展示出來即可，那時大家生活在一個困苦的年代，大部分的家庭只要求溫飽，對於過多的包裝沒有興趣，賣產品只需要突出產品的功能就可以有不錯的銷量。

行銷 2.0 時代（突出品牌理念）

這時的品牌光是突顯功能已經滿足不了消費者了，消費者開始有品牌意識，會有自己喜歡並追求的品牌，所以品牌理念變成吸引客戶的主要模式。

行銷 3.0 時代（內容為王）

這時候的消費者著重在品牌可以提供的內容是什麼，不需要太多的華麗包裝和品牌故事，要的是 CP 值高的產品，所以當時吸引客戶上門的行銷就以內容服務多元取勝。

行銷 4.0 時代（品牌 IP 行銷）

直到今日的行銷模式則以持續影響力的多元化優質內容為主，並且可以通過對特定的人的影響力將與之相關的內容變現能力為考量，在原創、持續、人格化的價值內容為主。所以 IP 行銷＝原創＋持續＋人格化的內容行銷。

以視頻媒介為例，與傳統的行銷模式相比，品牌 IP 行銷產生的行銷效果會有所不同。從影片到達觀眾眼球的到達率來看，尤其是在 IP 剛開始打造的時候，品牌 IP 行銷的效果可能沒有傳統 TVC 和電視節目贊助那麼大。但如果從品牌和目標受眾的契合度以及 ROI 的角度看，品牌 IP 行銷產生的效果是最佳的。只有打造自己的 IP，才能更好地控制品牌傳播的內容和調性。

$$\text{ROI} = \frac{（流量創造營收 \times 毛利率）- 流量獲取成本}{流量獲取成本} \times 100\%$$

$$\text{ROAS} = \frac{流量創造營收}{流量獲取成本} \times 100\%$$

打造 IP 的四種方式

第一種方式：品牌自製

品牌可以根據自己的想法從 0 到 1 進行定製打造，但由於這類 IP 屬於新生事物，大範圍的普及需要時間的沉澱。

型式可以有：視頻節目、基於視頻的整合行銷、微電影＋網站＋線下體驗店、視頻短劇。

第二種方式：品牌與媒體平台聯合打造

借助媒體平台的專業製作經驗，將品牌理念或產品賣點深度植入到內容中，同時依託媒體平台的流量基礎，實現更有效地傳播。

第三種方式：品牌 × 知名 IP 聯合定製

借助已有 IP 大號影響力的同時，也能對品牌傳播內容有更好的把控。型式有：視頻短劇。

第四種方式：成熟品牌 IP 化

基於品牌沉澱和用戶認知，通過一系列的衍生產品、行銷活動，進行品牌文化輸出，傳遞品牌理念和價值觀，實現品牌 IP 化。

案例一、成熟品牌 IP 化的例子：LINE「LINEFRIENDS」

LINE 通過不斷強化 LINEFRIENDS 的萌物形象，加深這個 IP 對於粉絲的感召力，同時加快了它的 IP 商業化進程，由 LINEFRIENDS 衍生出來的跨界合作，已成為 LINE 在通訊軟體之外的主要營收來源。

案例二、成熟品牌 IP 化的例子：迪士尼

以 IP 為核心，憑藉以下五大業務板塊的生態佈局，迪士尼已成為一家擁有完整文化娛樂產業鏈的巨型企業。

1. 媒體網路：不僅為自製節目提供發行推廣的管道，也通過電視、廣播服務、商業廣告來實現收入成長。

2. 影視娛樂：涵蓋影院、家庭娛樂、電視、音樂製作、電影製作等業務。

3. 公園和度假：將動畫場景以實景方式再現，滿足消費者的幻想，打造吃住、娛樂、消費的完整生態。

4. 消費品：通過商品授權經營，圖書雜誌出版，線上線下零售，實現收入成長。

5. 互動娛樂：通過互動媒體平台，創作發行迪士尼品牌娛樂和生活方式的內容，如遊戲授權業務。

如何打造品牌 IP ？

在討論如何打造品牌 IP 前應該先討論品牌 IP 核心要素是什麼呢？一個好的品牌 IP，應具備哪些核心要素？

要素一、內容力：持續創造差異化的內容

- 社交分享：內容生產須以社交分享為導向
- 圈層化表達：基於特定人群的圈層化表達
- 可辨識性和稀缺性：對用戶形成高度聚合的可辨識性和稀缺性價值
- 跨界能力：生產層次感更豐富、更具傳播能力的內容

要素二、人格化

人格化特徵為何如何重要？

- 因為人格化有親近感
- 因為人格化有辨識度
- 因為人格化利於互動

打造人格化的四種方式

- 標誌性的風格：例如星爺電影的無厘頭風格、館長的罵髒話
- 標誌性的標籤：例如以前股票老師張國治老師的丟筆
- 標誌性的傳播載體：例如白爛貓的表情貼圖
- 標誌性的梗：獨特的黑點、笑點、亮點、槽點，例如蕭敬騰的「雨神梗」

要素三、亞文化

亞文化社群的孵化能力，即能將某個文化群體聚攏到某個可控的體系中。社群本身提供了一個近距離觀察用戶的管道，為用戶交流提供場所，而用戶的碰撞、交流、自傳播，則為品牌亞文化的誕生提供了土壤。

要素四、儀式感／參與感／溫度感

通過創造一系列具有儀式感、參與感、溫度感的活動，傳遞 IP 背後的理念和價值觀。

每個品牌都應該有自己的 IP

品牌 IP 打造步驟如下：

第一步驟：定位梳理

對 IP 整體定位進行系統規劃，如：

1、目標界定（通過打造 IP，要實現怎樣的目標）

2、尋找與 IP 所傳達理念或價值觀相符的目標受眾群體，並對其特點進行分析

第二步驟：方式評估

根據品牌發展情況、IP 定位等，評估使用何種方式來打造品牌 IP。

1、品牌自製

2、與媒體平台聯合打造

3、與知名 IP 聯合定製

4、品牌 IP 化

第三步驟：設計內容

根據內容設計的原則，設計並持續產出差異化的內容。

1、社交分享

2、圈層化表達

3、跨界能力

4、可辨識性和稀缺性

第四步驟：傳遞價值

通過一系列具有儀式感、參與感、溫度感的活動，向目標受眾，傳遞 IP 背後的理念和價值觀。

第五步驟：商業衍生

基於流量及勢能，進行商業化開發。

你不可不知的區塊鏈

The Best Blockchain for Your Business

01 什麼是區塊鏈？

如果你上維基百科查詢什麼是區塊鏈，你會立馬放棄瞭解區塊鏈，因為維基百科的解釋是站在技術的角度去解釋，對於完全沒有技術基礎的人就是一場噩夢，維基百科這樣解釋區塊鏈——區塊鏈是藉由密碼學串接並保護內容的串連文字記錄稱區塊。每一個區塊包含了前一個區塊的加密雜湊、相應時間戳記以及交易資料（通常用默克爾樹（Merkle tree）演算法計算的雜湊值表示），這樣的設計使得區塊內容具有難以篡改的特性。用區塊鏈技術所串接的分散式帳本能讓兩方有效紀錄交易，且可永久查驗此交易。如果這樣解釋區塊鏈，應該很多人會放棄瞭解區塊鏈吧！

區塊鏈看似高端的技術，而我則認為區塊鏈比較偏重於思維的轉變，它就是一個分散式帳本的概念，原本帳本是由一個人負責記帳，現在改成所有參與的全體人一起共同記帳，如此而已，其它的應用都是根據其特性衍生出來的應用而已。至於技術基本上跟網際網路差不了多少。而區塊鏈源自比特幣，不過在這之前，已有多項跨領域技術，皆是構成區塊鏈的關鍵技術；而現在的區塊鏈技術與應用，也已經遠超過比特幣區塊鏈，比特幣是第一個採用區塊鏈技術打造出的 P2P 電子貨幣系統應用，不過比特幣區塊鏈並非一項全新的技術，而是將跨領域過去數十年所累積的技術基礎結合。要追溯區塊鏈（Blockchain）是怎麼來的，不外乎先想到比特幣（Bitcoin），但位於歐洲的小國「愛沙尼亞」卻是第一個使用區塊鏈技術進行數位化的政府。

位於歐洲的小國「愛沙尼亞」旨在成為全世界第一個加密國家（Crypto-Country），正在使用區塊鏈技術進行數位化的政府服務。2014 年愛沙尼亞政府推出一個電子居民計畫，期望整個國家的數位化能達到一個新高的水準。根據這些提議，世界各地的任何人都可以在線上向愛沙尼亞申請成為一名該國的虛擬公民。一旦成為數位公民，他／她可以透過網路獲取任何愛沙尼亞以實體經濟所建立的線上平台，以及提供給愛沙尼亞國內居民使用的線上公共服務。

但是愛沙尼亞在全國選舉期間，只有實體居民可以透過基於區塊鏈所建立的線上平台進行相關投票。另外，其還推出以區塊鏈為基礎所建立的公共服務，包含：健康醫療服務。現在還正在研究推出以區塊鏈為基礎的數位貨幣，並發行於該國。除了愛沙尼亞，世界各國也在公共部門中採用區塊鏈技術。最為積極的歐盟國家競爭對手就是斯洛維尼亞（Slovenia）。

斯洛維尼亞政府已經宣布，目標就是成為歐盟國家中區塊鏈技術的領導國家。該政府正在研究區塊鏈技術在公共行政中的潛在應用。2017 年 10 月中旬所舉行的 2020 年數位斯洛維尼亞會議中，該國總理表示，監管機構和部分委員已經開始研究區塊鏈技術及其潛在應用。另外，2017 年 10 月 3 日斯洛維尼亞政府於斯洛維尼亞數位聯盟（Slovenian Digital Coalition）中成立了「區塊鏈智囊團」。該智囊團將成為區塊鏈開發商，產業參與者和政府之間的聯絡橋樑，還將合作創造不同區塊鏈上的各種教材，並協助起草關於技術的新規定等。以上兩個歐洲小國都想利用區塊鏈技術改變在世界上的競爭地位。不過，仍有一些大國也積極進入區塊鏈市場。

在英國，政府正在試行一個基於區塊鏈的健康保險受益人申請補貼的系統。在俄羅斯，以太坊（Ethereum）的創始人 Vitalik Buterin 與俄羅斯國有銀行簽署了一項關於建立一個名為 Ethereum Russia 的特殊國家系統。主要目的是幫助俄羅斯的國有銀行發展和對外經濟事務實施區塊鏈技術，並在莫斯科建立一個培訓中心。

與此同時，中國政府自 2017 年 6 月起就開始建立一個國際先進的加密貨幣雛型，到 9 月份，中國大陸決定藉由禁止 ICO（Initial Coin Offering）代幣交易建立一個良好的規範法規，以讓中國能進一步掌握主導權，在未來代幣新經濟上分一杯羹。而比特幣區塊鏈所實現的基於零信任基礎、且真正去中心化的分散式系統，其實解決一個三十多年前由 Leslie Lamport 等人所提出的拜占庭將軍問題（拜占庭將軍問題是一個協議問題，拜占庭帝國軍隊的將軍們必須全體一致的決定是否攻擊某一支敵軍。）。

1982 年 Leslie Lamport 把軍中各地軍隊彼此取得共識、決定是否出兵的過程，延伸至運算領域，設法建立具容錯性的分散式系統，即使部分節點失效仍可確保系統正常運行，可讓多個基於零信任基礎的節點達成共識，並確保資訊傳遞的一致性，而 2008 年出現的比特幣區塊鏈便解決了此問題。而比特幣區塊鏈中最關鍵的工作量證明機制，則是採用由 Adam Back 在 1997 年所發明 Hashcash（雜湊現金），為一種工作量證明演算法（Proof of Work，POW），此演算法仰賴成本函數的不可逆特性，達到容易被驗證，但很難被破解的特性，最早被應用於阻擋垃圾郵件。

在接下來的幾十年中，帶給我們重大影響的大變革已經來臨了，但它不是社交媒體臉書、instagram 等等，它也不是大數據、不是機器人，更不是人工智能，我們將驚訝地發現，那就是比特幣等虛擬貨幣所憑藉的底層技術，我們就稱它為「區塊鏈」。

現在雖然沒有很多人知道它、了解它，它的名聲也沒有如同以上提到的那幾種那麼有名氣，但是我相信它是下一個世代的網際網路，而且區塊鏈可以為每個企業、社會以及個人帶來很多的好處，當我寄一封電子郵件或是傳一份影音檔案給你的時候，我實際上寄給你的不是原創的版本，而是經過不斷的轉貼、轉寄到我手裡我再寄給你，所以那些資訊只是一份副本而已，這樣也沒有什麼不好，因為把資訊大眾化了，以上提到的這些或許對你來說都是無關痛癢的事情，但是如果我們談到資產的時候，比如說金錢或是金融資產的股票、債券、期貨等，又或者是百貨公司的紅利積點、智能財產權、創作、藝術、投票權以及其他的資產，若是我寄給你這些的盜版，這就不是一件好事情了。如果我要寄一萬元的資產給你，我們就必須依賴一些中間機構（如政府、銀行、信用卡公司等等）才能將一萬元的資產轉給你，這些中間機構在我們的經濟活動中建立信用關係，和這些中間機構在各種商業行為以及交易的過程當中，扮演很重要的角色，從個人的信用審核到身分辨識，甚至到結算以及交易記錄的保存等等，目前來說這些中間機構表現得都還算不錯，除了手續費和利息稍微高了一些，但是現在以及未來的問題也越來越多了，因為從一開始它們就是中心化的，這也意味著它們很有可能被駭客入侵，而且這種趨勢也越來越多了，大家是否還記得台灣去年的安德魯事件（一銀 ATM 盜領事件案），這種事件層出不窮，簡直防不勝防，因為傳統的銀行都把資料存放在幾個特定的主機，一旦主機被駭客攻擊成功，就會損失相當慘重。

如果各自保管會比較好嗎？各自保管依然是有風險性的，例如遭遇到天災人禍（被偷、土石流、地震、火災等），你只要無法證明那些有價證券是你的，你將蒙受巨大的損失。

資訊科技世代的堆疊

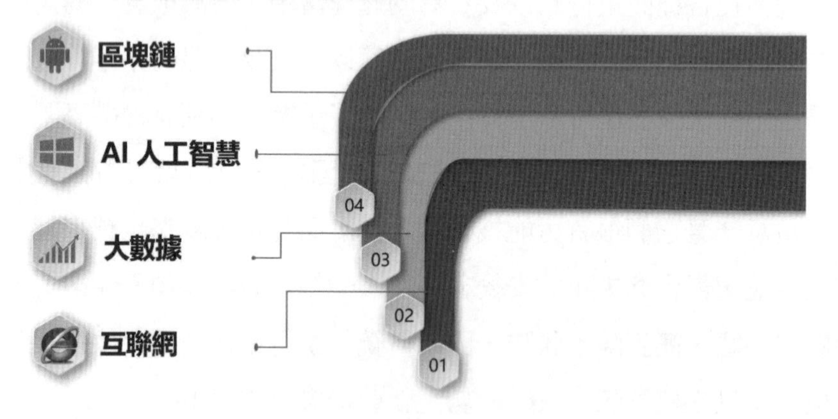

區塊鏈源起於網路，既然是網路市場就表示有區塊鏈的一個特性「去邊際化」，書中很多舉例的場景會以中國大陸內地為主，畢竟最大的華人市場在中國大陸，想在區塊鏈或網路上賺錢的讀者們，一定要把握住這塊巨大的市場大餅，既然區塊鏈源自於網際網路，我們就先來看看 2020 網

路流行的十大關鍵字有哪些，其中藏有許多巨大的商機和趨勢。

5G

5G 將帶來深刻的社會變革，將深入視頻娛樂、教育、醫療、汽車、交通等各行各業，滿足不同智慧應用場景的需求。

產業互聯網

To C 端紅利已見頂，To B 的需求價值得以重估，未來風向將從流量經濟吹往數位經濟，「如何利用大數據做連接和賦能」成為互聯網下半場最熱門的話題。

資本風向標

2018 年投資專案數達到百例以上只有五家投資機構，大部分機構僅僅投資了一例，市場上「熱錢」變少，中小機構投資漸趨謹慎，投資機會向頭部投資機構聚攏。

天花板

互聯網人口紅利見頂，靠流量躥升提高GMV（Gross Merchandise Volume，網站成交金額）的思維已逐漸失效，互聯網的下半場，天花板已來臨，互聯網人口紅利及青壯年用戶皆已頂到天花板，加上市場競爭重疊加劇，後果就是處處都是天花板，毫無未來發展空間可言。

線下價值

移動互聯網的下半場，線上流量見頂，互聯網企業極待新的業務成長點，線下價值突顯。

內容消費

內容，無處不在，內容消費，無處不在。

國際化

互聯網流量紅利出盡，國內市場日趨飽和，開拓國際市場是尋求增量的必然選擇短視頻出海，從東南亞到歐美互聯網企業國際路線基本從東南亞起航，逐漸滲透歐美國家，國際方式包括推出自有App、收購本土平台、投資本土平台等，短視頻領域出海佈局近年來動作頻出。

下沉市場

簡單說就是包括三四線城市到農村鄉鎮在內的用戶群體，它釋放的購買力總量可能空前龐大，它的崛起，是趨勢、是藍海，也是兵家必爭的寶地。

「她」經濟

女性經濟獨立與自主、旺盛的消費需求與消費能力意味著一個新的經濟成長點正在形成「她經濟」崛起中國線民性別結構逐漸均衡化，女性用戶成長將激發互聯網市場規模高漲，隨著女性經濟和社會地位提高，圍繞著女性理財、消費而形成了特有的經濟圈和經濟現象早在十多年前，中國已步入「她時代」，即女性主導消費。

監管與合規

在蠻荒之地，率先打破禁忌者或許會嚐到甜頭，但在法治日益完善的土壤上，唯有堅持價值的產出才會得到市場的回報。

02 關於區塊鏈的應用

為什麼區塊鏈是個關鍵的機會？

因為區塊鏈有可能對企業交易的方式產生巨大的衝擊與改變，它將成為客戶和各行各業轉型變革的主要核心，而區塊鏈的效益在未來十年將是影響企業數位轉型的關鍵能力。

以圍繞區塊鏈本身的特長去發揮，用來解決企業碰到以往用技術、人力、法律等等都無法解決，或是必須消耗大量資源才能處理的問題，試著從區塊鏈特性中尋找答案，例如：

分散式帳本創造了共享價值體系，在同一網路下的所有參與者同時擁有權限去檢視資訊；不可篡改且安全，是區塊鏈透過有效的密碼機制在保護附加上的帳本資訊，資料一旦加入後是不能更改或刪除；點對點的交易是去除中心化的驗證，藉由新科技的方式消除第三方機構進行交易驗證及管理改變；互相信任是採用共識機制，交易的驗證結果會即時被網路中所有參與者確認後，才會成立；智能合約是具有運行其他業務邏輯的能力，意味著可以在區塊鏈中嵌入金融工具預期行為的協議。

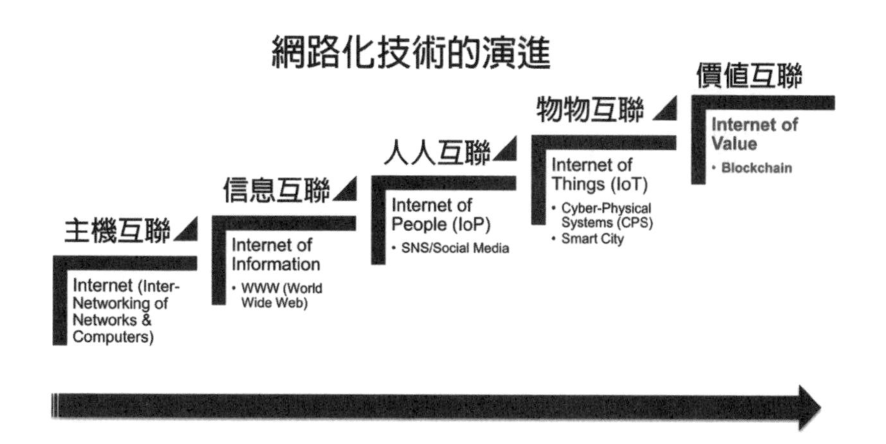

區塊鏈關鍵原理

區塊鏈是基於比特幣的架構所發展出來，此架構即是系統中所有參與的節點共同享有交易的資料庫：

分散式帳本（Distributed Ledger）

數位紀錄依照時間先後發生順序記載在帳本中，而在網絡中的每個參與者／節點同時擁有相同的帳本，且都有權限檢視帳本中的信息。

數位簽章加密（Cryptography）

在區塊鏈中的訊息或交易，會經過加密，並經由公鑰與私鑰才能解開，如此才能確保訊息或交易之一致性與安全性。

共識機制（Consensus）

網路中最快取得驗證結果發佈給網路其他節點驗證，取得共識後，將區塊內容儲存，以此機制取代第三方機構驗證交易的能力。

智能合約（Smart Contract）

具有運行其他業務邏輯的能力，意味著可以在區塊鏈中嵌入金融工具預期行為的協議。

自從 2016 年比特幣開始受到世人的重視，區塊鏈技術就快速成長，從各種應用場景，到數以萬計的幣種，以及交易所的普及在在都顯示區塊鏈時代已經到來，我們可以從以下六大部分來看，區塊鏈的時代已經讓各個產業萬箭齊發。

第一部分、聯盟的重要性與日俱增

企業紛紛籌建與加入全球性的聯盟組織，目的是為了要減少開發的成本及縮短區塊鏈應用的時程。

第二部分、吸引更多創投投資

創投基金表示對於投資區塊鏈的新創公司感到有興趣，銀行也增加了許多新創及區塊聯盟上的投資。

第三部分、新的作業模式

IBM 及微軟已經推出區塊鏈即服務（BaaS）的產品，新創公司及銀行也合作開發使用區塊鏈技術於更新的應用服務場景中。

第四部分、專利申請數增加

高盛、摩根等銀行都已經申請許多與區塊鏈及分散式帳簿的專利權，中國仍為區塊鏈專利申請件數第一名。

第五部分、許多產業開始採用區塊鏈

區塊鏈的應用除了在金融產業之外，還包含了通訊、消費零售、醫療、交通與物流等產業中。

第六部分、強化監理及安全

美國商品期貨交易委員會正在考量如何監理區塊鏈，國稅局也正在規畫區塊鏈的相關法制、合規條文。

在跨領域及不同服務場景的應用中，英格蘭銀行首席科學顧問曾說：「分散式帳本的技術具有潛在的能力能協助政府在稅務、國家政策福利、發行護照、土地所權登記、監管貨物供應鏈以確保資料保存與服務的完整性。」在跨領域及不同服務場景的應用大致可分為四個領域：

第一數位貨幣的領域

數位貨幣可以立即與任何人及任何地方進行交易。如：比特幣、以太幣、USDT、瑞波幣、萊特幣。

第二身分驗證的領域

一個可靠的身分辨證來源，可以消除與日俱增身分偽冒的問題。如：AML、KYC、護照、移民監管、醫療紀錄。

第三智能合約的領域

將傳統的紙本合約內容數位化，並且可以自動執行合約。如：借貸與放款、所有權的轉移、單一來源與最新版本。

第四數位資產的領域

去除耗時中介機構的角色，可以使得交易的清算更快且成本更低。如：證券交易、獎勵點、會員積分數位來源證明。

雲端科技(Cloud)
與內部決方案相比，雲端技術為企業提供了更大的靈活性，並提高了生產力、擴大了洞察力，並以更低的成本實現了更高的效率。

人工智慧(AI)
透過機器學習，模擬人的認知功能，在接受其所在環境的條件下，並採取最大限度的行動，以達成所需要完成的目標

物聯網(IoT)
允許不同的設備發送和接收數據，以實現更好的連接性、資料處理與分析

數位運用領域

其他科技
包含企業績效系統、資料湖、全球企業諮詢服務及企業資源整合規劃

流程機器人(RPA)
利用數位能力創造虛擬人力，負責操作應用程式或系統，以進行反覆且單一的作業處理流程自動化

區塊鏈(Block Chain)
網路交易的去中心化分散式帳本技術，目的在於提供安全、降低成本、縮短交易時間與提高透明度，並降低對第三方機構的需求

至於區塊鏈在企業應扮演的角色，我認為區塊鏈為解決企業問題有六個角色：

- 角色 1、具有多方交易者，可依不同參與者創建交易。
- 角色 2、減少交易時間，這樣就可降低延誤，以增加公司的效益。
- 角色 3、多方共享數據，讓每個參與者有權限共同檢視資訊的作業。
- 角色 4、多方更新資訊，可讓每個參與者有權限共同紀錄及編輯資訊的作業。
- 角色 5、強化驗證，每個參與者都可信任被驗證過後的資料。
- 角色 6、降低中介角色，可以排除中介機構的角色，以此降低成本及交易的複雜度。

區塊鏈之應用最初的大量應用就是金融領域了，我們來看看區塊鏈在金融領域是如何運用的呢？

- 運用 1、數位證券交易，運用在工作量證明及擁有者之交換。

- 運用 2、跨國換匯，運用在跨國貨幣交換。
- 運用 3、資料儲存，運用在加密及分散儲存。
- 運用 4、點對點交易，運用在透過網路其他參與者進行驗證。
- 運用 5、數位內容，運用在儲存與傳遞。

金融業應用區塊鏈的技術持續在增加：

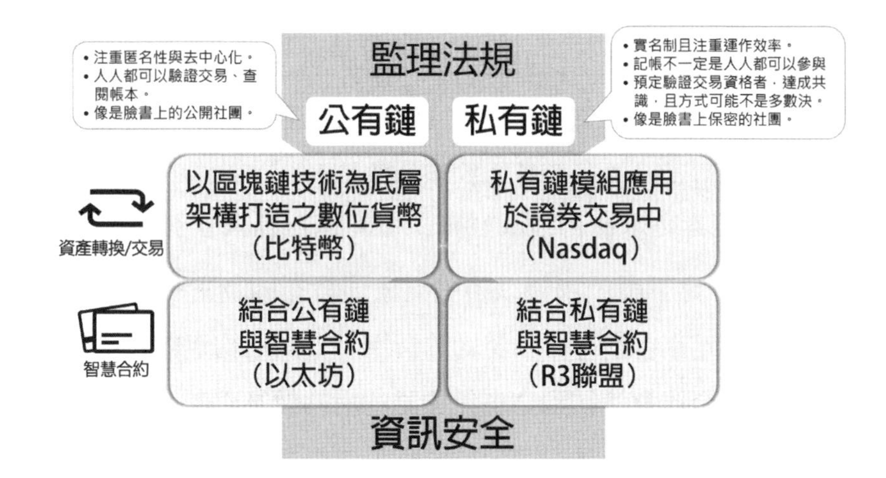

非金融產業運用也非常廣泛，但主要應用區塊鏈於驗證（人、事、物），而金融產業則主要應用於在資產轉換與資料儲存上，非金融產業運用大致為：

- 運用 1、身分驗證，用來保護客戶的隱私。
- 運用 2、工作量證明（Proof-of-Work）用來驗證與授權。
- 運用 3、評論 / 建議，運用在對於評分、評等及評論的確認。
- 運用 4、鑽石、黃金等重金屬認證。
- 運用 5、網路基礎建設。

關於智能合約

簡單來說，智能合約就是能夠自動執行合約條款的電腦程式。舉例說明，假設我與老王打賭，賭的是什麼呢？賭明天晚上 6 點的天氣，我說明天晚上 6 點「不會下雨」，老王說明天晚上 6 點「會下雨」，打賭金 1000 元。到了隔天晚上 6 點，我看到地上是濕濕的，於是我就跟老王說：「嘿嘿！我贏了，1000 元拿來」，老王卻說天上並沒有飄雨所以是沒有下雨，因此老王主張是他獲勝，於是我們兩人爭吵不休，最後老王不甘心地認輸妥協了，但卻遲遲沒有把 1000 元給我，跟老王索取 1000 元也是拖拖拉拉，這是一般我們紙本約定的的情形。

如果用智能合約來執行這個賭注，會是這樣執行？我與老王打賭明天晚上 6 點會不會下雨，我們以中央氣象局發布的為主，於是我和老王各自拿出 1000 元存在銀行作為履約的費用，一切的約定內容全部寫在智能合約上，智能合約會連結到中央氣象局的網站做為判斷，到了隔天晚上 6 點智能合約會自動執行這一切。結果經由中央氣象局判斷為下雨，智能合約就自動將老王與我各自的 1000 元轉到我的帳戶，這一切只要事先約定好，並且將所有的條件寫到智能合約上，在不可更改和公共監督的環境下執行這個合約，就稱為智能合約。所謂的公共監督就是運用區塊鏈的技術，將你的合約公布讓大家都知道，而智能合約的運用更是未來的趨勢。

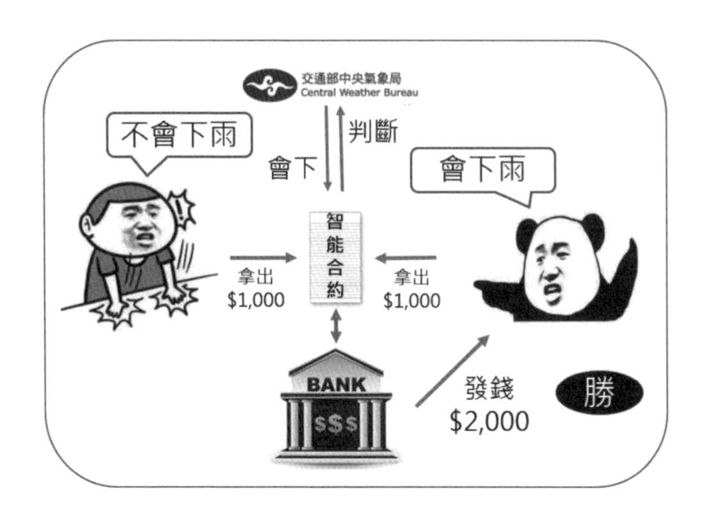

把合約放在區塊鏈上的好處，是合約不會因為受到干預而被任意修改、中斷；而且約定的行為也無需透過人，而是透過電腦自動執行，可以避免各種因人為因素而引發的糾紛，當然也會比人來執行合約內容更有效率。

舉例來說，租房的契約就可以訂為「每月 5 號，從房客的帳戶轉 2 萬元的租金到房東的帳戶」；如果可以串接家電設備的話，就可以在合約內加上「一旦遲交房租的話，房內的燈光亮度會自動減半」之類的條文。智能合約中，區塊鏈技術就是負責串連世界各地的電腦，以協助加密、紀錄，並且驗證這份智能合約；藉由區塊鏈技術，來確保這份合約不會被惡意偽造或修改。

因此，在保險、樂透彩券、Airbnb 租屋領域的不同應用上，都可以用智能合約來撰寫，並在滿足條件之後自動理賠、兌獎，或是開鎖。比起現在的紙本人工作業，智能合約更能避免惡意冒領或理賠糾紛。未來的某一天，這些程式可能取代處理某些特定金融交易的律師和銀行。智能合約的潛能不只是簡單地轉移資金，一輛汽車或者一間房屋的門鎖，都能夠被連接到物聯網上的智能合約而被打開，但是與所有的金融前端技術類似，智能合約的主要問題是：它如何與我們目前的法律系統相協調呢？答案是可以的，因為智能合約賦予物聯網「思考的力量」，雖然智能合約仍然處於初始階段，但是其潛力顯而易見。

我們可以試著想像一下，分配遺產時只要滑動手機就能決定誰得到多少遺產如此簡單。如果開發出足夠簡單的使用者互動介面，它就能夠解決許多法律難題，例如更新遺囑，一旦智能合約確認觸發條件，合約就會開始執行。在未來，智能合約將會改變我們的生活，我們現在所有的合約體系都可能會被打破，相信智能合約在未來可以解決所有的信任問題。

智能合約也可以用在股票交易所，設定觸發機制，達到某個價格就自動執行買賣；也可以用在京東眾籌這樣的平台，合約可以跟蹤募資過程，設定達到眾籌目標自動從投資者帳戶撥款到創業者帳戶，創業者以後的預算、開銷可以被追蹤和審計，從而增加透明度，更好地保障投資者權益。

未來律師的職責可能與現在的職責大不相同，在未來，律師的職責不是裁定個人合約，而是在一個競爭市場上生產智能合約範本。合約的賣點將是它們的品質、定制性、易用性如何。許多人將會針對不同事項創建合約，並將合約賣給其他人使用。所以，如果你製作了一個非常好的、具有不同功能的權益協議，就可以收費許可別人使用。以智能合約管理遺囑為例，如果你的所有資產都是比特幣，用智能合約管理遺囑的方式就可行。對於實體資產，智能資產也能解決這些問題。在尼克・薩博（Nick Saab）一九九四年的論文中，他預想到了智能資產，寫道：「智能資產可能以將智能合約內置到物理實體的方式，被創造出來。」

智能資產的核心是控制所有權，對於在區塊鏈上註冊的數位資產，能夠透過私密金鑰來隨時使用。這些新理念、新功能結合在一起會怎麼樣呢？以出租房屋為例，我們假設所有的門鎖都是連接網路的。當你為租房進行了一筆比特幣交易時，你和我達成的智能合約將自動為你打開房門。你只需持有儲存在智能手機中的鑰匙就能進入房屋。智能資產的一個典型例子是，當一個人償還完全部的汽車貸款後，智能合約會自動將這輛汽車從財務公司名下轉讓到個人名下（這個過程可能需要多個相關方的智能合約共同執行）。但如果貸款者沒有按時還款，智能合約將自動收回發動汽車的數位鑰匙。

基於區塊鏈的智能資產，讓我們有機會構建一個無須信任的去中心化的資產管理系統。只要物權法能跟上智能資產的發展，透過在資產本身上記錄所有權將極大地簡化資產管理，大幅提高社會效率。現行法律的本質是一種合約，但法律的制定者和合約的起草者們都必須面對一個不容忽視的挑戰：在理想情況下，法律或者合約的內容應該是明確而沒有歧義的，但現行的法律和合約都是由語句構成的，而語句則是出了名的充滿歧義。

因此，一直以來，現行的法律體系都存在著兩個巨大的問題：首先，合約或法律是由充滿歧義的語句定義的；其次，強制執行合約或法律的代價非常大。而智能合約透過程式設計語言，滿足觸發條件即可自動執行，有望解決現行法律體系的這兩大問題。初期，智能合約會首先在涉及虛擬貨幣、網站、軟體、數位內容、雲服務等數位資產的領域生根發芽，因為針對數位資產的「強制執行」非常直接有效。但是，隨著時間的推移，智能合約會逐步滲透到「現實世界」。比如，基於智能合約的某種租賃協議的汽車可以經由某種數位憑證進行發動（而不是傳統的車鑰匙）。而如果這個數位憑證不符合該租賃協議（例如租約到期），汽車就不會發動。

智能合約是區塊鏈最重要的特性，也是區塊鏈能夠被稱為顛覆性技術的主要原因，更是各國央行考慮使用區塊鏈技術來發行數字貨幣的重要考量因素，因為這是可編程貨幣和可編程金融的技術基礎。智能合約也許在今後將會讓我們人類社會結構產生重大變化，儘管智能合約還有一些未解決的問題，但其將給金融服務業帶來最具顛覆性的改變。並且幸運的是，該技術已經從理論走進實踐，全球眾多專業人才也在共同努力完善智能合約。

智能合約在公有鏈與私有鏈上的運作方式

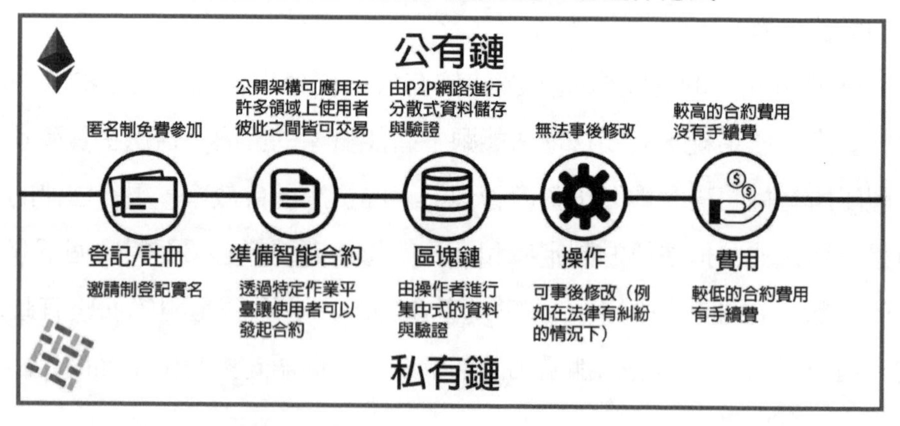

智能合約的原理與效益

智能合約是透過將業務邏輯轉換成程式的方式，以實現多方之間合約的自動化執行，在人為機制介入有限的情況下，智能合約是以程式驅動且自動進行的機制。該程序經檢查預先定義的條件是否已經滿足並且隨後執行嵌入程式的邏輯，且只有在網絡中達成共識的情況下，其結果才會生效。通過區塊鏈實現這一機制，將大大減少了對第三方驗證的依賴並自動執行某些功能；因此能提升流程效率和降低成本。

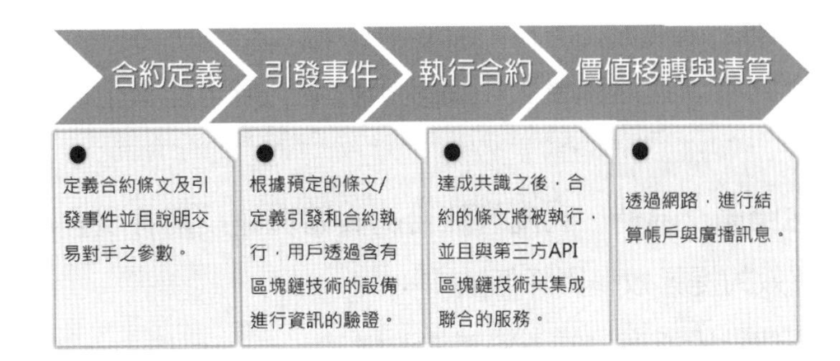

智能合約的效益：

自主性

自主管理且自我執行，智能合約會依照外部的驅動事件自動執行。

內置信任

智能合約的內容在網路中一旦取得共識可修改時，才能進行調整。

複製與備份

網路上的每個節點都會同步複製合約，合約是無法刪除的。

執行速度

智能合約僅需定義合約條件，其他僅靠程式判斷，故在程序執行上的時效是顯著的。

節省成本

智能合約透過程式來做為清算中間人，所以能降低成本。

消除錯誤

智能合約可以消除因為人工處理過程中，所可能產生的人為疏失或錯誤。

運用在跨國交易時，利用智能合約與區塊鏈技術將現有的資訊系統結合，能有效的提昇效率與降低成本：

- 交易中每個階段所產生的資料無法改變。
- 各節點中所保有的智能合約內容，保持一致且一旦更新，將會同步複製。
- 能即時傳送更新的價格。
- 產品購買和銷售者，可以隨時且直接到區塊鏈平台上實時查看。
- 產品移動會依照時間序列化來更新與追蹤。
- 任何時刻都可以知道收益與適用的折扣。

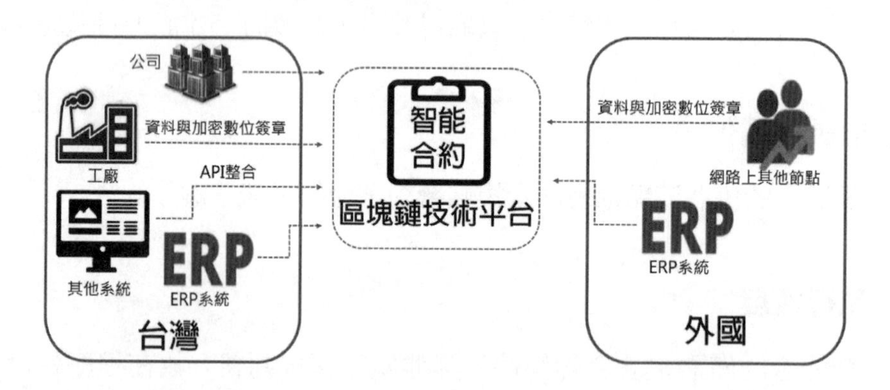

區塊鏈的風險

區塊鏈的潛在風險和挑戰，區塊鏈是綜合傳統的資訊安全問題以及特定於新技術的安全問題有六大風險：

風險一、加密系統的風險

傳統密碼風險對於密鑰管理和弱關鍵，可能會影響數據的機密性。

風險二、設計缺陷的風險

代碼中的漏洞和隱私原則的缺失，是基於現行資料安全機制和隱私考量所發生的。

風險三、整合與擴充性的風險

工具的互操作性、互通性仍在初期的階段且容易受到安全機制所限制，除此之外，擴充代表帳本的增加，無形之中也減緩了交易的速度。

風險四、缺乏治理的風險

缺乏對於使用區塊鏈網路在效率及安全性質上的評估，缺乏反制違法行為的流程，而增加對於資訊安全上的疑慮。

風險五、區塊鏈特定的攻擊媒介的風險

除了傳統安全的疑慮之外，區塊鏈也吸引了其他的安全挑戰及攻擊媒介，包含了共識駭客（Consensus Hijack）、側鏈及 DDoS 的攻擊。

風險六、特定漏洞的風險

對於某些特定的應用會有獨特的安全漏洞，例如智能合約及加密數位貨幣之電子錢包等。

03 區塊鏈演進四階段

區塊鏈技術隨著比特幣出現後，經歷了四個不同的階段：

一、Blockchain 1.0：加密貨幣

比特幣（Bitcoin）開創了一種新的記帳方式，以「分散式帳本」（Distributed Ledger）跳過中介銀行，讓所有參與者的電腦一起記帳，做到去中心化的交易系統。這個交易系統上有兩種人，一是純粹的交易者，一是提供電腦硬體運算能力的礦工。交易者的帳本，需經過礦工運算後加密，經所有區塊鏈上的人確認後上鏈，理論上不可篡改、可追蹤、加密安全。礦工運算加密的行為稱為 Hash，因為幫忙運算，礦工可獲得定量比特幣作為酬勞。交易帳本分散在每個人手中，不需中心儲存、認證，所以稱為「去中心化」。無論是個人對個人、銀行對銀行，彼此都能互相轉帳，再也不用透過中介機構，可省下手續費；交易帳本經過加密，分散儲存，比以往更安全、交易紀錄更難被篡改。

二、Blockchain 2.0：智能資產、智能契約

跟比特幣相比，以太坊（Ethereum）是多了「智能合約」的區塊鏈底層技術（利用程序算法替代人執行合約）的概念。智能合約是用程式寫成的合約，不會被篡改，會自動執行，還可搭配金融交易。因此，許多區

塊鏈公司透過它來發行自己的代幣。智能合約可用來記錄股權、版權、智能財產權的交易、也有人用它來記錄醫療、證書資訊。因此開啟比特幣等虛擬貨幣之外，區塊鏈應用的無限可能性。

例如食品產業的應用，從原料生產、加工、包裝、配送到上架，所有資料都會被寫入區塊鏈資料庫，消費者只要掃讀包裝條碼，就能獲取最完整的食品生產履歷；在旅遊住宿方面，再也不需要透過 Airbnb 等中介平台，屋主直接在區塊鏈住宿平台上刊登出租訊息，就可以找到房客，並透過智能合約完成租賃手續，不需支付平台任何費用。

往後，歌手不用再透過唱片公司，自己就可以在區塊鏈打造的音樂平台上發行專輯，透過智能合約自動化音樂授權和分潤；聽眾每聽一首歌，就可以直接付錢給創作團隊，不需透過 Spotify 等線上音樂中介平台。

三、Blockchain 2.5：金融領域應用、資料層

強調代幣（貨幣橋）應用、分散式帳本、資料層區塊鏈，及結合人工智能等金融應用。區塊鏈 2.5 跟區塊鏈 3.0 最大的不同在於，3.0 較強調是更複雜的智能契約，以 2.5 則強調代幣（貨幣橋）應用，如可用於金融領域聯盟制區塊鏈，如運行 1：1 的美元、日圓、歐元等法幣數位化。

四、Blockchain 3.0：更複雜的智能契約

更複雜的智能合約，將區塊鏈用於政府、醫療、科學、文化與藝術等領域。由於區塊鏈協議幾乎都是開源的，因此要取得區塊鏈協議的原始碼不是問題，重點是要找到好的區塊鏈服務供應商，協助導入現有的系統。而銀行或金融機構要先對區塊鏈有一定的了解，才能知道該如何選

擇，並應用於適合的業務情境。去年金融科技（Fintech）才剛吹進臺灣，沒想到才過幾個月，一股更強勁的區塊鏈技術也開始在臺引爆，全球金融產業可說是展現了前所未有的決心，也讓區塊鏈迅速成為各界切入金融科技的關鍵領域。儘管現在就像是區塊鏈的戰國時代，不過，以臺灣來看，銀行或金融機構要從理解並接受區塊鏈，到找出一套大家都認可的區塊鏈，且真正應用於交易上，恐怕還需要一段時間。

區塊鏈的演進

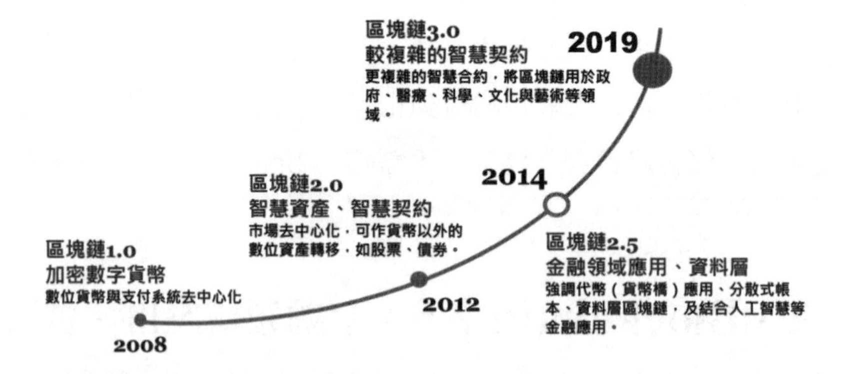

技術演進：區塊鏈是怎麼來的

1982 年／拜占庭將軍問題 Leslie Lamport 等人提出拜占庭將軍問題（Byzantine Generals Problem），把軍中各地軍隊彼此取得共識、決定是否出兵的過程，延伸至運算領域，設法建立具容錯性的分散式系統，即使部分節點失效仍可確保系統正常運行，可讓多個基於零信任基礎的節點達成共識，並確保資訊傳遞的一致性，而 2008 年出現的比特幣區塊鏈便解決了此問題。David Chaum 提出密碼學網路支付系統，David Chaum 提出注重隱私安全的密碼學網路支付系統，具有不可追蹤的特性，成為之後比特幣區塊鏈在隱私安全面的雛形。

1985 年／橢圓曲線密碼學 Neal Koblitz 和 Victor Miller 分別提出橢圓曲線密碼學（Elliptic Curve Cryptography，ECC），首次將橢圓曲線用於密碼學，建立公開金鑰加密的演算法。相較於 RSA 演算法，採用 ECC 的好處在於可用較短的金鑰，達到相同的安全強度。

1990 年 David Chaum 基於先前理論打造出不可追蹤的密碼學網路支付系統，就是後來的 eCash，不過 eCash 並非去中心化系統。Leslie Lamport 提出具高容錯的一致性演算法 Paxos。1991 年／使用時間戳確保數位文件安全 Stuart Haber 與 W. Scott Stornetta 提出用時間戳確保數位文件安全的協議，此概念之後被比特幣區塊鏈系統所採用。

1992 年 Scott Vanstone 等人提出橢圓曲線數位簽章演算法（Elliptic Curve Digital Signature Algorithm，ECDSA）1997 年 ／ Adam Back 發明 Hashcash 技術 Adam Back 發明 Hashcash（雜湊現金），為一種工作量證明演算法（Proof of Work，POW），此演算法仰賴成本函數的不可逆特性，Topic 達到容易被驗證，但很難被破解的特性，最早被應用於阻擋垃圾郵件。Hashcash 之後成為比特幣區塊鏈所採用的關鍵技術之一。Adam Back 於 2002 年正式發表 Hashcash 論文。

1998 年 Wei Dai 發表匿名的分散式電子現金系統 B-moneyWei Dai 發表匿名的分散式電子現金系統 B-money，引入工作量證明機制，強調點對點交易和不可篡改特性。不過在 B-money 中，並未採用 Adam Back 提出的 Hashcash 演算法。Wei Dai 的許多設計之後被比特幣區塊鏈所採用。Nick Szabo 發表 Bit GoldNick Szabo 發表去中心化的數位貨幣系統 Bit Gold，參與者可貢獻運算能力來解出加密謎題。

2005 年，Hal Finney 提出可重複使用的工作量證明機制（Reusable Proofs of Work，RPOW），結合 B-money 與 Adam Back 提出的

Hashcash 演算法來創造密碼學貨幣。

2008 年，Satoshi Nakamoto（中本聰）發表一篇關於比特幣的論文，描述一個點對點電子現金系統，能在不具信任的基礎之上，建立一套去中心化的電子交易體系。

04 區塊鏈未來趨勢

雖然數字貨幣市場進入熊市長達將近兩年，2020 年底突破 28,000 美元破歷史紀錄，小牛有逐漸甦醒的趨勢，雖然歷經熊市牛市不斷的交互發生，但過去幾年區塊鏈的技術本質發展從未停下。許多基礎建設並沒有被反映在過度投機炒作而下跌的市場估值當中。區塊鏈雖然在這一兩年被定義了許多極限，許多應用的嘗試仍無法實現，但區塊鏈也找出了許多新趨勢，目前以區塊鏈賦能傳統企業最為可行，其效果也是最立竿見影，目前邁向 2021 區塊鏈即將發光發熱的年代有六個趨勢可以注意的。

一、區塊鏈賦能傳統企業

在區塊鏈的世代到來時，許多人投向區塊鏈的新創產業，大多以失敗收場，真正區塊鏈新創的產業並不多，原因當然有非常多，新創產業本身就是一個高風險的創業，加上區塊鏈本身就是時代的新趨勢，在社會的氛圍、法律的規範、人們的習慣等等尚未改變之前，新創的公司就會冒非常大的風險，相對地，要是新創產業成功，其獲得的利益也是非常可觀，如同幣安交易所的老闆趙長鵬，他從一無所有到資產一百多億人民幣，只花了大約半年的時間，這是新創產業加上區塊鏈的趨勢所創造出來的暴利結果，但是現行市場上擁有的企業大部分都是傳統企業，不是每一個傳統企業都可以拋棄現有的市場去從事新創產業，而最好的選擇是將區塊鏈如何賦能傳統企業，以往傳統企業因為技術、法律、社會規範等等的限制，沒有辦法突破的企業障礙，或許在區塊鏈的時代可以找到答案，只要企業透過導入區塊鏈的特點加以改變，就會在原有的企業上踏著區塊鏈的高蹺，在最短的時間就可以看到最大的成果，重點是沒有太大的風險，最差的情況就是回到現狀，但是一旦成功，透過區塊鏈的特性就可以一飛沖天，幫公司創造無可限量的收入，或是正向的巨大的改變，所以區塊鏈如何賦能傳統企業乃是目前最值得關注的議題。

二、穩定幣（Stable Coin）

價格穩定的數字貨幣在這近三年來，一直不停地受到關注。加密貨幣是區塊鏈的「副產品」。但是，它們最為人詬病的是價格的高度波動性。穩定幣是為了擺脫區塊鏈領域的市場條件限制，並確保這樣的貨幣始終能保持穩定性。多數人都聽說過 Tether（USDT）這枚長期壟斷市場的穩定幣，但一直以來也幾經周折。大多數穩定幣都是由法定貨幣支持的，但實際上開發穩定幣也可以由其他資產支持，如黃金、或石油，甚至能以其他密碼貨幣作為錨定資產來開發。然而，目前多數穩定幣的治理和模型都是中心化的，對於投資者來說容易產生信任問題。

連之前罵區塊鏈很兇的 Facebook 它也要發幣了。我認為 Facebook 發幣的真相應該不單單是他們所說得如此。不管他們發的是不是真正意義上的加密貨幣／數字貨幣，這一舉動都已經在業內引發了震動，但是很多人似乎並沒有看穿 Facebook 這麼做的真正目的，而他們的「野心」其實比任何人想像的都要大——因為 Facebook 可能會成為全世界最大的中央銀行。根據此前《紐約時報》的報導，Facebook 很可能會發行一個與傳統法定貨幣掛鉤的穩定幣，而且並非只與美元錨定，而是與「一籃子」外幣掛鉤。也就是說，Facebook 公司也許會在自己的銀行帳戶裡持有一定數量的美元、歐元、或是其他國家貨幣來支持每個「Facebook Coin」的價值。

Facebook 公司現在擁有 Messenger、WhatsApp 和 Instagram 三款重量級即時通訊應用，而這三個應用程序的用戶量一共有多少呢？答案是驚人的 27 億！這意味著全世界大約每三個人中就有一個人使用 Facebook 的產品。所以，如果 Facebook 公司真的如《紐約時報》所報導的那樣，將其發行的加密貨幣與「一籃子」外幣掛鉤，那麼他們真的有可能成為世界上最大的中央銀行——因為這其實就是中央銀行正在做的事情：發行（印刷）由「一籃子」外匯儲備支持的貨幣。所謂「項莊舞劍意在沛公」，Facebook 公司這麼做，不只是為了對抗社交網絡領域裡的競爭對手，而是會在世界經濟史上產生巨大影響，甚至將對傳統金融業巨頭構成嚴重威脅，導致他們快速走向消亡。在接下來的幾年的中長期發展中，相信穩定幣的發展勢頭仍會十分強勁。

三、區塊鏈即服務

區塊鏈無疑是 20 世紀革命性技術之一。它正在改寫世界運行的規則，許多新創公司和企業也都開發屬於自己的「區塊鏈解決方案」。但是，也有不少公司自行打造的解決方案，到頭來才發現系統實際上難以符合預期該有的成效。在互聯網時代我們已經見證了這類服務模型的可行性。科技巨頭在區塊鏈領域也紛紛推出區塊鏈即服務（BaaS）這類「基於雲」的服務，能讓客戶建構自己的區塊鏈驅動產品，包括應用程式、智能合約，以及使用其他區塊鏈提供的功能。企業本身無需自行開發、維護、管理或執行基於區塊鏈的基礎設施。目前亞馬遜（AWS）、微軟（Azure）和其他部分大型科技公司都已經推出了這樣的服務。採用 BaaS 也能讓中小型企業能夠採用區塊鏈技術，而無需擔心初期的建置成本。

四、證券型代幣（Security Token）

ICO 市場在 2017 到 2018 年間幾乎成為了全世界的「都市物語」。也很大程度上證明了這樣完全自由不受監管的市場，僅僅是淪為投機炒作，堆疊出的泡沫與外界對區塊鏈領域的不信任，反而很大程度上阻礙了技術本質的發展。超過一半以上的 ICO 項目都被證明從一開始就是騙局，這也導致投資者失去信任。

證券型代幣產品提供的是會受到監管機構的融資途徑。目前多數企業仍在與政府溝通：如何在保護投資者的權利，不讓創新的發展被阻擋，並重新定義公司募得資金的整個過程。總體而言，且不論 STO 會以什麼樣形式在世界「各地」進行，可以肯定的是目前募資市場的趨勢已經從 ICO 轉向 STO。

在美國，STO 是個合法合規的 ICO。雖然傳統資產通證化的生態已經在美國出現，甚至能找到專業的虛擬貨幣律師和審計事務所，但是美國對當前證券通證的監管依然很嚴格。據相關消息，美國交易所運營商那斯達克正在研究證券代幣平台，用來幫助企業發行代幣，在區塊鏈上進行交易。如果這個平台成立，並且能有眾多傳統證券企業和中小企業尋求合作，將毫無疑問成為區塊鏈行業的里程碑事件。當然，目前還沒有任何一個國家放寬有關發行證券類代幣的政策。除了各國監管尺度的差異化，STO 還存在著各種亟待解決的問題，但總體來說，STO 比 IPO 更靈活高效，比 ICO 更符合政府監管，使得資產的流動突破了國家的界限，並在實際資產的支持下，積極推動區塊鏈產業脫虛向實，是種更健康、更理性、可持續的新型融資模式。相信未來隨著各國監管體系的不斷完善，STO 將會成為投資者廣泛接受的主流融資方式。STO 未來成為主流融資方式的時候，區塊鏈經濟也將迎來下一個「春天」。

五、混合型的區塊鏈

區塊鏈的三角悖論，論區塊鏈面臨技術挑戰：高效率，卻低性能目前公鏈網絡（也適用於大部分私鏈）的吞吐量極其有限，而且不具備向外擴容性。這樣的性能顯然無法支撐起「世界電腦」所需要的大型計算能力。

鏈無法自主進化，而必須依靠「硬分叉」區塊鏈平台像一個生命體，它需要不斷地自我適應和升級。然而今天的大部分區塊鏈沒有任何自我變更的能力，唯一的方式是硬分叉，也就是啟用一個全新的網絡並讓所有人大規模遷移。區塊鏈的技術模式與社會習慣的衝突區塊鏈應用需要兩個大前提：一是區塊鏈在全社會已經得到了大規模的普及；二是所有人都充分理解了區塊鏈的運行機制，並且能夠妥善保管自己的私鑰。而這兩個前提實際上都不存在，在可以看得到的未來，也很難實現。

區塊鏈的三角悖論一直難以突破，在對去中心化的堅持終究會妥協到系統的效率。這類型「部分中心化」的混合式區塊鏈，目前還沒有太多成功的應用，但許多公司已經開始探索，是否能夠以不同程度上的分權治理來發揮區塊鏈的優勢，進而創新商業模式。這樣的模型也能兼顧公有和私有區塊鏈的長處。例如，政府不可能直接採用公有鏈，由於公有鏈多數是傾向於發展「完全」去中心化的治理，難以符合現行的政府決策模式。換個角度想，政府也不能完全以私有區塊鏈來進行，因為政府終究需要人民的參與。

因此，混合兩者特性的區塊鏈透過提供「可定制的解決方案」，並正確設計符合需求（如透明度、完整性和安全性）區塊鏈，可能可以提供一個理想的平衡解決方案。目前除了政府單位外，許多物聯網、供應鏈產業多數往這樣的方向去設計區塊鏈應用，試圖解決目前的科技瓶頸。

六、聯盟鏈（Consortium / Federated Blockchain）

在 2015 年，由 Linux 基金會主導了基於區塊鏈，但導入一定程度的私有特性的項目 Hyperledger（超級帳本）。聯盟鏈適合於機構間的交易、結算或清算等 B2B 場景。例如在銀行間進行支付、結算、清算的系統就可以採用聯盟鏈的形式，將各家銀行做為記帳節點。相信在 2019 年，我們可以看到更多聯盟區塊鏈的應用增加，並為企業提供了更多「可定制」的場景。聯盟鏈類似於私有區塊鏈，結點由許多「權威機構」組成，可以控制區塊鏈和預選節點，但仍不是由單一組織控制。

聯盟鏈的用例包括保險索賠、金融服務、供應鏈管理、供應鏈金融等。由 IBM 開發的 Hyperledger Fabric 目前有許多企業採用，例如世界最大的零售企業之一 Walmart 將利用區塊鏈追蹤生鮮食品，以提升產品產地履歷的透明度。此外，R3 的 Corda 平台，採用類似的治理機制導入分散式帳本供金融業應用，目前也將試驗整入「支撐著世界各銀行大量的跨境交易」的環球銀行金融電信協會（SWIFT）。

05 區塊鏈生態圈

魔法講盟致力於透過培訓將區塊鏈生態圈串接起來，任何的項目始於一個想法，透過區塊鏈的培訓將啟發學員的創意思維，結合本身從事的產業，將區塊鏈賦能到自己的產業上，或是有一個區塊鏈模式創新的想法，當有一個想法要開始落地時，必然會碰到許多的問題，魔法講盟希望如同 VC 一樣，一開始給予資金上面的投資，接下來給予對接的資源，以及幫忙尋找相對應的市場，好讓項目獲得落地應用產生商業上的效益，所以我將區塊鏈生態分成五層。

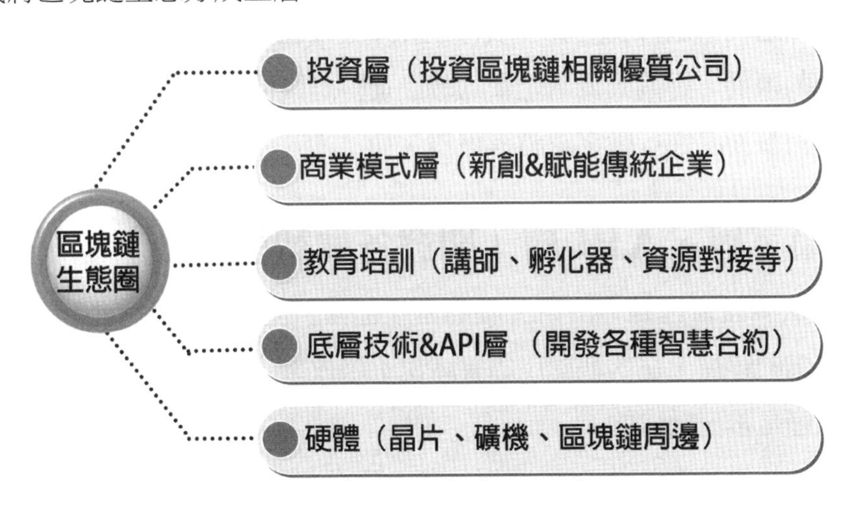

第一層、硬體層（晶片、礦機、區塊鏈周邊）

魔法講盟弟子林柏凱也是暢銷書《Hen 賺！虛擬貨幣之幣勝絕學》的作者，他正是區塊鏈硬體這方面的高手，他的團隊創造出世界體積最小台的礦機，用電也是很省的，在這個幣市跌到很低的時候還可以靠挖礦賺錢。

其他弟子如林子豪也是暢銷書《神扯！虛擬貨幣 7 種暴利鍊金術》的作者，也是區塊鏈生態圈資源很多的團隊。所以魔法講盟在硬體資源方面是擁有極佳的資源。

第二層、底層技術層（提供不同的區塊鏈需求）

魔法講盟的合作夥伴廣州數字區塊鏈科技有限公司，擁有這方面落地的技術，對於底層技術可以提供不同公司解決不同的痛點，以多年的從業與技術研發經驗，以對區塊鏈和其行業的深刻理解，利用區塊鏈不可篡改、公開透明、數據安全等多項特性發揮其知識產權、交易透明，交易公正方面的優勢，對個人或者企業的藝品進行追蹤溯源、防偽校驗，物物交換，和對藝術品進行數字認證等服務。

第三層、API 層（開發各種智能合約）

魔法講盟區塊鏈經濟研究院的幕後團隊針對智能合約的撰寫，擁有許多產業的經驗，在落地應用的實戰也不勝枚舉，目前在區塊鏈智能合約的領域裡是數一數二的。

今天，區塊鏈三大落地應用一為加密公鏈，二為數據溯源，三為錢包與交易，僅此而已，區塊鏈誕生巨大價值的事業時機還沒有來到，未來智能合約的潛力無窮。

第四層、商業模式層（新創 & 賦能傳統企業）

魔法講盟的 Business & You 就是針對企業的創新、商業模式等等，提供世界上最棒的解決方案，當然以最新的區塊鏈技術結合商業模式，這樣賦能傳統企業就可以提升企業的競爭力、降低營運成本，區塊鏈的變革不全然都是 100% 創新，而是要配合現有落地的項目做「區塊鏈＋」才能真正的落地應用。

第五層、投資層（投資區塊鏈相關優質公司）

這一層是未來魔法講盟很看重的一個環節，一個區塊鏈項目是否可以成功，除了取決於你的項目本身有無競爭力之外，還有募資的情況，最重要的是可以陪伴創新項目共同成長的投資者背後是否擁有強大的資源可以支援，如果只是單純地投資金錢如此而已，對項目方並沒有太大的幫助。

魔法講盟未來規劃成立一個區塊鏈投資研究室，並且發行與美元掛鉤的穩定幣，用來募資、分紅、公司決策、資源配比、工作貢獻、交易買賣等方式進行投資計畫。也就是利用穩定幣投資一個新的項目，投資後伴隨項目成長的期間給予資源的協助，並且每個階段進行評估，投資研究室以一個顧問的角色自居，並協助創新項目方給予建議調整方向，並且會將背後的所有資源做對接，相關的項目方也可以彼此形成一個生態圈相互合作，把資源、項目、名氣做大，未來有需要做區塊鏈項目的人自然就會找上門了。

06 區塊鏈始於學習

全台唯一區塊鏈證照班，台灣唯一在台授課結業經認證後發證照（三張）的單位，不用花錢花時間飛去中國大陸上課，在中國取得一張證照約 2 萬人民幣（不含機酒），在台唯一對接落地項目，南下東盟、西進大陸都有對接資源，不單單只是考證如此而已，你沒想到的，我們都幫你先做好了！！

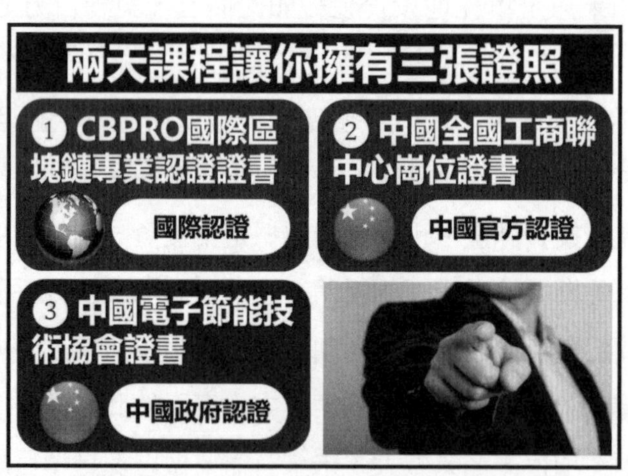

為什麼區塊鏈市場人員需要專業認證？

1.成為區塊鏈領域人才，認證通過者，可從事交易所的經紀人、產品經理、市場領導及區塊鏈項目市場專業人士或區塊鏈初級導師。

2. 快速進入區塊鏈行業，升級成為區塊鏈資產管理師，懂得區塊鏈投資管理及資產管理。

3. 企業＋區塊鏈，企業家緊跟趨勢風口，區塊鏈賦能傳統企業，為現有的傳統企業在短時間內提高競爭力。

區塊鏈相關證照是將未來炙手可熱的所有的認證證照都有其發展史，例如金融界的「財務規劃師」、房地產業之一的「經紀人執照」、保險業之一的「投資型保單證照」等等……，這些證照一開始的考試取得相對簡單，付出的學費也相對低，到了市場壯大成熟後，那時候再來取得相關證照將會很困難，不論是學費高出許多，更要付出很多的時間去上課、研讀考證的資料，一開始就取得是 CP 值最佳入手時機。

全球華語魔法講盟已與 CBPRO 國際區塊鏈專業認證機構合作，一同推動華語區的區塊鏈教育及生態，是唯一台灣上課可以拿到中國政府官方認證證照。台灣第一開放式培訓機構＋中國內地落地區塊鏈公司合作，台灣魔法講盟與大陸廣州數字區塊鏈科技有限公司攜手合作，讓學員結訓後立即有落地的區塊鏈項目可以賺錢。

終身免費複訓

與時俱進掌握最新資訊

區塊鏈是目前最新的趨勢，雖然區塊鏈發展已經十個年頭了，但是真正的應用是在 2017 年開始，所以 2017 年被認定為區塊鏈的元年。區塊鏈的技術、應用是非常快的，要能夠隨時更新區塊鏈的資訊這點是非常重要的，但是如果要靠自身的力量去自學再消化，最後吸收，幾乎是非常困難的一件事情，但是透過「借力」的方式就非常容易，經由上課的方式，借老師的力、借同學間的力、借產業經營的力、借技術人員研發的力，就可以與時俱進掌握最新資訊。

可以認識全亞洲頂尖的人脈

區塊鏈的課程是全亞洲華語地區都會開班授課的，報名的學員只需報名一次終身可以免費複訓，更可以結交當地對區塊鏈有興趣的人脈或是願意付高額學費來上課的精準人脈，透過上課學習自然形成一個小團體，因為一起上課過，自然有一定的信任度，也是對學習有意願且想要成功的人脈，之後要談對接項目、共同合作、產業交流就會容易得多。

有機會投資優質的項目

我們知道 ICO 的報酬率是很可觀的，少則數十倍，多則上千上萬倍，但是高獲利、高風險，根據統計其倒閉率的風險也是高達 93%，其中的 7% 成功的 ICO 根據統計其特徵大多都是以誰發行的 ICO 其成功率最高，也就是說發行團隊有沒有區塊鏈相關的經驗和資源尤為重要。

如果透過培訓可以認識一些想要發展區塊鏈項目的人或團隊，在本質上至少是真正要做區塊鏈的項目，並不是用區塊鏈來圈錢割韭菜，這就避免掉一些靠包裝非常好的圈錢項目，加上通過培訓可以對接到區塊鏈的生態圈，從人才、培訓、市場、技術、行銷等等的資源都有，新的項目要成功的機會自然大的很多。所以透過培訓可以有機會接觸好的項目，因為本身也上過課，對項目的判斷也會有自己的意見，再透過一群同學和老師的相互討論就可以一起幹件大事。

三張區塊鏈認證證照

第一張 CBPRO 國際區塊鏈專業認證

☆ CBPRO（Certified Blockchain Professional）國際區塊鏈認證專業機構由 IFF（金融科技國際基金會），BLOCKCHAIN CENTER（國際區塊鏈中心聯盟）共同支持。註冊於美國，目前落地中國廣州，廣州數字區塊鏈科技有限公司為中國運營中心總部。

☆ FF 目前分佈於馬來西亞、新加坡、澳大利亞，及印尼都有機構

☆ BLOCKCHAIN CENTER- 馬來西亞，澳大利亞，印尼，台灣等落地

願景：

☆ 培育 2100 萬的國際區塊鏈認證專業人士會員

☆ 協助孵化 1000 家區塊鏈項目應用落地

使命：

讓每個人都能創造無限價值，打造一個公平機制的生態

簡介：http：//www.cbpro.org/

第二張中國全國工商聯人才交流中心

全國工商聯人才交流服務中心，是經中國中央機構編制委員會批准成立的國家正局級事業單位，是中華全國工商業聯合會的直屬機構，擁有人才開發、人才培訓、人才測評、人才推薦等職能。全國工商聯崗位能力培訓的課程設置種類很多，參加崗位能力培訓並考核合格的學員，頒發全國工商聯人才交流服務中心的《崗位能力培訓證書》。該證書可作為持證人上崗、晉職、考核的重要參考依據。根據全國工商聯人才交流服務中心對我單位的授權，我們可以申辦全國工商聯的各種崗位能力證書，證書資訊在全國工商聯人才交流服務中心的官網查詢。中國人圓夢行動計畫專案的所有服務機構也只認可全國工商聯的證書。

第三張中國電子節能技術協會

中國電子商務協會（CECA）是由信息產業部申請和主辦、國家民政部核准登記註冊的全國性社團組織，其業務活動受資訊產業部的指導和國家民政部的監督管理。是中國唯一的國家級跨行業電子商務組織。協會於2000年6月21日在北京成立，呂新奎同志擔任名譽理事長，總部設在北京。

中國電子商務協會下屬的中國電子商務協會職業經理認證管理辦公

室（CCCEM）負責統一管理與協調中國電子商務職業經理人資質認證項目的實際運作，以及相關人才的培養、考核、認定、職業推薦。

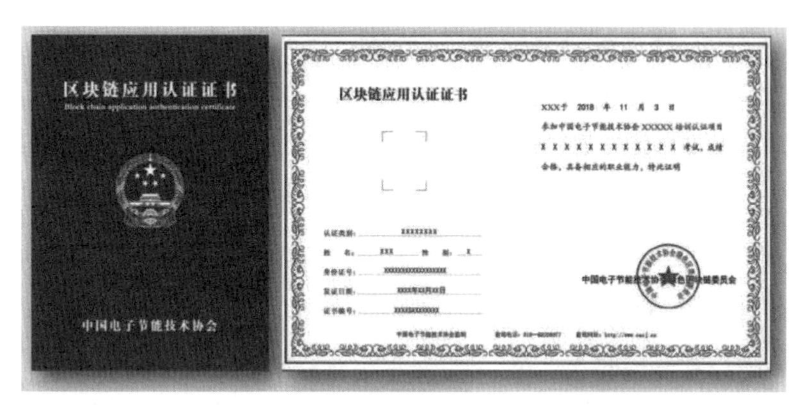

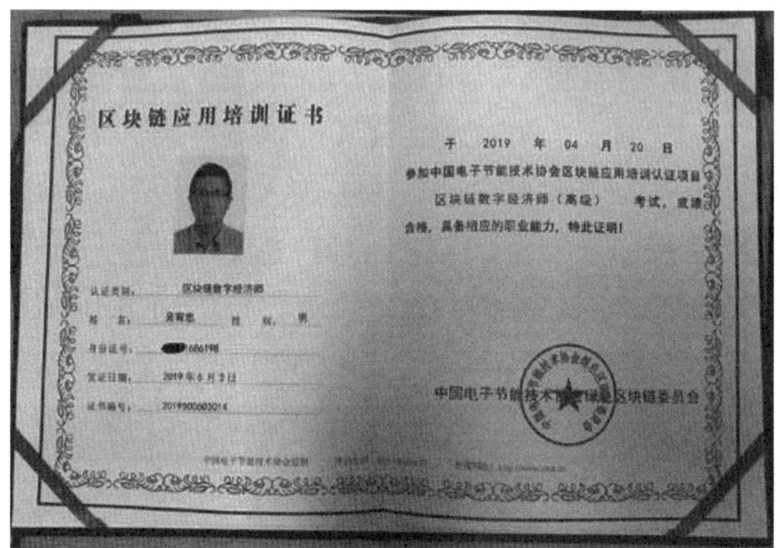

取得證照的優勢

很多學員問我說：「老師，區塊鏈證照能幹嘛啊？」，我認為來上區塊鏈證照班進而取得證照有六大優勢：

1、最基本的可以比較好找工作

不論是在台灣的求職網或是在中國的求職網上搜尋區塊鏈相關的工作，你會發現有區塊鏈證照會比沒有區塊鏈的薪水多出很多，但是幫別人打工當一個上班族是拿區塊鏈證照最低、最小的優勢。

我常常舉如果要靠車子來賺錢的例子，你可以開始研究車子的機械構造、電子配線、安全配備、引擎動力、材料科學等等，花了大半輩子的精力、燒了大把的銀子，好不容易將一台車子製造出來可以開始販售，還要靠行銷方案、銷售專家去推廣你的車子，你才有可能開始靠你製造的車子獲利，過程耗時又燒錢。另一個靠車子賺錢的模式就是 Uber，Uber 是全世界最大、最賺錢的計程車行，但是卻沒有一台車子是 Uber 自己的，區塊鏈也是一樣，不要想去開發什麼了不起的技術，那個耗時又花錢，可能還沒研發出來你就因為彈盡援絕而倒閉，因該懂得借力，借區塊鏈本身的特性去結合一些商業模式或是用區塊鏈去賦能傳統企業，這樣才對。

當初那些幫 Uber 寫程式開發平台的工程師，這些人也不會因為 Uber 賺大錢而有所分紅，因為他們是 Uber 付錢委託的工作人員，所以在區塊鏈的風口下，學到了區塊鏈的技術去幫別人打工是最低的優勢。

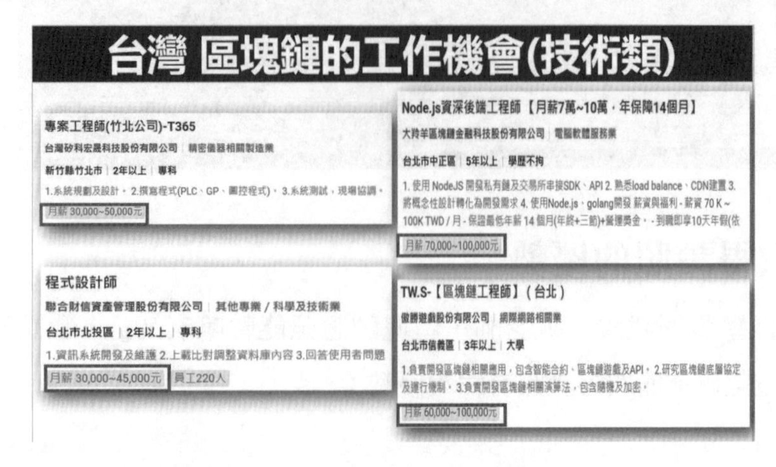

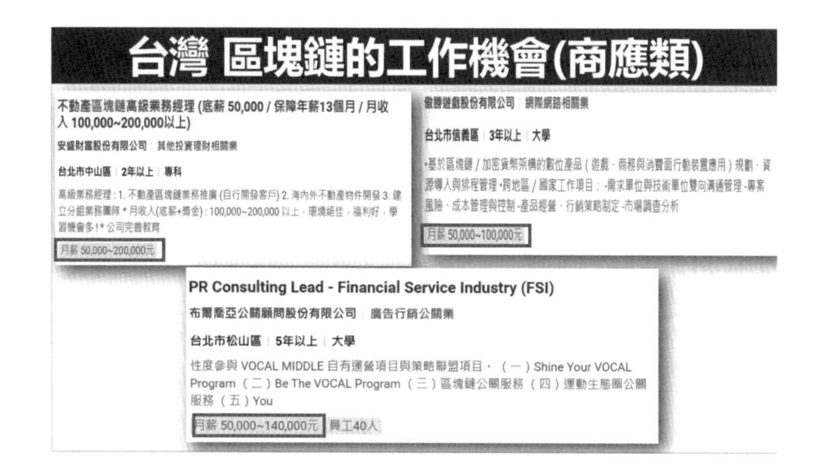

2、為未來做好準備

你是每天都覺得自己在驚喜中醒來呢？還是每天都覺得今天又是老套了！如果放大自己的視角來看，在快速的社會與科技變遷下，我們應該時常都會在驚喜之中度過，內心一定常常產生現實與理想之間的碰撞，覺得我們的生活好像無法休息地不斷在追著我們跑，剛要適應一件事情，又要適應另一件事情。快速的生活步調讓我們容易焦慮，但又充滿機會與生命力。世界快速的轉變，我們也勢必要有快速調適的情緒與智能才能夠追得上。各式各樣的科技發展快速，你是否發現在驚奇之中我們又帶著不安。

我們的未來到底還會帶給我們多少驚奇呢？我們要如何做才能做好面對這些驚奇的準備呢？通常我們還是要依賴過往的經驗來為未來做準備。

這世界變化很快，隨時都有新的趨勢在發生，每一個人都要隨時做好準備、累積實力，等待機會來臨的那一刻，你就可以全力出擊。那些在風口下錯失機會的人，通常是機會來得太快而措手不及，不是你的能力決定了你的命運，而是你的決定改變了你的命運，你決定要學習區塊鏈，順利拿到了三張區塊鏈證照，區塊鏈風口一旦突然到來，你就可以盡情發揮全力出擊。

3、可以斜槓你的事業

「斜槓」這兩個字這一年來非常夯，但是很多人都誤解了斜槓，「斜槓青年」是一個新概念，源自英文「Slash」，其概念出自《紐約時報》專欄作家麥瑞克・阿爾伯撰寫的書籍《雙重職業》。他說，越來越多的年輕人不再滿足「專一職業」的生活方式，而是選擇能夠擁有多重職業和身分的多元生活。這些人在自我介紹中會用斜槓來區分，例如，萊尼・普拉特，他是律師／演員／製片人。於是，「斜槓」便成了他們的代名詞。

在大環境下多重專業的「資源整合」才是最稀缺的能力，它包含著整合自身及外部的資源，這是一般人比較少思考到的事情。很多人常誤解，認為去學多種專長就能創造多重收入，其實那只是專長與收入無關，它沒有經過你內化後的整合。且重點不是你花多少錢、報名了多少課程、考了幾張證照，而是你能透過這些證照跟技能，賺多少錢回來？創業也是一樣的，大多數的老闆某程度上來說也是斜槓，他們同時具備業務、行銷、產品開發、會計、管理、人資、企業經營、投資、財務管理等等能力，並用於增加收入，把自己時間價值提高只是第一步，真正關鍵還是透過資源整合，讓你能更有系統地去運用資源。

斜槓不只是單純的「出售時間」，千萬別說你成為斜槓的策略是「白天上班、晚上再去打工、半夜鋪馬路」，這是低層次的斜槓，甚至這根本稱不上斜槓。成就斜槓創業，要先從你專精的利基開始，不要一心想去學習多樣專長。因為多工往往源自於同一利基，所謂「跨界續值」是也！現今年代的利基和風口趨勢，就是「區塊鏈」。

 4、未來區塊鏈證照不好拿

我之前從事過保險產業，從事保險產業必須要有相關的證照才可以販售相關的保單，簡單來說要有三次的考試，第一張證照是人身保險證照和財產保險證照，第二張則是外幣收付保險證照，最後第三張是投資型保單證照，以上三張證照都考到的話基本上所有的保單都可以販售了，第一張證照人身和財產保險證照非常容易考到，我記得我只花了兩個晚上的時間，看看考古題和相關書籍就輕鬆過關，但是第二張外幣收付保險證照就難很多，我花了一兩個月時間去準備，總共考了三次才考到，對我來說難度還蠻高的，而第三張投資型保單證照基本上我直接放棄，因為我認識一個保險業務員，他是清大研究所畢業的碩士生，他考投資型證照考了兩次才考到，我得知後當下念頭是「我不考了」，我不賣投資型保單總可以吧！但是有一個做保險的阿姨，今年約莫 60 歲，她卻有投資型保單證照，她每次都會問我台幣轉美金、美金轉台幣的問題，我就納悶阿姨這種財經程度怎麼可能會有投資型保單證照呢？於是我就問她的投資型保單證照怎麼考到的，她跟我說在二十幾年前，公司說有一個投資型的培訓要去參加，於是整個通訊處都去了，上了兩天的課程後，第二天下午進行考試，考卷發下來有選擇題、是非題就是沒有申論題，加上不會的脖子伸長些看看隔壁的就考到了投資型保單證照，她描述考證過程比吃飯容易。我有朋友最近才拿到財務理財規劃師的證照，她足足花了一整年的時間上課讀書學習，也砸了幾十萬元的學費才拿到財務理財規劃師的證照，我相信財務理財規劃師的證照在初期也是不難考取的，學費也不會如此高。

區塊鏈證照也是一樣，目前在台灣還沒有官方有發行證照，所以現行可拿的就只有對岸中國官方發的區塊鏈證照，目前世界以區塊鏈專利技術的數量來看，中國是排名第一遠遠狠甩第二名的美國，根據2018年世界區塊鏈專利統計，中國有1001項區塊鏈專利，而美國只僅有138項區塊鏈專利，兩國差了7.2倍的區塊鏈技術專利量，所以中國在區塊鏈領域是獨步全球的，這時候當然拿到中國區塊鏈的認證也是非常值錢的。

目前區塊鏈證照非常好拿，只要參加我們兩天的課程訓練，課程中不缺席、不神遊出去，大多過關率達90％，剩下沒過的也可以進行補考，幾乎100％過關，但是再過半年一年甚至兩年後就不一定那麼好拿了，因為到時候區塊鏈的應用面以及普遍性高的時候，自然會提高難度及考證費用，據網路上的中國考證價格，一張區塊鏈證書約2萬人民幣，機票和住宿另計，大約要13萬台幣左右才有辦法取得一張區塊鏈證書，在未來因為區塊鏈更多的場景應用下，區塊鏈證書必將水漲船高，到那時花大筆的學費和很多的時間都未必考得到，為什麼不記取之前的教訓，趁現在早早就先取得區塊鏈認證的證書呢？

5、可認識全亞洲區塊鏈精準人脈

我上過許多實體和網路行銷的課程，大多的課程提到行銷最重的第一點都是一樣的，就是廣告要下對「受眾」群，人脈也是一樣的，不是認識越多的人就是對你越好，而是要認識對你有幫助的精準人脈。那麼精準人脈怎麼尋找呢？透過上課的篩選是一種很好的方式，例如知名大學都會開的一們EMBA的課程。EMBA的全名是Executive Master of Business Administration（高階管理碩士學位班），主要在培育高階主管的管理能力，因此在報考限制上會有工作經驗門檻的要求，有些需要五到八年的工作經驗，少部分的只要三年的工作經驗即可報考，因應時代變遷，現在有些學校也開放應屆畢業生報考；EMBA 主要著重在培育主管管理意涵、具有全球化的視野、個案分析與應用等，因此入學方式以書審、口試為主，藉由口面試來瞭解該同學是否適合，但報考 EMBA 的學生多為業界主管，各校基本上都會錄用，避免有遺珠之憾。

我有一個企業老闆的朋友，他就曾上過某知名大學開的 EMBA 班，我好奇地問他學些什麼，沒想到他只說他是去認識精準人脈的，用來開拓更深、更廣的生意，至於作業和報告都是請他的助理幫忙處理的。

區塊鏈認證班也是一樣的，會來付費上課的學員都是對區塊鏈有興趣的精準人脈，加上魔法講盟將會在兩岸三地及東南亞陸續開班授課，只要報名繳費完成的學員，即可享受終身免費異地複訓的資格，屆時就可以結交各地區塊鏈的高手，對於要發展區塊鏈精準人脈及商機，絕對是最好的管道之一。

6、有機會投資優質項目

每開一次區塊鏈認證班都會有來自各個不同產業的學員，每個人上過區塊鏈課程後，因每個人的產業、經驗、背景等等的差異，都會有些區塊鏈應用場景的想法發酵，這時候透過老師評估可行性與否，一旦覺得有可行性的機會，此時再結合班上各個不同的資源對接，魔法講盟的資源分配，這項目成功的機會將大幅度增加，如果從一個想法階段開始就進行投資，那麼一旦這項目成功後的投報率將是很可觀的報酬，例如，我的一個朋友田大超，他就是早期投資一個項目叫做「私家雲」，起初投資成本約十幾萬人民幣，之後一年多這項目很成功，當初的十幾萬的股權已經變成六千多萬到一億五千萬之間了。

尤其是區塊鏈項目，2016～2017年的ICO階段，那時候就是割韭菜的豐產期，為什麼一般的投資人很容易淪為小韭菜呢？主要是因為小韭菜們都是一窩蜂地跟投，根本不管項目本身是做什麼的，主要的負責人是誰、項目靠不靠譜等等的問題都沒弄清楚，就一股腦地瘋狂搶購一些垃圾幣。如果發行的人是你當初上課的同學，你自然對這個人或是項目的掌握度就很高，自然成為韭菜的機會就大幅度減少了。

區塊鏈進階課程

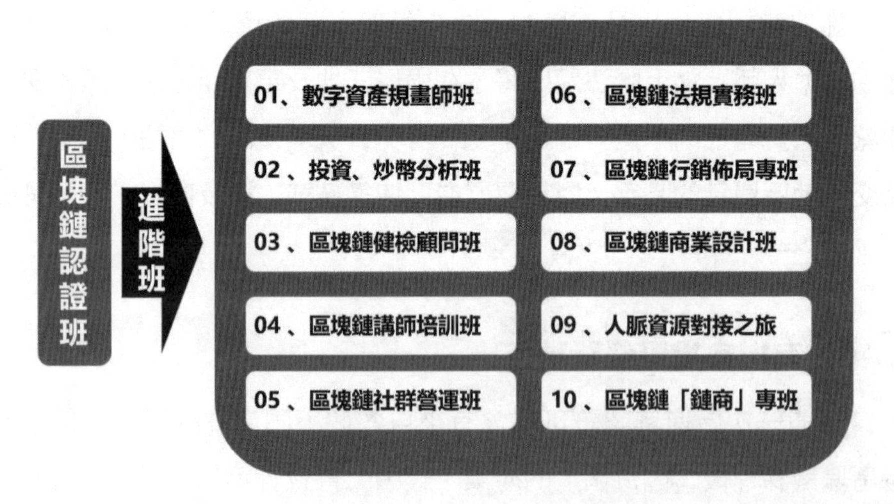

區塊鏈認證班只是初步認識區塊鏈的入門課程，在縱觀整個區塊鏈後每個人都會有自己想發展的方向，從廣的寬度往下的深度去發展，所以區塊鏈認證班之後的下個階段就是進階班，魔法講盟針對區塊鏈的進階班開發出十個發展方向：

1、數字資產規劃師

資產上鏈是未來的趨勢，現有的財務規劃藍圖中，在不久的將來一定會有一個叫做數字資產的項目，例如規劃遺產的問題，將來數字貨幣一定是遺產中很大的資產，目前遺產大多是現金、股票、房地產，在未來數字經濟主導之下，以上的三種產將都會演進成一連串的數字而已，這種改變將要面臨法規、實務、人性、技術等等層面的提升，以現有的財務規劃資源來看，是無法規劃實行這塊領域，就必須要學習新的知識和技術來為將來做規劃，這就是數字資產規劃師的領域。

2、投資、炒幣分析班

區塊鏈的投資不光光是投資數字貨幣，對於好的項目如何去評估選擇，甚至於如何入手投資等等都是一門學問，本班將教會你如何評估未來的獨角獸企業，並且教你在茫茫幣市中如何投資獲利，甚至如何發幣、炒幣等等的內容都會在本進階班裡學會。

3、區塊鏈健檢顧問班

現在每一家不論大小公司都幾乎E化了，做到企業資源規劃（Enterprise resource planning，縮寫 ERP）其中很重要的一項就是從生產、銷售、人事、研發、財務全面地導入電腦自動化，以增加效率，減少因人為的疏失而造成不必要的成本損失，而區塊鏈是互聯網的升級，解決了電腦化之後無法解決的核心問題，例如信任化、中心化、中間化等等的問題，是傳統 E 化的公司無法解決的，這時就必須要有顧問去做整體的企業健檢，規劃是否可以導入區塊鏈進而升級目前的企業，做到區塊鏈賦能傳統企業，本進階班就是培訓相關顧問，進而去評估、導入、輔導、上線區塊鏈而開的課程。

4、區塊鏈講師培訓班

要讓一般人迅速進入區塊鏈的領域靠的就是教育，一名區塊鏈的專家未必能成為區塊鏈的講師，因為站上臺授課除了本身的專業知識要夠之外，還包括台風、表達技巧、肢體語言、教案、案例等等事前準備工作非常地繁瑣、專業，真的是臺上一分鐘，台下十年功，對於想要站上舞臺傳遞區塊鏈知識的學員，我們也特別安排區塊鏈講師培訓的進階課程，教你專業講師必須要具備的一切，也會為您搭建舞臺，讓您可以站上舞臺收人、收錢、收魂。

5、區塊鏈社群營運班

推動區塊鏈專案發展的四大動力，技術開發是骨架、社群運營是血肉、市場推廣是包裝、資本支援是效率。一個區塊鏈的項目能不能成功，尤其是有發幣的項目，社群運營是非常！非常！非常！重要的！因為很重要所以要說三遍，例如臉書（Facebook）將致力開發一種名為「全球幣」（GlobalCoin）的加密貨幣，是一種與國家貨幣掛鉤的穩定幣（stablecoin），並與旗下 WhatsApp、Messenger、Instagram 通訊服務整合，讓用戶像使用 Venmo、PayPal 一樣，在手機上直接向聯絡人發送匯款、國際轉帳，預計下半年開始測試，明年第一季可望正式推出。

Facebook 用區塊鏈發幣的成功率非常高，完全是因為它擁有 WhatsApp、Messenger、Instagram 的社群用戶。目前全球人口約為 76 億，WhatsApp、Messenger、Instagram 這三大平台用戶總和，就有大約 27 億，值得注意的是，人口最多的國家中國，人口數約為 14 億人，也就是說世界上沒有任何一個國家的法定貨幣，擁有 27 億人的潛在用戶。

如果 Facebook 的加密貨幣成功推出，並達成所設定的願景，社群巨頭將能創造出，全世界最大的私人貨幣兌換市場，宛如一個新的世界級中央銀行。所以社群可以說是一個項目成功與否的關鍵因素，在進階課程中將教導世界做組織第一名都在使用的 642WWDB 系統，教你如何快速複製團隊打造區塊鏈項目成功的基石。

6、區塊鏈法規實務班

一個最明確的趨勢就是國家的政策，尤其適用在共產極權國家上，中國歷年頒布國家政策規律，每頒布具代表性的經濟條例，都造就一大批富翁與成功人士，通常都會經歷三個五年，第一個五年不被人認可，第二個五年小有成就，第三個五年鑄就輝煌。

1980 年頒布了第一部有關經濟的條例《工商管理條例》1980-1985 年，一些被生活所迫而在擺地攤，所有在職的人從心裡看不起他們，叫他們「小地皮」，「小混混」，「擺地攤的」，他們頂著社會壓力，別人的白眼，度過了五年。1985-1990 年，他們終於迎來了自己堂堂正正的名字：「個體戶」、「生意人」、「商人」，大批的百萬富翁就誕生在這幾年。1990-1995 年，這批人又有了自己新的名字叫「老闆」，什麼是老闆？老闆就是挺著大肚子，拿著大哥大，上千萬、上億資產的富翁出現了。1996-1997 年，中國政府鼓勵一些大中型企業工人在職幹部下崗、下海，很多的人雲集到了商海，做起了生意，開起了門店，激烈的競爭隨即而來，社會上很快有了「出租、轉讓」的名詞，直到今天滿大街都是「出租轉讓」的字樣，每天都有新開的店，也有倒閉的店。今天做生意賺點小錢還可以，但是成就千萬富翁、億萬富翁卻很難了，因為這一波財富的黃金時間十五年已經過去了。

1993 年中國頒布了第二部有關經濟條例的《證券管理條例》1993—1998 年一些在金融體系上班的，或有思想、有格局、意識超前、敢想敢做的人，把家裡所有的積蓄拿出來買了基金，買了股票，回到家後所有親人抱怨，不理解，這些人頂著巨大的壓力熬了五年。

1998—2003 年這些人終於可以揚眉吐氣了，很多人通過炒股，買基金成了百萬，乃至千萬、富翁。2003—2007 年，是眾所周知的股市牛年，幾年內成就了大批的千萬億萬富翁。看到炒股能賺錢，所以很多人拿出多年積蓄買了基金、股票，誰都沒有料到，在 07 年後半年美國出現了「次貸」危機，一夜之間影響了整個金融業，影響了股市，從此股票一路下跌，很多人因此破產，很多人直到今天還被牢牢套在股市，現在股市行情雖有所回升，但是想通過炒股成為千萬、億萬資產的富翁確實很難了，因為這一波財富的黃金時間十五年過去了。

1994 年頒布《中華人民共和國城市房地產管理辦法》。曾為 2013 年胡潤百富榜大陸首富地產大亨、萬達集團董事長王健林，在 1992 年 8 月成立大連萬達房地產集團公司。也搭上了這一波房地產的開放趨勢。

2005 年中國頒布了第三部有關經濟的條例《直銷管理條例》2005 —— 2010 年，社會上看待直銷人員的眼光是不認可的，認為做直銷的人坑蒙拐騙，騙了親戚、騙朋友、不務正業、閒散人員等等，從 2011 年起，中國政府和社會人員看待直銷是理解的、認可的、支持的，無論是在大城市還是偏遠山村，很少有人說直銷是非法的了，也沒有人再說是坑蒙拐騙了。如果從今年我們切入直銷業，選擇一個好的公司，一個好的系統那就有可能成為「幾百萬的富翁」，如果能再堅持五年到 2020 年將有大批的千萬、億萬富翁出現在直銷界。社會發展到今天，經歷了五波財富，正在迎來第六波財富。

2019年2月15日頒布了《區塊鏈資訊服務管理規定》。這表示又是一個造就大量億萬富翁的年代即將到來，所以法規在商業中扮演一個非常重要的角色，一個很賺錢、很成功卻違法的企業，都有可能在一夕間崩盤，管你是有意還是無心，所以每個大型企業都一定有自己的法務部門，所以在進階課程中將會教你如何看懂各國法規，消極的是避免觸法，積極的就是借力於法條規範創造新商機。區塊鏈已經成為了時代的浪潮，這也是任何人，任何國家都抵擋不了的大趨勢，因為歷史的長河畢竟都是永遠向前走的。區塊鏈的時代真的來了，它比網際網路來的更加兇猛，更加徹底，更加具有顛覆性。就比如網際網路必然會顛覆傳統行業一般，同時區塊鏈也必然會顛覆傳統網際網路。

股票我們沒趕上，房地產沒趕上，電子商務沒有趕上，網際網路沒能趕上，區塊鏈就是我們年輕人改變人生的一次大商機。所以說選擇大於努力，趨勢發展是不可以阻擋的。需要每一個人用睿智的眼光看到這個趨勢未來發展。「區塊鏈是窮人的最後一次翻身的機會！」身為區塊鏈信仰者的我也認為如此。五百年一遇的金融變革，讓我們用全部的力量與全部的熱忱來擁抱區塊鏈。

中國國家政策規律(每次頒布新法規就迎來一輪新富豪)

- 頒布了第一部有關經濟的條例《工商管理條例》 1980
- 頒布了第二部有關經濟條例的《證券管理條例》 1993
- 頒布《中華人民共和國城市房地產管理辦法》 1994
- 頒布了第三部有關經濟的條例《直銷管理條例》 2005
- 2月15日國家頒布《區塊鏈資訊服務管理規定》 2019

7、區塊鏈行銷佈局專班

世界上任何的富豪、領袖、成功人士都是佈局的高手，他們都瞭解「以終為始」的重要，也時時刻刻遵循以終為始。2018 幣圈一年造富，外面行業百年，甚至千年都比不上。2019 這一年將會又誕生無數個億萬、百億、千億級富豪！因為現在區塊鏈技術行業高速發展，每一天有 400 個億的資金，湧進這個行業，10 天就有 4000 個億，100 天就有 40000 個億，1000 天就有 40 萬個億的錢湧進來。也就是換一句話說，在接下來的 2 ～ 3 年時間，有幾十萬億的錢湧進區塊鏈，形成一個全新的全球性數字貨幣資本市場。和股市相媲美。現在第一波參與區塊鏈的人，就像 90 年代第一波參與股市的人一樣，甚至還要瘋狂，還要賺得荷包滿滿。因為當你提前佈局好了，站在了風口浪尖上，當這個巨量的財富湧進來的時候，不知不覺就把你推起來，推進富豪的行列。

至於處於區塊鏈佈局時代的我們，該怎麼佈局、佈局什麼、找誰佈局、佈局的策略對嗎？這些佈局相關的知識將在區塊鏈行銷佈局專班一一解密。

8、區塊鏈商業模式 BM 設計班

要賺錢靠產品就可以了，例如賣車子可以讓你賺到錢，但是要賺大錢甚至成為鉅富就要靠商業模式（Business Model BM）。例如 2003 年，蘋果公司（Apple）推出 iPod 音樂播放機和 iTunes，促使可攜式娛樂起了革命性的發展，創造出一個新市場，公司也因此脫胎換骨（iTunes 是線上商店及影音播放應用程式）。短短三年，iPod ／ iTunes 的組合，造就了一個約一百億美元的產品，占蘋果總營業額的 50%左右。蘋果的市值，從 2003 年初約五十億美元一飛沖天，到 2007 年末已超過 1500

億美元。

這個成功故事，人盡皆知；但比較不為人知的是，蘋果不是率先產銷數位音樂播放機的公司。鑽石多媒體（Diamond Multimedia）早在1998 年就推出 Rio，一流資料（Best Data）也在 2000 年推 Cabo 64上市；兩種產品的性能都很好，不但可攜，造型也時髦漂亮。既然如此，為什麼是蘋果 iPod 獲得成功，而不是 Rio 或 Cabo ？

因為蘋果的做法聰明許多，而不是只運用好技術與動人的設計包裝而已。它是在有了好技術後，再用一套出色的「商業模式」包裝起來。其中真正的創新，是讓數位音樂的下載變得簡單而便利。為了做到這一點，蘋果建立一套突破性的商業模式，把硬體、軟體和服務結合在一起。這套方法的運作，就像把吉列公司有名的「刀片與刮鬍刀」銷售模式（買刮鬍刀就必須買它的專用刀片）倒過來做：蘋果基本上是免費奉送「刀片」（利潤率低的 iTunes 音樂），鎖住消費者購買「刮鬍刀」（利潤率高的iPod）。這套模式用新方式定義價值，帶給消費者耳目一新的便利性。

商業模式的創新，改變了各行各業的面貌，並重新分配高達數十億美元的價值。沃爾瑪（Wal-Mart）和標靶（Target）等平價零售商以開創性的商業模式踏進市場，現在已占這個產業總值的 75%。低成本的美國航空公司，原本只是雷達幕上的一個小光點，脫胎換骨之後，占整個航空公司市值的 55%。過去 25 年成立的 27 家公司中，有 11 家曾在過去十年間，以商業模式創新的方式，成功地躋身《財星》（Fortune）雜誌前五百大企業，超過 50%的企業高階主管相信，企業經營要成功，商業模式創新會比產品或服務創新更重要。區塊鏈雖然是個趨勢風潮，要能夠在區塊鏈的風潮下賺取一筆巨額的資產，就一定要區塊鏈結合商業模式才有機會，在區塊鏈商業模式設計班中將帶領你探討世界頂級的商業模式，並且為自己的項目設計商業模式。

 9、人脈資源對接之旅

社會上有很多事情不是靠自己的努力就能夠完成的，而是要抱團取暖，懂得資源互享，正所謂「齊力才能斷金」。對你有用的人脈並不是商場上面交換名片得來的，而是在學校、休閒娛樂、上課學習、不經意而認識的人脈通常才是對你最有幫助的人脈，為什麼呢？因為少了猜忌、利益、損失等負面的連結，因為你跟他在商業的場合交換名片，隔天對方打電話給你說要拜訪你，你的第一感覺是他打來的目的是什麼呢？通常都是想在你這邊取得好處（賣你東西、請你幫忙等），很少是積極打電話來給你好處的，相信那感覺是不好的，自然不會有好的對接，就算有好的對接，但是以上的管道都有一個很大的問題，就是沒辦法掌握你需要的精準人脈。區塊鏈人脈資源對接之旅，是透過旅遊玩樂來讓彼此更加熟悉對方，而且參加的對象都是上過區塊鏈的學員才有資格參加，所以區塊鏈資源對接之旅的對象已經是精準人脈，加上魔法講盟會邀請世界區塊鏈界知名的大咖共同參與，透過幾天的旅遊行程可以深度地認識，增加合作的可能性。

 10、區塊鏈「鏈商」專班

賣東西的模式自古到今隨著趨勢不斷地演進，從最早期的面對面介紹產品做銷售，這種傳統的銷售模式一直到了網路時代，銷售模式在網路時代進化成電商，在現在幾乎人手都有一支智能型的手機，網路商店在網路上更是隨處可見。2000 年電子商務網站數量、規模都進入了爆發期，其中網上購物類 B2C 門戶網站為數最多，在眾多的電商平台中，根據商

業模式的不同可以分為四類，即 1.0 PC 電商、2.0 行動電商、3.0 社交電商、4.0 生態電商。區塊鏈世代出現之後將有一個完全不同於電商的模式會衍伸出來，就是「鏈商」模式。

➤ 電商 1.0——PC 電商時代

諸如雅虎賣場、露天拍賣、淘寶、天貓、京東等這類都是電商 1.0 的典型代表。這類平台在模式上主要以 B2B、B2C、C2C 為主，以 PC 電腦有線連接為硬體基礎、流量入口主要是各大門戶網站和搜尋引擎；同時圍繞「搜索＋購買」主動消費的用戶體驗模式不斷進行迭代優化；整個體系不複雜，用戶容易上手。運營競爭重點是價格和物流體系。截至 2019 年，從電子商務的交易規模看來，電商 1.0 的占比仍大於六成。

➤ 電商 2.0——行動電商時代

這一時代具有以下五大特徵：

1. 商業模式簡單，基本還以 B2C 的模式為主。

2. 這一時代的硬體基礎是智慧型手機。

3. 流量入口以手機 APP 和微信公眾號為主。

4. 各電商平台圍繞「補貼＋購買」的行銷手段，靠燒錢買流量吸粉、幫助用戶養成主動消費的習慣。

5. 電商在商品品類領域呈現垂直態勢。

2.0 時代的電商究其本質來看，實質上是 1.0 時代在各細分行業的專注經營和專業化衍生。

➤ 電商 3. ——社交電商時代

這一時代具有以下特徵：

1. 商業模式以 B2b2C、B2M2C、三級分銷為主，最常見的就是依靠三級分銷系統推動的品牌電商及微商等。

2. 這一時代的硬體基礎還是以智慧型手機為主。

3. 流量入口和行銷手段主要依託社區、社群、社交為典型特徵，眾所周知的微商便是社交電商的典型代表，電商平台採用了團購、砍價、點評等社交營銷手段。

4. 各電商平台圍繞「分享＋購買」在消費者被動消費的流程上不斷迭代升級，讓用戶體驗更加舒服自然。

5. 微商平台化運營，在微商野蠻生長之後，開始向微店、微盟等規範化平台轉移入駐。

➤ 電商 4.0 生態電商時代

1. 商業模式不斷創新：C2B、C2M 反向定製；F2C：Factory to customer 的縮寫，是從廠商直接到消費者的電商模式，如戴爾電腦的直銷模式，這是 B2C 模式的進化，還有一種 F2b2C 是平台化運營模式。

2. 硬體基礎：進入多螢幕聯動的時代，PC 屏、手機螢幕、電視螢幕、閱讀器螢幕、智能家電平板電腦 PAD 屏等無線移動智能終端交互屏。

3. 流量入口：PC 端網站＋移動端獨立 APP ＋微信服務號＋跨界共用＋商品連結；構建多元化的流量入口體系；未來需要一個有公信力的綜合平台來整合全網商品資訊幫助用戶做決策，這也為將來電商智能化提供技術支援。流量傭金體系亦將發生改變，過去是商家到中心平台買流量，生態電商時代是流量共用、互惠共生的時代。

4. 用戶體驗：4.0 時代的用戶是「搜索＋連結＋購買」，主動搜索消費和場景被動消費相結合；物流將進一步提速，從現在的平均 2 ～ 3 天，加快到 24 小時的行業標準，在美國 Amazon 已經開始啟用 Prime Air 無人飛機提供 30 分鐘內生鮮配送服務；用戶反向定製將得到重視；國家主管部門將通過法律手段來打擊假冒偽劣商品，確保產品品質和顧客權益。

5. 流程智能化：未來生態電商的倉儲系統會向無人化操作方向發展，顛覆傳統電商物流中心「人找貨」模式，通過智能化升級實現「貨找人」的管理模式；虛擬現實 VR 技術將在電商用戶體驗領域推廣：例如虛擬試衣間、虛擬裝潢效果等；智能終端進一步拓展，除智慧型手機以外，智能手錶、智能電視、智能冰箱、智能汽車、智能機器人都會成為能自主向電商平台下單購物的終端。

以區塊鏈為核心衍生的「鏈商」模式將會取代「電商」，傳統公司——賺錢公司：利潤最大化，產品收入最大，成本最低；新型公司——有錢公司：現金流最大化，模式，量，盈利；未來公司——估值及權益最大化，用戶，投資，融資，得用戶者得天下。鏈商時代思維商業模式的改變，從「產品中心」演變成「人」、從「管理」演變成「賦能」、從「行銷」演變成「分享」、從「投資」演變成「融資」、從「員工」演變成「合夥人」、從「中心化緊密組織」演變成「去中心化鬆散組織」。

鏈商它的驚人商業模式就是分散式商業模式；鏈商模式沒有 CEO，可以管理全球幾十萬的員工；鏈商模式的員工自動自發，不會爭權奪利，運作正常；鏈商模式沒有給多餘的行銷費用，但可以輕鬆獲取數萬用戶：鏈商模式沒有融錢，但公司估值卻價值數億。

區塊鏈「鏈商」專班將分享未來的商業模式，提供鏈商落地系統，讓您可以提前佈局，擁抱財富。

07 數字經濟技術體系

從農工業時代到現代，經濟始終在一個國家扮演非常重要的角色，新經濟將使社會生產力大躍升，經濟高品質發展，數字經濟將邁上經濟強國的新台階。數字新經濟的基石是數字新技術，新一輪技術革命的核心是數字技術革命，通過數字新技術發展新經濟。

一、數字經濟的縱向關係

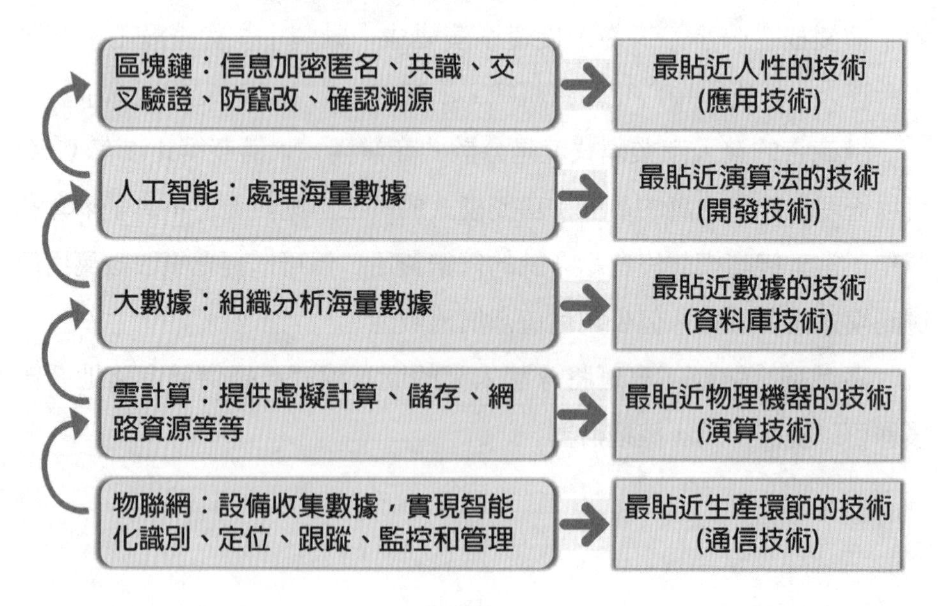

物聯網

物聯網簡單來講就是「物物相連的互聯網」，使用信息傳感物理設備按照約定的協議把任何物品與互聯網連接起來進行信息交換的網絡，以實現物理生產環境的智能化識別、定位、跟蹤、監控和管理。物聯網是未來數字經濟得以發展的最底層信息基礎設施，為數字經濟的發展提供一手的精準、實時的數據，當前物聯網基礎設施並沒有得到大規模部署和應用導致數據的錄入和採集由於人的參與，而出現系統誤差、人為錯誤、低時效等問題，源頭數據的錯誤致使後續計算分析不能實際指導業務開展與生產規劃，缺少了真實數據支撐的數字經濟也成了空中閣樓。

雲計算

本質上是將具備一定規模的物理資源轉化為服務的形式提供給用戶，用戶不需要見到物理機器，自然不需要考慮各種運維的事情，因為雲廠商已經將這一層封裝好了，客戶只需要告訴雲平台是需要一台具體配置的計算機、還是某個開發平台、或者乾脆就是一個具體的應用（如網盤）。雲平台還可以做到各種資源的全面彈性，動態滿足客戶實時變化的需求，比如客戶上午想要一台計算機，下午還想要十台，雲平台通過可計量的虛擬化資源能夠及時滿足用戶所需。

如果用戶通過這種可計量的服務形式使用物理機器，就會越來越關注自身業務本身，因為使用數據化的門檻會越來越低，有了雲計算在底層撐腰，將物理世界的業務轉化到數據的速度會越來越快，以至於必須找到新的技術來組織這些數據。

大數據

大數據，需要應對海量化和快成長的存儲，這要求底層硬件架構和文件系統在性價比上要大大高於傳統技術，能夠彈性擴張存儲容量，這種情況下出現了數據組織技術。所謂數據組織技術：數據化初級階段數據少，形式單一，所以主要採取集中式結構化存儲，實體關係就成了這一時期的數據組織的關鍵點，包括開發語言的面向對象技術其實也是受到這種數據組織形式影響而產生的。

大數據形成的數據組織技術必須能夠有效將沒有價值的數據剔除，同時還要將結構化數據、非結構化數據、業務系統實時採集數據等以分佈式數據庫、關係型數據庫等數據存儲計算技術進行分類存儲與處理，使得數據研發計算與應用能夠真正服務於企業內部決策與生產指導，支撐企業數字化轉型。

人工智能

組織好數據，接下來就需要深度挖掘數據。就像人類發明語言和文字一樣，最終目的是要幫助人類進行大規模分工協作來完成人類認為有意義的事情。而面對這樣的海量數據，人類的大腦已經處理不過來了，於是人類將各種意義轉化為算法交給機器，讓機器自行決策，最終給我們提供一個收斂的結果，就有了有效信息。

我們很少關心數據，真正關心的是數據背後的信息。人工智能幫助人類在海量數據中找到了有用的信息，於是便有了各種意義的存在，為我們在進行數字新經濟建設的過程中指明了出路和方向。

區塊鏈

如何有效地利用信息呢？在區塊鏈技術之前，基本靠人類的各種信念：「我們堅信人是有良知的！」還有一種就是靠強有力的中心組織保障，但前提是這個組織必須是有良知的。在信息化的進程中，人的信念是不可靠的一環，在面臨因中心化架構帶來各種弊端與問題時，提出了區塊鏈技術，簡單來說就是利用分佈式網絡＋非對稱加密算法將已經形成的信息有效地串聯起來，保證信息是達成人們共識的還不可修改，人們準備利用區塊鏈技術消除各種不美好的事情，這也是為什麼大家現在都這麼看好區塊鏈的原因，畢竟所有人都嚮往一個理想世界，那裡沒有任何欺騙，而區塊鏈技術指明了一條方向。

未來的數字經濟建立在虛擬網絡構建的信息基礎設施之上，誠信在任何時候都是商業得以進行的基礎，區塊鏈構建的誠信網絡使得人們在毫無信任的條件下，開展商業活動、進行價值交換、促進經濟發展。

二、橫向關係梳理

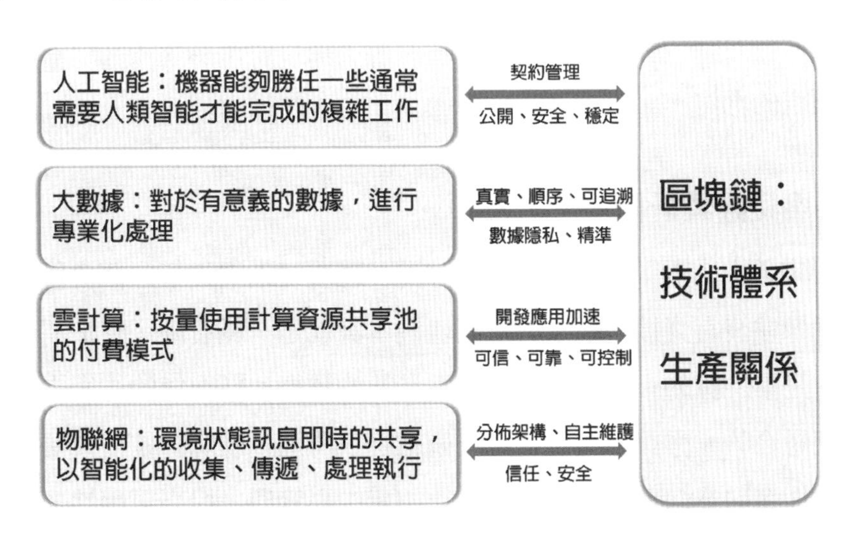

區塊鏈與物聯網

區塊鏈技術可以為物聯網提供點對點直接互聯的方式來傳輸數據，而不是通過中央處理器，這樣分佈式的計算就可以處理數以億計的交易了。同時，還可以充分利用分佈在不同位置的數以億計閒置設備的計算力、存儲容量和頻寬，用於交易處理，大幅度降低計算和儲存的成本。

另外，區塊鏈技術疊加智能合約可將每個智能設備變成可以自我維護調節的獨立的網絡節點，這些節點可在事先規定或植入的規則基礎上執行與其他節點交換信息或核實身分等功能。這樣無論設備生命周期有多長，物聯網產品都不會過時，節省了大量的設備維護成本。

物聯網安全性的核心缺陷，就是缺乏設備與設備之間相互的信任機制，所有的設備都需要和物聯網中心的數據進行核對，一旦數據庫崩塌，會對整個物聯網造成很大的破壞。而區塊鏈分佈式的網絡結構提供一種機制，使得設備之間保持共識，無需與中心進行驗證，這樣即使一個或多個節點被攻破，整體網絡體系的數據依然是可靠、安全的。未來物聯網不僅僅是將設備連接在一起完成數據的採集，人們更加希望聯入物聯網的設備能夠具有一定的智能，在給定的規則邏輯下進行自主協作，完成各種具備商業價值的應用。

區塊鏈與雲計算

從定義上來看，雲計算是按需分配，區塊鏈則構建了一個信任體系，兩者好像並沒有直接關係。但是區塊鏈本身就是一種資源，有按需供給的需求，是雲計算的一個組成部分，雲計算的技術和區塊鏈的技術之間是可以相互融合的。雲計算與區塊鏈技術結合，將加速區塊鏈技術成熟，推動區塊鏈從金融業向更多領域拓展，比如無中心管理、提高可用性、更安全等。

區塊鏈與雲計算兩項技術的結合，從宏觀上來說，一方面，利用雲計算已有的基礎服務設施或根據實際需求做相應改變，實現開發應用流程加速，滿足未來區塊鏈生態系統中初創企業、學術機構、開源機構、聯盟和金融等機構對區塊鏈應用的需求。另一方面，對於雲計算來說，「可信、可靠、可控制」被認為是雲計算發展必須要翻越的「三座山」，而區塊鏈技術以去中心化、匿名性，以及數據不可篡改為主要特徵，與雲計算長期發展目標不謀而合。

從存儲方面來看，雲計算內的存儲和區塊鏈內的存儲都是由普通存儲介質組成。而區塊鏈裡的存儲是作為鏈裡各節點的存儲空間，區塊鏈裡存儲的價值不在於存儲本身，而在於相互鏈接的不可更改的塊，是一種特殊的存儲服務。雲計算裡確實也需要這樣的存儲服務。

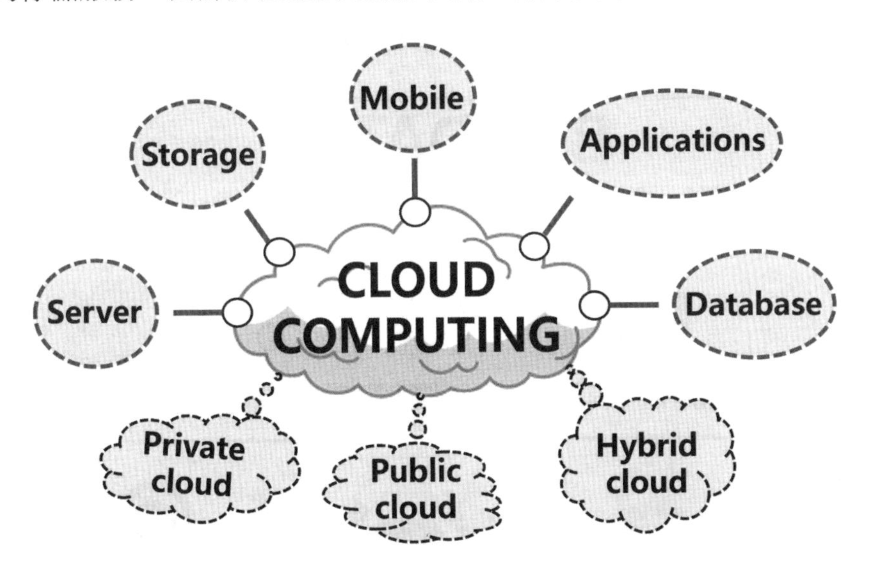

從安全性方面來說，雲計算裡的安全主要是確保應用能夠安全、穩定、可靠地運行。而區塊鏈內的安全是確保每個數據塊不被篡改，數據塊

的記錄內容不被沒有私鑰的用戶讀取。利用這一點，如果把雲計算和基於區塊鏈的安全存儲產品結合，就能設計出加密存儲設備。與雲計算技術不同的是，區塊鏈不僅是一種技術，而是一個包含服務、解決方案的產業，技術和商業是區塊鏈發展中不可或缺的兩隻手。

區塊鏈技術和應用的發展需要雲計算、大數據、物聯網等新一代信息技術作為基礎設施支撐，同時區塊鏈技術和應用發展對推動新一代信息技術產業發展具有重要的促進作用。

區塊鏈與大數據

區塊鏈是底層技術，大數據則是對數據集合及處理方式的稱呼。區塊鏈上的數據是會形成鏈條的，它就有真實、順序、可追溯的特性，相當於已經從大數據中抽取了有用數據並進行了分類整理。所以區塊鏈降低了企業對大數據處理的門檻，而且能夠讓企業提取更多有利數據。

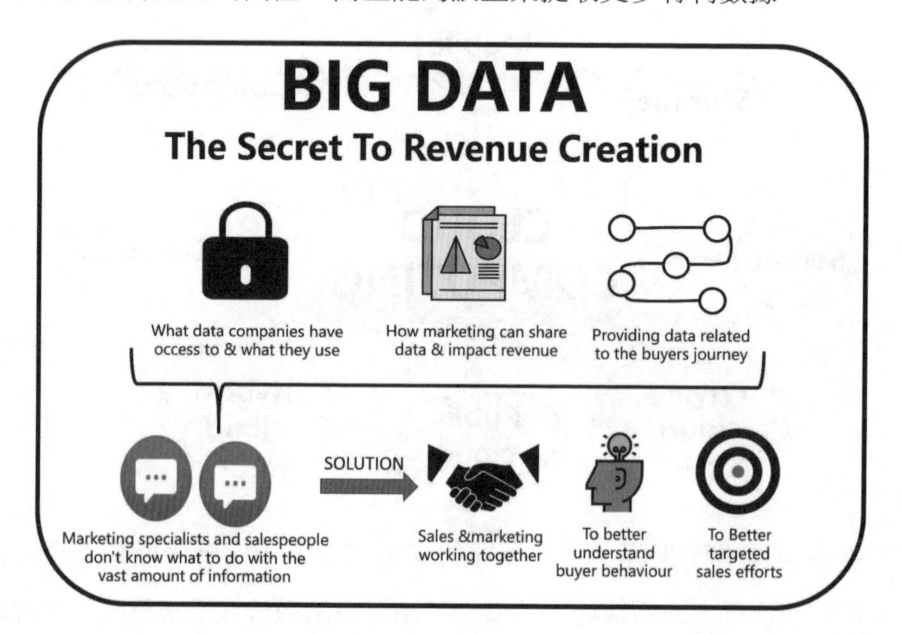

另外，大數據中涉及到用戶的隱私數據問題，在區塊鏈技術的加持下也不會出現。用戶完全不用擔心自己的私人信息被偷偷收集，也不用擔心自己的隱私被公之於眾，更無需擔心自己被殺熟。隱私數據使用決定權完全在用戶自己手裡，甚至可能會出現，企業會通過一定的付費手段獲取隱私信息，用戶從中能夠盈利。

區塊鏈與人工智能

對於任何廣泛接受的技術的進步，沒有比缺乏信任具有更大的威脅，也不排除人工智能和區塊鏈。為了使機器間的通信更加方便，則需要有一個預期的信任級別。想要在區塊鏈網絡上執行某些交易，信任則是一個必要條件。

區塊鏈有助於人工智能實現契約管理，並提高人工智能的友好性。例如通過區塊鏈對用戶訪問進行分層註冊，讓使用者共同設定設備的狀態，並根據智能合約做決定，不僅可以防止設備被濫用，還能防止用戶受到傷害，可以更好地實現對設備的共同擁有權和共同使用權。

人工智能與區塊鏈技術結合最大的意義在於，區塊鏈技術能夠為人工智能提供核心技能——貢獻區塊鏈技術的「鏈」功能，讓人工智能的每一步「自主」運行和發展都得到記錄和公開，從而促進人工智能功能的健全和安全、穩定性。數字經濟建設在數字新技術體系上，數字新技術主要包括物聯網、雲計算、大數據、人工智能、區塊鏈等五大技術。根據數字化生產的要求，物聯網技術為數字傳輸，雲計算技術為數字設備，大數據技術為數字資源，人工智能技術為數字智能，區塊鏈技術為數字信息，五大數字技術是一個整體，相互融合呈指數級成長，才能推動數字新經濟的高速度、高品質發展。

區塊鏈的特性

The Best Blockchain
for Your Business

01 去中心化

「去中心化」或許是區塊鏈被提到過的最高頻的一個詞了，但這個詞的定義也是最不清楚的。想想這件事其實挺不可思議的。區塊鏈消耗了計算機大量寶貴的哈希算力，正是為了保證網絡的去中心化，但當人們彼此在爭論某個代幣或者某個區塊鏈網絡究竟好不好的時候，「去中心化」這個詞卻常常被拿來當槍使，簡單粗暴地說一句「你這個東西不是去中心化的」，就可以輕鬆結束一段爭論。那麼，「去中心化」到底是什麼意思？並沒有多少人能真正說清楚。事實上，也沒有多少人有意識、或者願意，去深究這個詞的真實含義。

區塊鏈具有去中心化、不可篡改、用戶匿名、集體維護、數據透明的特性。而傳統的中間機構也將數億人摒除在經濟活動之外，比如信用不好的人、錢不夠而不能在銀行開戶的人。還有我們發一封 mail 到全世界的任何一個角落只要幾秒鐘的時間，但是要透過銀行體系來進行轉帳的話，卻要歷時好幾個小時甚至幾天的時間，才能把錢從一個國家轉到另外一個國家，還要支付手續費和換匯的費用，加上中間機構手中握有我們所有的資料，我們常常接到銀行和保險公司打來的推銷電話，這些資料通常是銀行端流出去的，我們的隱私因而被侵犯了，最大的問題是超出他們自身可以應用的範圍，挪用了數位化時代的無形資產，我們卻沒有得到任何的報酬，所以如果我們不僅是有資訊網路，還有一個價值網路，那將會是如何呢？比如說像是大型的全球記帳本，有好幾億台的電腦來運作，而且每一個人都可以使用它，各類型的資產如金錢、智慧財產等等，都不用透過中間機構的介入就能夠完成儲存、移動、交易、轉換、管理的動作，將會如何呢？

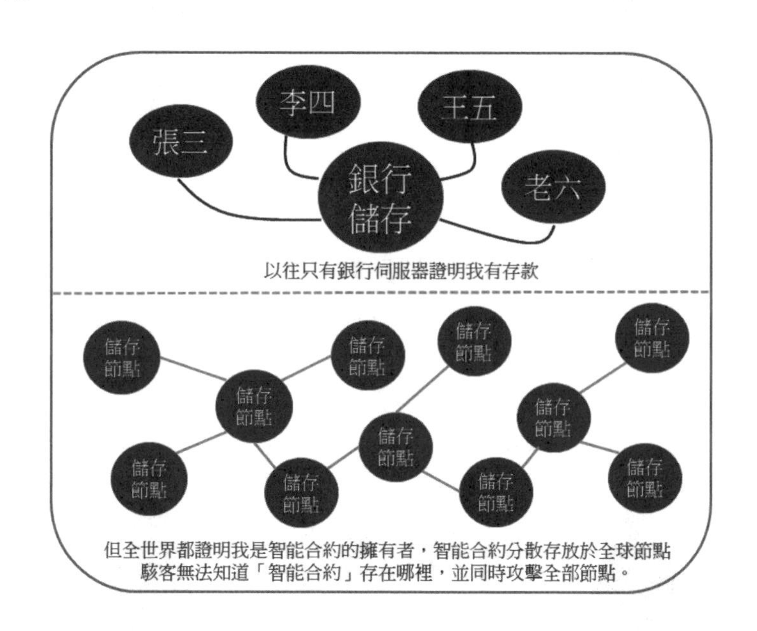

而且全世界各地的人們可以互相信任，完全靠的就是區塊鏈的特性，而區塊鏈的信任機制，不是由一些大型的機構所架構的，而是透過集體的加密方式，以及運用一些密碼學所構成的方式，以下讓我用幾張圖來說明：我阿忠借 100 元給小花，沒想到小花第二天賴帳說沒有拿這 100 元，這時我該怎麼辦？小花明明有跟我借 100 元，只因為我苦無證據，就只能摸摸鼻子，白白損失那 100 元。

後來我記取教訓，我就去找里長來公證，里長手裡有一本帳本記錄著每一位里民的錢，由里長幫我記錄我借給誰多少錢，記錄得明明白白，誰欠誰的帳都賴不掉。

所有的里民都靠里長手中的帳本幫忙記錄著每位里民的錢，所以里長和帳本就是所謂的中心化，他是所有里民的中心，因為帳本在他手裡，要交易就必須找里長記帳，他就是我們的中心化。

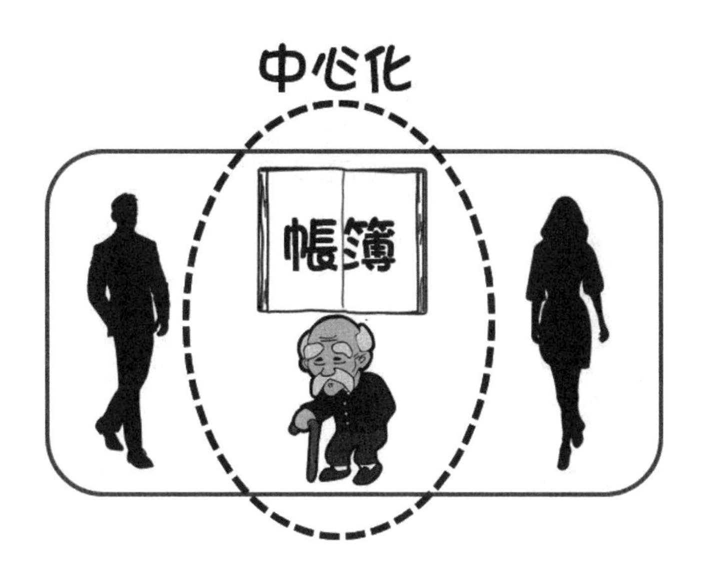

那麼假設我借小花 100 元時，就用廣播讓大家知道，大家手頭都有一本帳本幫忙記錄每一筆帳，就不是只由里長一人記錄，而是由所有的里民幫忙記錄，這就是去中心化。

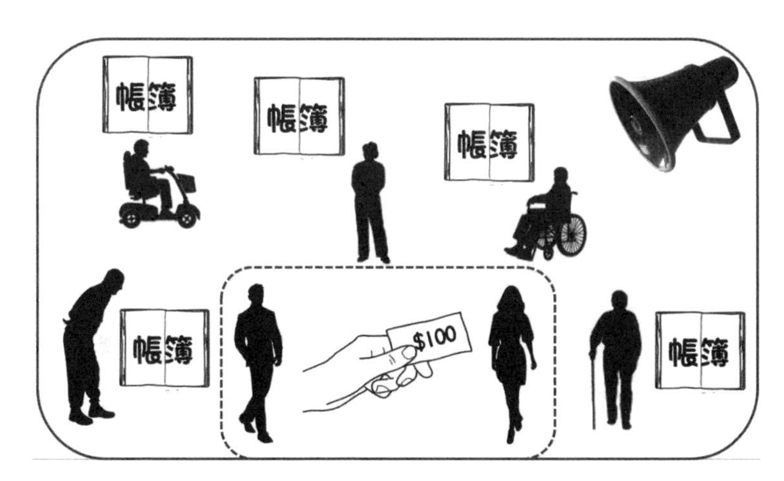

里長阿土伯德高望重，大家都很敬重他，所以賦予他很大的權利，他也掌握了我們所有里民的帳簿，所以我們都把錢存在里長阿土伯那裡，這就是我們對中心化的一種信任。可是啊！里民們最近都在反映里長阿土伯有一些問題——

1. 里長阿土伯年事已高，萬一有個三長兩短的話，大家的帳本要怎麼辦？
2. 最近年關將近，小偷鬧得凶，萬一帳本被小偷偷走了，那怎麼辦？
3. 每次要請里長阿土伯記帳速度慢不說，阿土伯又要收手續費，而且手續費還會逐年調高，怎麼辦？
4. 里長阿土伯愛錢如命，要是他挪用我們的錢，等到我們要跟里長領取錢時，他卻拿不出錢來的話，怎麼辦？
5. 里長阿土伯掌握著大家所有的個資訊息，萬一他把里民們的資料賣給別人，那該怎麼辦？
6. 隨著資料越來越多，里長阿土伯記錄帳本、轉個錢都要好幾天，緊急需要用錢時，該怎麼辦？

7. 人吃五穀雜糧尤其里長阿土伯年事已高又近來又常常生病，若我們需要用錢或是請他記帳時，他人卻在醫院，那該怎麼辦？

8. ……………

以上這些都是「中心化」最大的問題，所以有一天里民們聚集在一起討論開了一個會，開會決定給每家每戶都發一個帳本，任何人的轉帳交易都要透過廣播器向整個里民通告，每一戶裡民聽到廣播後，就要在自己的帳本記下剛剛廣播的每一筆交易，每一戶都要記錄清楚，這就是去中心化的概念。

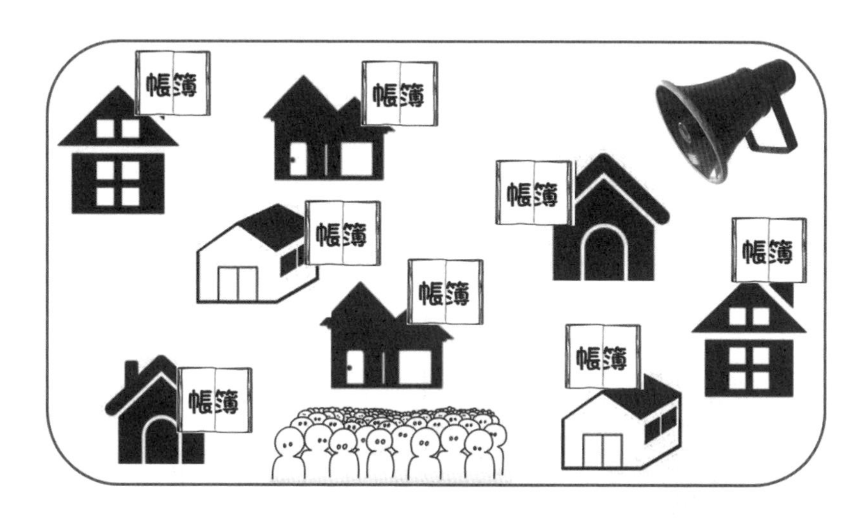

如果這時候小明和小李他們的帳簿不小心弄丟了，怎麼辦？沒關係！老陳、老吳、老王、老歐、老黃……他們那裡都還有一模一樣的帳本，只要再複製一份就好，要是這時候遭小偷怎麼辦？沒關係！除非那小偷可以一次偷走大家所有人手中的帳簿，這點是不可能的，因為帳簿是分散式存放，所以非常安全，就算里長阿土伯卸任，換別他人當里長也不會有問題，因為帳本是在每一個人手裡，家家戶戶都有一本可以互相支援備份，要篡改也不太可能，除非你能每一本修改，但事實上這個很難辦到。現在我們可以想像一下，帳簿裡的每一頁紙就是所謂的「區塊」，一頁頁的區塊所組成的一整本帳本就是「區塊鏈」。

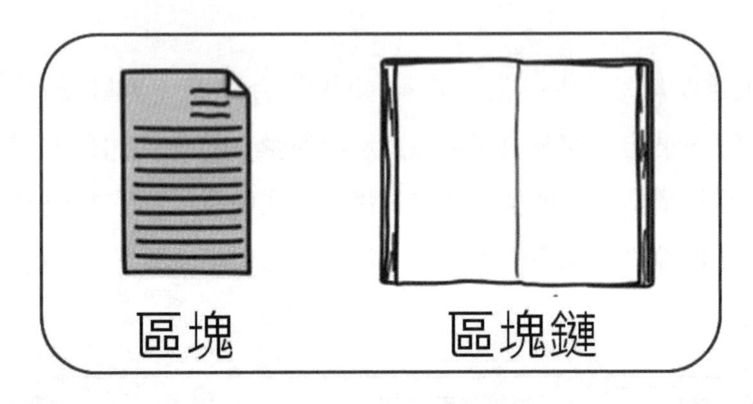

里民還請來了一位礦工，他的工作就是將大家每一頁的交易紀錄轉換成一連串加密的代碼，以方便我們記帳用，我們就會給礦工一些小小的報酬，例如比特幣。

去中心化具有三個優點

- 容錯性：去中心化系統不太可能因為某一個局部的意外故障而停止工作，因為它依賴於許多獨立工作的組件，它的容錯能力更強。
- 抗攻擊性：對去中心化系統進行攻擊破壞的成本相比中心化系統更高。從經濟效益上來說，這是搶劫一個房子和搶劫一片村莊的差別。
- 抗勾結性：去中心化系統的參與者們，很難相互勾結。而傳統企業和政府的領導層，往往會為了自身的利益，以損害客戶、員工和公眾利益的方式，相互勾結。

02 去中間化

區塊鏈由眾多節點組成一個端到端的網絡，是不存在中心化的設備和管理機構，任一節點停止工作都會不影響系統整體的運作。下圖的左側描述了當今金融系統的中心化特徵，右側描述的是正在形成的去中心化金融系統。每一個法定貨幣都是如一個國家的央行發行，所以法定貨幣的中心是以該國的央行，而虛擬貨幣不屬於任何一個國家，所以它也不會因為某一個國家的內戰，或者是一些國家的單一因素，而造成貨幣的漲跌。

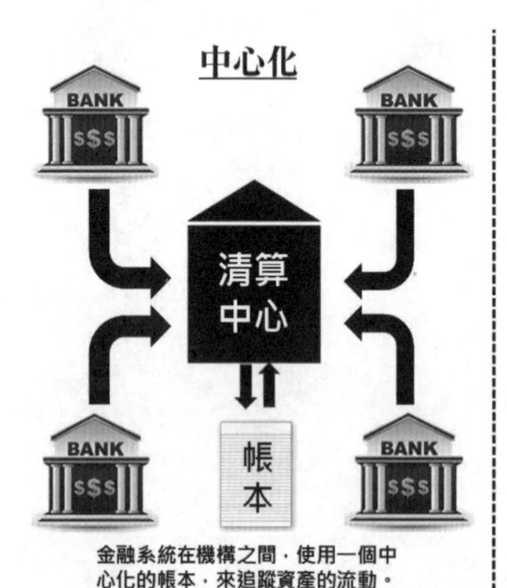

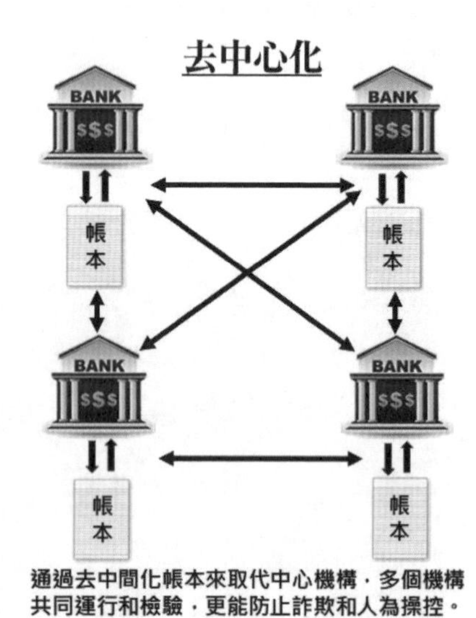

如果我們要去美國旅行就必須換美金，要去日本遊玩的話就要換日幣，如果我換了一萬台幣的美金，到了美國之後我並沒有花這一筆錢，原

封不動地把它帶回台灣來，然後把這些剩餘的美金再換回台幣，你會發現你的一萬台幣大概就剩下八千多元台幣了，為什麼沒有花到任何一毛錢只是換匯而已就損失那麼多，因為中間化一個缺點，就是要經過太多的中間人，每個中間人都要收取手續費，所以就算你的本金都沒有用到，光是換匯就要收取一筆手續費，但是區塊鏈的去中間化就可以避免掉這一塊損失，例如你要去日本的時候只要攜帶比特幣或是以太幣，基本上你去日本就沒有什麼問題了，就算沒有用到回到台灣來這些貨幣也不需要經過換匯。

長期以來，人們習慣信任他人，我們選擇相信政府會以人民福祉為前提、商人會提供良心商品、中央銀行會為我們的新台幣負責。然而事實是，人與人之間的信任，常常衍生出很多問題，政府官員的貪污舞弊、黑心食品層出不窮，部分人士利用大眾的信任謀取利益，而大眾卻被蒙在鼓裡而不自知，這就是所謂的「信任問題」。

那麼當今社會如何解決信任問題？一般來說，都是採用「公正第三方」的方式，因為我們無法信任對方，所以我們將信任，寄託在具有一定「公信力」的機構、政府或第三者委以鑑定、分析判讀、以及證明背書。然而，問題並沒有解決，我們只是將信任問題從對方轉嫁到第三方，於是公正第三方的機制並不是不管用，只是當公信力成為籌碼與獲利工具，受害的永遠都是無辜的社會大眾，且毫不知情。

區塊鏈的本質，就是為當今社會的信任問題提供解決方案。想像一下，如果公正第三方會有賄賂、放水或作弊等問題，直觀的方式，就是再多一個第四方，但這樣還是有風險，因此我們就繼續增加公證人數量五個、六個、七個……。區塊鏈的概念，就是一個無國界、作弊成本高昂、透明且不可篡改的電腦系統，讓全世界的人共同擔任公證人，創造一個

「去中心化」的底層系統。目前運用去中間化的應用模式已經非常多了，例如：

共享經濟的協作

區塊鏈可以應用在各個產業，比如眾人皆知的共享經濟如滴滴、Uber 這種新模式。但其實他們並不是真正的共享經濟。因為 Uber 的成功並不是因為共享帶來的，他們的成功是因為它們不共享。它們只是集成而已，將資訊收集起來，再賣出去，滴滴和 Uber 只是建立了一個平台而已，他們也得簽合同，守條約。而所有上述提到，區塊鏈都可以透過智能合約的模式來解決。

把內容變成資產的知識產權創造者

現在有很多的藝術家，他們都會和平台方簽合同，賺 10%、5%的佣金。但其實藝術家可以通過區塊鏈的方式獲利更多，而且通過區塊鏈也可以更好地和平台方進行合作。互聯網對於內容產權創作者來講是非常重要的。那音樂來說，我們透過網路聽音樂很方便，但這個時候音樂就變成了資訊，可以透過網際網路不斷地複製，所以音樂就變成了不需成本的商品。我們下載的音樂越來越多，但這些藝術家賺的錢卻越來越少。如今，知識產權創作者要想掙錢的話，可以把他們的作品上傳到區塊鏈上，每次有人下載他的作品，他都能直接賺取佣金。

減少佣金重新定義中間人

下一個方向就是新的中間人，在全球，每年跨境交易額都非常大。所有交易都需要付給跨境交易中間人相應的手續費，但最需要拿到這筆錢的人應該是收款方，所以這其實並不公平，因為他們要拿出一部分錢來付佣金，而不是用在真正需要的地方。透過區塊鏈技術，我們可以在資產中介方面創造新的價值。

實時同步數據支援供應鏈

下一個方面就是供應鏈，現在超過五千億的商品，都是透過供應鏈來完成銷售。他們存在於世界各個角落，但是有的時候我們並不清楚貨物抵達的時間是否準確。如果區塊鏈能參與其中，那不管是在非洲還是「一帶一路」上的國家，我們只需要把貨發出，在區塊鏈上的所有用戶都可以收到同樣的資訊。供應鏈端也可以通過需求鏈去了解到人們需求商品的情況。

不同設備完成互聯

如今有很多的設備可以監測我們的健康和生活。不管是智能燈泡還是太陽能板，都是需要人去控制的，在區塊鏈上可以實現相應的控制。

擺脫對大平台的依賴

因為平台是主流的形式，人們在平台上開發新的應用。擁抱新的平台可以摒棄舊的平台，像是銀行系統，或是亞馬遜的服務。我們可以通過一些新的平台來開發應用。

奪回用戶的數位資產

大數據是現在的熱門關鍵字，它也是新時代愈來愈重要的資產，甚至比石油更有價值。在數位經濟下，我們要去思考什麼是基本資產，很多大型公司看似是在做資本化的運轉，但是其實它們最重要的資產是數據。不管是 Google 還是百度，他們所管理的數據的體量都是我們難以想像的。透過過這些數據提供相應的服務。但這些數據並不被我們所擁有，而是在第三方機構手中。這一點令人生疑，因為儘管我們有自己的資料，但是我們把自己的隱私交給了這些管理數據的公司。如果我們把數據拿回來呢？我們可以有一個自己的數位世界，在需要提供數據時，只根據法律的要求給出必要的資訊即可。比如你買杯咖啡，你付錢就行了，而不需要出示身分證。但是如今你需要給出更多本不需要提供的資訊，所以從隱私保護角度來講，區塊鏈也可以助其一臂之力。除了大數據以外，我們也會有更多、質量更高的個人數據。用戶或消費者，他們在達成共識的基礎上提供自己的資料，數據也將被更好地利用。

改變從政治到社會服務

區塊鏈技術可以用於進行政府之間的活動，比如現在有了線上投票，網路已經成為了投票一個重要的參與方式。我們參與到選舉投票中，並且需要確保投給所支持的政黨，且要確保我們的投票是匿名的，投票結果是可以驗證的。但互聯網其實是不太有利於投票的媒介，因為它很多時候會被黑客攻擊，導致投票結果不準確。所以在過去的投票機制並沒有做出非常大的改變。還有其他的領域，比如土地權益、養老金計畫，所有需要被註冊為資產的項目，都可以使用區塊鏈來更好地向公民提供服務。

03 去信任化

人對其他人或某套機制的信任是一稀缺的資源，世上沒有無緣無故的愛與恨，也沒有不計成本的信任。區塊鏈就是去中心化的信任機器，你有沒有懷疑過自己投進選票箱的票是不是真的算數？當你買了一籃子有機蔬菜時，你如何證明它真的是有機蔬菜？你要怎麼確定政府公開的施政數據沒有經過修飾？你如何決定是否相信一個「人」、「事」或「物」。許多人或企業常常把「透明公開」掛在嘴邊，但在利益面前，「透明公開」只是口號，畢竟「資訊不對稱」本來就是商人賺錢的方式。信任成本是社會最大的成本，我們面臨一個很大的問題是信用體系不完善，但這也是機會所在，從無到有，我們在做的過程中，一定是通過模型追蹤打造出來一個完整的信用，這是在促進整個信用體系的發展，區塊鏈的未來可以大幅度降低整個社會的成本。

生活中常見的信任機制：

- 於集體之外的陌生人缺乏認同，更容易產生提防心理。
- 熟人之間更容易信任，熟人的生活圈子彼此心知肚明，增加了雙方的違約成本。
- 電商平台會向商家收取保證金來向消費者提供信任，這種信任是建立在增加了商家的違約成本上的，當然所有的中間人都有失信的風險。

- 重複交易就能增加信任，即使是兩個匿名的交易，在完全匿名的環境下經過多次成功的交易，他們之間也會產生信任。
- 有強力機構的參與，就是威懾性信任，如法律的約束，而國家就是終極的中間人。
- 優秀的產品本身就是信任，優秀的產品自身就會傳達出一種信任。
- 當交易的對手方身後獲得了眾多的社會聲譽資源背書時，會更容易產生信任。
- 規模從眾心理，在相對小的組織，人們更願意相信規模大的組織。

區塊鏈出現之後，我認為：區塊鏈最大的成功在於它降低了信任成本，而實現的方式就是「無需信任」，第三方支付就是基於對彼此的不信任而衍生出來的商機，將來區塊鏈的技術或許是馬雲支付寶的強勁對手，區塊鏈系統中所有節點之間是通過數字簽名技術進行驗證，無需信任也可以進行交易，只要按照系統既定的規則進行，節點之間不能也無法欺騙其它節點，所以它不會像現實的流程中必須要有許多的主管蓋章或是簽名，你得到的資料雖然有許多中間人把關，但是因為信任度不夠你也會質疑資料的正確性，透過區塊鏈的技術就沒有不信任這個問題。

區塊鏈的點對點系統的第一條公理是「別相信任何人」，這句話不應該僅被解釋為「一個人必須不相信任何人」，而應該被理解為「人們可以相信任何人」。正如俄羅斯諺語所說「沒有謊言，就沒有銷售」。訣竅在於，要使謊言變得不易察覺且合乎道德。我們有權尋求「不可信」的解決方案，以航空旅行的碳足跡環境損害補償為例。我們必須信任航空公司，國際民航組織（ICAO），宣傳特定補償計畫的綠色非政府組織，開發和資助減緩碳排放項目的開發商和金融組織，發佈驗證結果的審核機構，認可審計結果並簽發補償信用的項目標準，註冊中心，場外交易經紀人或交易所。我們必須相信所有這些機構並支付費用，這就是制度成本。上述種種機構，都可以被視為一家公司，致力於降低交易成本的公司，直到出現一種更有效的方式。

在不久的將來，交易機器人、神經網絡、AI 將能夠比人類更加有效地處理交易。然而，他們必須首先理解「人」的信任價值，才能制定交易策略，才能使賣方和買方同時獲得比交易價值更多的信任價值。

04 分散式帳本

區塊鏈是一個開放的分散式帳簿，可以有效地記錄雙方之間的交易，以可驗證的，永久的方式。區塊鏈是比特幣和其他加密貨幣的核心技術。如果沒有區塊鏈，加密貨幣就不會以現代形式存在。

什麼是分散式帳本呢？分散式帳本技術是應用在資本市場最重要的區塊鏈技術，該技術可以移除當前市場基礎設施中的效率極低和成本高昂的部分。

分散式帳本技術產生的演算法是一種強大的、具有顛覆性的創新，它有機會變革公共與私營服務的實現方式，並通過廣泛的應用場景去提高生產力。

分散式帳本，從實質上說就是一個可以在多個站點、不同地理位置或者多個機構組成的網路裡進行分享的資產資料庫。在一個網路裡的參與者可以獲得一個唯一、真實帳本的副本。帳本裡的任何改動都會在所有的副本中被反映出來，反應時間會在幾分鐘甚至是幾秒內。在這個帳本裡存儲的資產可以是金融、法律定義上的、實體的或是電子的資產。在這個帳本裡存儲的資產的安全性和準確性是通過公私鑰以及簽名的使用去控制帳本的訪問權，從而實現密碼學基礎上的維護。根據網路中達成共識的規則，帳本中的記錄可以由一個、一些或者是所有參與者共同進行更新。

分散式帳本技術有潛力幫助政府徵稅、發放福利、發行護照、登記土地所有權、保證貨物供應鏈的運行，並從整體上確保政府記錄和服務的正確性。在英國國民健康保險制度（NHS）裡，這項技術通過改善和驗證服務的送達以及根據精確的規則去安全地分享記錄，有潛力改善醫療保健系統。對這些服務的消費者來說，這項技術根據不同的情況，有潛力讓消費者們去控制個人記錄的訪問權並知悉其他機構對其記錄的訪問情況。

分散式帳本技術可以有效地改善當前基礎設施中出現的效率極低成本高昂的問題，而導致當前市場基礎設施成本高的原因可以分為三個：交易費用，維護資本的費用和投保風險費用。在某些情況下，特別是在有高水平的監管和成熟市場基礎設施的地方，分散式帳本技術更有可能會形成一個新的架構，而不是完全代替當前的機構。

在合約、交易和它們的記錄長期以來在我們的現代世界中起著至關重要的作用。我們的法律和政治制度幾乎每一項核心職能都依賴於合約和交易。每天，我們周圍的世界都是由合約和交易控制的。然而，我們記錄這些合約和交易的方式仍然停留在過去。這些關鍵工具沒有跟上數字革命的步伐，在數字世界裡，我們管理和維持行政控制的方式必須改變，這就是為什麼許多公司都在尋求將區塊鏈技術應用到各個行業的原因並有巨大的潛在好處。

分佈式的數字分類帳，它是一個點對點網絡，位於網際網路之上，它擁有一個「權力下放」的特性，這項技術的關鍵特性之一是它是一個分布式資料庫。它是分散的。資料庫存在於多台計算機的多個副本中。這些副本都是一樣的。計算機或節點都是一個點對網絡，這意味著沒有集中的資料庫或伺服器。

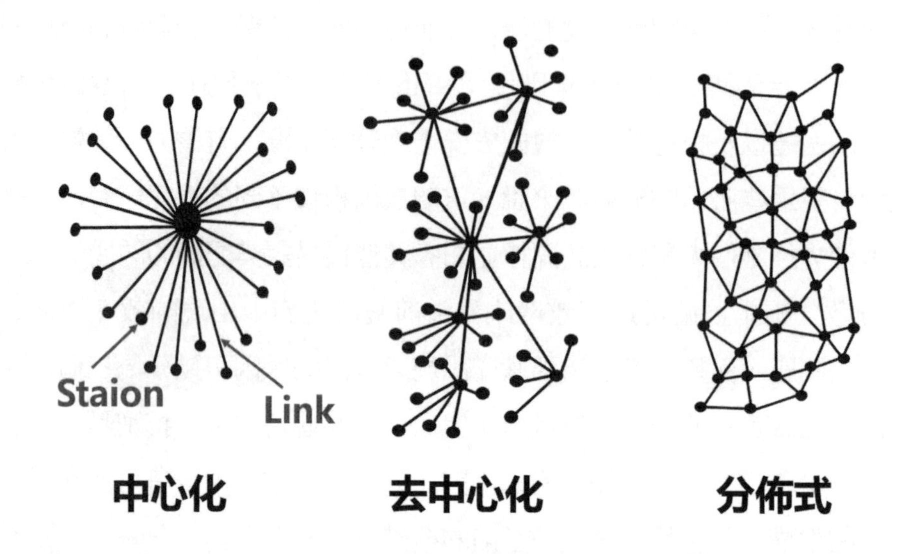

今天，組織維護集中的資料庫和伺服器，所有數據都保存在那裡。這使得這些伺服器成為駭客有利可圖的目標。區塊鏈分散數據並使其公開但加密。許多人認為這使它具有防篡改性能。當在區塊鏈上發生事務時，關於新事務的數據必須發送到網絡上的所有節點。這意味著區塊鏈作為一個「全球分類帳」保持同步。不是有多個相互衝突的分類帳，而是只有一個版本的「真相」。

分散式帳本技術的應用

技術替代

這代表的是當前市場經營者引進區塊鏈技術的有限顛覆性。從技術的角度來看，這是最容易達成的場景，因為如果有任何的市場架構改變，這都是能最快速實施的。從商業的角度來看，這給市場提供最少的節省成本，這可以被看作是進一步進化的墊腳石。

可擴展的帳本

技術代替可以擴展到提供一個可擴展的「智能帳本」，這個場景可以通過行業參與者的合作達成。為主要資本市場基礎設施創建一個完全開放的合作性平台，同時滿足所有適用法規是一個巨大的挑戰，這也不可能在短期之內就能達成。

全新的基礎設施

一個全球中間商、銀行在下一代分散式帳本平台上合作的聯盟，這種場景已經可以通過區塊鏈聯盟實現，這樣的場景還需要許多年才能實現，並且只能一步一步來。

分散式金融模式

分散式帳本技術是一個真正的全球點對點網路，可以代替傳統的資本市場系統，提供這種服務的幾個技術平台已經以某種形式存在了，或者還處在開發中，但是還不清楚這些技術平台是否會給傳統的市場基礎設施帶來挑戰。正如所見，其他點對點技術如比特幣，一定程度地適用法規架構互操作性是讓主流社會接受的關鍵。

05 全球市場

幾乎所有的公司的終極目標就是上櫃上市，從創業到上市之路叫做IPO，其實最終達到了上市的目的，你的公司還是屬於單一的市場，因為每個國家的股票交易所大都只能在該國交易，是屬於單一市場，比如台灣的股票交易市場就只有那麼的一家，叫做「台灣證券交易所」；中國最大的股票交易市場為「上海證券交易所」；美國的四大交易所道瓊工業指數（DJIA）、那斯達克指數（NASDAQ）、標準普爾500指數（S&P 500）、費城半導體指數，這些交易所在當地的國家絕對是最大的交易市場，台灣的台灣證券交易所，裡頭就有許多的公司股票在交易，例如中鋼的股票，但是如果你人在美國就沒辦法買到中鋼股票，我的意思不是說透過網路連線到台灣的證券交易所來購買，而是在當地合法合規的方式來購買，但是有些公司股票是在兩個國家都可以交易，比如台灣積體電路（台積電），它在台灣的股票交易市場可以買入賣出，在美國也有發行台積電的ADR，所以你在美國也可以買到台積電的股票，但是絕大部分的公司都只有單一的市場，這種單一的市場就如同甕中捉鱉，單一國家市場的風險太高，而區塊鏈衍生出來的ICO、IEO、STO則是全世界的市場。

	ICO	IEO	STO
屬性	代幣	代幣	證券
發行成本	低	高	中
上市成本	低	高	中
投資門檻	極低	低	高(未來逐步放寬)
監管力道	弱	中	強
項目風險	高	中	低
資訊透明度	低	中	高
KYC/AML	無	有	有
交易便利性	高	低	中
國際性	極高	高	低(有地緣限制)

ICO、IEO、STO 比較表

這也就是為什麼早期有人說，虛擬貨幣的市場一天猶如股市一年、人間十年，意指虛擬貨幣的一天漲幅可以是股票市場一年的漲幅，更是黃金的十年漲幅，有人就會說虛擬貨幣的漲跌幅太大是因為風險太高所導致，其實並不完全是這樣，我們先思考一下為什麼股票會漲會跌，原因就是供需的關係，在交易市場裡供給比需求來得多價格就會跌，需求比供給來得高，價格就會漲，所以在買賣的過程有兩個關鍵的因素，第一是可以交易的交易所數量，第二是可以交易的時間長短，在台灣大多數在台灣證券交易所裡頭的股票，都只能在台灣證券交易所裡頭交易，全世界想要買中鋼的股票，也只能到台灣證券交易所來買賣，全世界也就這麼一個交易所可以買賣中鋼股票。而虛擬貨幣幾乎在每個國家都有虛擬貨幣交易所，有的國家還不只一家甚至有超過五家以上的比比皆是，加上交易的時間比起股票交易市場的時間至少 6 倍以上，台灣股市現況集中市場交易時間為星期一至星期五，撮合成交時間為 9：00 至 13：30，也就只有四個半小時；星期六日休息；例假日也休息；碰到了颱風天也得休息，所以在這些因素影響下，虛擬貨幣的漲幅自然遠比股票交易市場來得大，但是這何嘗不是一個好處，因為要在股票市場上面獲益，必然是要股票的漲跌幅過大才有利可圖，所以將來所有的上市公司，應該都會傾向於區塊鏈的上市模式，但是法規始終落後於技術之後，現行區塊鏈上市的模式全世界也不過就那幾家，實在還有一段長遠的道路要走。

06 天生具有支付使命

區塊鏈整合支付、跨境、消費，數位貨幣「支付產業」，區塊鏈衍生的數字加密貨幣早期是 Coin（代幣模式）而現在則演進為 Token（通證模式），不論是代幣模式或是通證模式都具有一個價值轉移的原始特性，數字貨幣發展不過短短幾年時間，已經賦能許多產業，在過去因為法律、技術、信任等等無法解決的問題，現在透過區塊鏈技術的特性反而能輕而易舉地解決。

相信在不久的將來，市場上所有的上櫃上市公司的股票，這些股票都會演進成為 Token，只要股票演進成為 Token，那這樣股票的流通就不僅僅局限於交易所。

例如台灣王品集團的股票，在未來演進成為 Token，假設那時候的股價一張為一萬台幣，也就是一千股的股票價值一萬台幣，一股價值 10 塊台幣。若你擁有一張台塑王品集團的股票，你帶朋友去王品牛排用餐，總花費為三千元台幣，就目前來說你是無法用台塑王品集團的股票來支付餐費，總不能把股票撕下 3/10 張給牛排店，但是如果未來股票變成 Token 後，這樣的場景即將發生，你在台塑牛排享用完價值三千元的餐點後，你可以直接把王品集團的 Token 轉 300 顆給牛排店，所以在將來所有公司的股票都可以廣泛地流通。

還有跨境電商的問題，現在你很難去其他國家的網路商城購買商品，除了運送問題之外，還有一個非常棘手的問題，就是如何支付金錢，因為每個國家都有每個國家不同的法幣。

基於區塊鏈衍生出來的虛擬貨幣就可以解決這方面的問題，在目前已經有所謂的穩定幣可以做到便利的跨國匯款，不僅時間非常快速，要不到一分鐘就能到帳，手續費相對來說也非常便宜，目前的穩定幣有非常多種規格，可以說是百花齊放的年代，穩定幣在新冠肺炎爆發的年代，已經晉升為全世界四大虛擬貨幣之一，並且後續持續看好，也有許多公司打算發行自己的穩定幣，甚至於全世界很多的國家也要發行屬於自己的國家虛擬貨幣。

近期連世界知名的第三方支付公司 PayPal，也宣布將支援虛擬貨幣支付，PayPal 初期將支援比特幣、以太幣、比特幣現金、萊特幣等四種虛擬貨幣，而且對商家直接支援「虛擬貨幣結算」，不用再把自己的虛擬貨幣轉成美元就能消費！ PayPal 將開始為每個美國帳戶都支援虛擬貨幣買賣、儲存功能！不只如此，他們還計畫從明年年初開始，與子公司 Venmo 一起向全球使用者支援虛擬貨幣之服務。

PayPal 目前擁有超過 3.46 億名活躍帳戶，其中 2600 萬是公司商用帳戶，如果服務如期上線，有可能讓 PayPal 一口氣成為全球最主要的虛擬貨幣交易所之一，同時進一步加速大眾使用虛擬貨幣的普及性。PayPal 初期將支援比特幣、以太幣、比特幣現金、萊特幣等四種虛擬貨幣，而且對商家直接支援「虛擬貨幣結算」，所有交易將依照法定貨幣跟虛擬貨幣當下的 PayPal 匯率結帳，意味著消費者不用再把自己的虛擬貨幣轉成美元才能消費。

但跟平常我們熟知的虛擬貨幣交易所不太一樣的是，PayPal 目前僅限消費者在自己的平台上購買虛擬貨幣，並不支援其他第三方的虛擬貨幣錢包轉帳至 PayPal 帳戶裡。

 產業現狀與發展趨勢

 支付產業體系

在傳統支付產業中，支付體系主要由商業銀行、清算機構（Card Network）、第三方支付機構（Gateway）、商戶和用戶等共同構成。其中，商業銀行往往佔據著主導地位，在跨境結算、金融貿易等方面具有絕對的統治優勢；而隨著互聯網和移動支付的發展，數據、流量、用戶體驗的重要性愈加突顯。作為連接商戶與用戶的支付中介，非金融背景的中心化的第三方支付機構業務規模日益壯大，目前已形成較為固定的競爭格局。商業銀行依靠傳統的金融定位和專業化的資金管理能力持續優化自身支付業務，而支付巨頭企業坐擁龐大的流量，不斷鞏固產業地位，完善業務類型，二者互相合作，發展出成熟的支付生態。

	中國	美國
商業銀行	中国银行 BANK OF CHINA 中国工商银行 中国农业银行 中国建设银行 China Constructiom Bank	BARCLAYS BANK OF AMERICA CHASE
清算機構	UnionPay 银联 中国银联 China UnionPay 网联清算有限公司	VISA mastercard
第三方支付機構	支付宝 ALIPAY 微信支付	PayPal worldpay

商業銀行、清算機構、第三方支付機構共同構成完整的支付體系。第三方支付機構通過為商戶提供收款服務，為用戶提供支付服務將二者進行連接，獲得的交易資訊和資金流傳遞至清結算機構處理。清算機構連接多個商業銀行，對交易資訊進行驗證並對資金進行結算。

而銀行除了通過清算機構與第三方支付機構連接，獲得來自第三方機構的資金流，也直接為開戶的用戶和企業提供資金服務。其他服務商則對由商業銀行、清算機構、第三方支付機構構成的支付體系提供軟硬體支援等服務。

支付產業整體發展

「隨著科技的發展，由銀行和金融機構作為主導的傳統支付產業湧現出來自科技領域的挑戰者。」科技的發展使傳統支付產業經歷了去現金的改造，電子商務的興起不但瓜分了傳統的線下銷售市場，也為互聯網支付的快速發展提供了強有力的基礎。銀行作為傳統的金融機構，雖然由於自身健全的體系、規範化的業務流程、和規模化的客戶量等長年累積優勢，仍然在跨境結算和國際貿易等方面的交易中具備絕對的市場統治性，但其在銜接用戶和商戶及對二者的關係管理上缺乏充分的靈活性。與此同時，科技公司、社交平台擁有海量的數據和流量，適合於為用戶和商戶之間提供端對端的連接。而用戶對於支付便捷性和支付速度的要求，更為科技公司在支付產業的發展提供機會。

目前，市場上包括支付寶、Paypal、微信支付等在內的第三方支付巨頭均為科技背景，在某些國家，第三方支付機構已取代銀行，成為大眾日常支付、轉帳的首選。

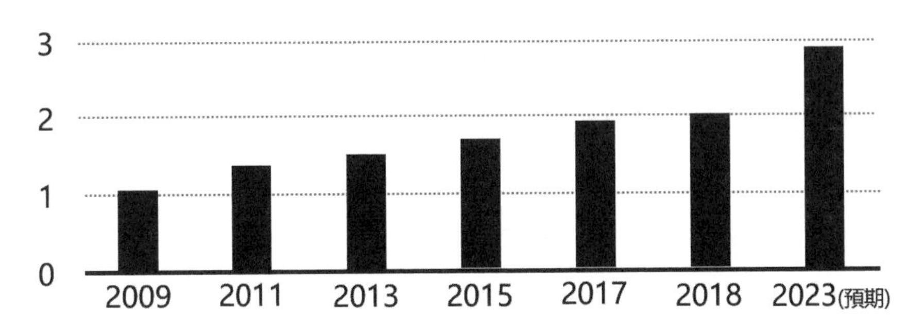

全球支付市場成長

產業痛點

支付產業發展至今，受制於科技發展水準和較為固定的商業模式，存在著明確的產業痛點。傳統支付生態圈內中間環節過多，中心化巨頭壟斷市場，導致了規則不透明、效率低下和支付成本高等等問題。現有支付體系在中心化巨頭主導的遊戲規則中革新緩慢，日漸飽和的市場也使得整個產業的發展遇到一定瓶頸，極需新的技術推動產業的改革。

而區塊鏈技術的出現，為支付產業現存的痛點和問題提供了解決思路，其去中心化、去信任、可溯源等特點使其不但能夠從技術角度提高支付產業的服務效率，同時也使更為開放透明的產業環境成為可能。區塊鏈在支付產業的發展，使得產業內湧現出一批新的玩家，或將改變產業整體格局。

a. 交易手續費高

傳統支付產業，中心化支付機構通常向商家收取較高的手續費，而手續費成本最終被轉嫁給用戶。刷卡手續費包含了由銀行收取的發卡行服務費、由清算機構收取的銀行卡清算組織網路服務費和由第三方支付機構收取的收單服務費，經過銀行、清算組織、支付公司多重的費用收取，給商家和用戶造成了額外的負擔。

如下表所示，除中國市場主流的中國銀聯外，其它包括 Visa、MasterCard、Discover 等在內的主流支付網路均收取 1%～3%不等的服務費。

機構	信用卡刷卡費
VISA	1.43%~2.4%
mastercard	1.55%~2.6%
UnionPay 银联 中国银联 China UnionPay	0.0325%

b. 不同支付系統難以橫跨

由於不同的支付機構之間存在競爭關係，各支付網路間互操作性低，不同國家間的支付網路更是難以實現互通。例如，用戶無法直接將資金從支付寶轉移至微信錢包，只能先將資金從支付寶提現至銀行卡，再充值至微信，而此過程中通常存在一定的手續費；此外，用戶若想把資金從 Paypal 轉移至支付寶，更需要經過多重中間機構，付出極高的成本。

c. 跨境交易效率低效且成本高

通過銀行和 SWIFT 結算系統處理的跨境交易存在處理時間過長、手續費成本高、匯率兌換損失等問題。這不僅給個人的跨境資金轉移造成困擾，也為跨國企業的海外收益回籠造成困難。同時，用戶在機構執行外匯購買和兌換時，往往會被收取和市場匯率偏離、不利於用戶的匯率，造成不小的損失。

d. 安全性和隱私問題

安全性和隱私問題一直是中心化機構備受詬病的方面。一方面，用戶在日常使用銀行卡時常常遭遇銀行卡被盜刷，單個國家或地區一年欺詐交易額可達上億美金。根據刑事警察局統計，2020 年的詐騙案件類別當中，民眾損失金額總累積高達 16 億多元。另一方面，用戶資訊隱私嚴重依賴中心化機構的信用，用戶缺乏對自身資訊的掌控，導致資訊隱私問題頻頻發生，產業內更是屢屢被曝光銀行販賣用戶資訊的醜聞。

區塊鏈解決方案

區塊鏈技術的潛力和能給支付產業帶來的變革，激發從業者推進區塊鏈在產業中的應用。

目前，銀行等中心化支付機構已紛紛開始探索區塊鏈技術來對自身支付業務的升級改造；同時，產業內不斷湧現出 Ripple、Stellar、PundiX、Alchemy Pay 等區塊鏈支付項目，致力於提高交易速度，降低交易成本，消除傳統支付交易中繁瑣的中間程序。數位資產的使用也創造出了數位資產的支付和轉帳需求。

a. 中心化機構的區塊鏈改造

支付產業中的中心化機構正不斷對區塊鏈進行探索和應用，以期解決現存的產業痛點。因在國際貿易方面有著較強的應用場景和優化必要，對於區塊鏈的探索和應用主要體現在跨境商貿支付方面。總體而言，各大中心化支付機構在對使用區塊鏈技術對自身系統進行改造，建立更加高效的支付平台，以及加入區塊鏈生態上態度較為開放；而由於政策、市場等原因，對於數位資產在支付方面規模化普及的推進則相對保守。

機構	區塊鏈應用
SWIFT	進行分佈式帳本技術的研發，探索行業標準規範的製定
mastercard	和區塊鏈公司R3合作，共建區塊鏈賦能的跨境B2B支付平台
VISA	Visa採用區塊鏈技術，推出Visa B2B Connect，旨在簡化B2B支付流程
UBS	UBS上線區塊鏈貿易融資平台we.trade
中国银行 BANK OF CHINA	自主研發區塊鏈跨境支付系統，賦能國際匯款業務

b. 區塊鏈項目概覽

區塊鏈支付項目主要採用區塊鏈技術和數位資產對現有的支付效率和安全性進行優化，降低支付成本。在市場上湧現出許多的支付項目中不乏優質項目，據 TokenInsight 對數位資產市場市值排名前 100 的項目進行統計，其中支付類項目（含穩定幣）共計 16 個。

由於目前市場上許多支付類項目業務較為多元，且部分項目仍在發展當中，商業模式和發展重心可能發生改變，產業尚未有明確分類；但根據項目的主要應用場景和最常使用的功能，還是能為項目劃分出幾個領域。

除穩定幣外，市場上的支付類項目大多以解決支付產業現存的問題、普及數位資產的使用、構建更開放的支付生態作為願景和目標。在提高支付效率和降低成本方面，多數項目強調全球交易的即時實現和低廉或無交易成本；針對不同支付網路間互通性低的問題，部分項目提出了整合支付的概念，支持接入不同的現有的支付基礎設施，同時提供多樣化的幣種選擇。

　　而在安全性和隱私性方面，由於區塊鏈項目採取分散式帳本技術，中心化的安全和隱私隱患對區塊鏈項目並不構成威脅。然而，目前區塊鏈技術尚未發展成熟，距離實現大規模的商業應用還存在距離，也存在本身的安全問題。支付類項目在支付應用場景、技術基礎設施等方面仍有待完善。

　　穩定幣作為連接法幣和數位資產的橋樑，自推出起，市場對其的需求便不斷擴張，發展出大量包括 USDT、USDC、PAX、BUSD、TUSD 等較為成熟的項目。

　　目前穩定幣項目的分類較為明確，主要有法幣抵押、數位資產抵押兩類。穩定幣具備儲值、理財、支付等功能和豐富的應用場景，由於自身的低波動特性、支付功能和大量的使用被其它支付項目兼容。由於穩定幣項目自成體系，不便與其它支付類項目做直接的對比分析。而除穩定幣外，產業內還存在許多其它優質項目，如下表所示：

項目	簡介
Alchemy Pay	數字資產支付解決方案和技術提供商，為線上和線下商戶提供數字資產和法幣聚合的支付解決方案。 通過搭建混合收單生態圈並整合多幣種清結算通道，推進數字資產的日常使用。 產品形態包括數字資產POS、數字資產支付網關和支付SDK。
bitpay	BitPay是比特幣支付服務提供商，為商家提供比特幣和比特幣現金支付處理服務；此外，BitPay還上線了BitPay錢包和BitPay Card，幫助用戶存儲和消費比特幣。
coti	COTI是服務企業的金融科技平台和支付網絡，幫助各公司構建自己的支付解決方案和數字化任何貨幣。 其支付產品包括處理線上和線下支付的COTiPay、商家組成的全球支付網絡和跨境匯款解決方案。
	實現即時確認大規模交易的支付網絡。 主要產品有MCO Visa卡和Crypto.com Appo MCO Visa卡使數字資產能夠在現實生活中使用；Crypto.comApp則致力於數字資產的購買、交易、和轉帳。
flexa	服務於線上和線下商務應用的快速、防欺詐的支付網絡，為商戶提供低廉、防欺詐的交易，也為用戶提供自主的數字資產支付選擇。
	零交易手續費的分佈式數字資產，提供瞬時的交易速度和無限的可擴展性。Nano致力於使交易雙方無需通過可信第三方進行交易。
OMG	OMG NETWORK 實現以太坊上價值轉移的Layer-2支付協議，允許去中心化的可擴展的支付應用在其網絡上的開發。 幫助企業跨境、跨資產 類別、跨應用地轉移價值。
	通過連接線下POS設備，成為全球最大的線下數字資產銷售網路，實現數字資產在零售消費的使用。 支付產品包括兼容法幣和數字資產的Pundi卡和支持POS設備功能的PundiX平台。
	Ripple致力於解決跨境支付領域現存的問題，為金融機構提供按需流動性。 XRP為XRP Ledger區塊鏈技術的原生代幣，專為支付設計，無需通過中心化中介傳遞,即可實現兩種不同貨幣間的連接。 而XRP Ledger可使交易在3-5秒內完成。
	Stellar存儲和轉移資金的開放網絡，服務於跨境支付領域，實現包括美元、比索、比特幣等任何貨幣在其網絡上的數字化創造和交易。原生代幣lumen用於賬戶的初始化創立和交易的執行。

07 實現價值傳遞及價值儲存

先來談談價值是什麼？

巴比特的創始人長鋏曾經說過：「區塊鏈的邏輯可能跟互聯網不僅是平行世界，他們是鏡像關係。」所謂鏡像，指的就是對比的關係，但是互聯網和區塊鏈之間的對比，就是互聯網是做「信息的傳輸協議」，而區塊鏈是做價值的傳輸協議。例如你在 Line 上面發一個 9 的訊息，或是在網路銀行的 APP 上進行轉帳，轉帳成功後發個訊息給收款方，以上的動作就是發送訊息而以並不是價值，在 Line 上傳送數字 9 並沒有包含任何價值這點容易理解，但是有人會覺得 APP 的銀行轉帳不就是價值傳遞嗎？其實不然，因為真正真價值傳遞的是銀行，訊息只是告知你轉帳成功，這種價值傳遞的方式屬於中心化，傳遞的成本高、效率又慢，又只能僅僅侷限在錢方面的價值傳遞，要傳遞其他資產就難了。

而區塊鏈的價值傳遞與銀行最大的不同就是一個是中心化，區塊鏈則是去中心化的價值傳遞，在未來通過區塊鏈結合 NFT（非同質化帶幣）可以傳遞的價值會非常的多元化，例如車子、房產、骨董名畫、數位資產等等。

更進一步說，互聯網實現了信息的高效傳輸，區塊鏈則實現了價值的量化互聯。那麼，什麼是價值呢？

在維基百科上，「價值」是這麼說的：價值就是泛指客體對於主體表現出來的正面意義和有用性。可視為是能夠公正且適當反應商品、服務或金錢等值的總額。在經濟學中，價值是商品的一個重要性質，它代表該商品在交換中能夠交換得到其他商品的多少，價值通常通過貨幣來衡量，成為價格。這種觀點中的價值，其實是交換價值的表現。在人類文明的歷史長河中，有兩樣東西的誕生具有極為特殊的地位，它們就是文字與貨幣。文字的出現使得人類能在精神層面進行交流和傳承；而貨幣的出現，則讓人類在物質層面做到這一點。

最早大約在八千年以前，實物貨幣時代，交易活動都是在親戚朋友之間進行的，大家以物易物都很開心，這個時候還沒有金錢、貨幣的概念。隨著城市和國家的興起，交通基礎設施不斷完善，人們逐漸走向專業化的路線。人們開始跟其他部落或國家的人進行交易，可是傳統的以物易物的效率太低了。所以大家琢磨著用可分割、且稀有的東西作為一般等價物，比如黃金、白銀。再把其他物品和黃金、白銀的重量關係編制成一張價格表。就使每一筆款項的價值達成共識，並建立一個信任和善意的基本製度，以確保貨幣在實物商品方面得到兌現。為什麼選擇黃金、白銀作為一般等價物呢？因為：

1. 黃金、白銀的物理化學性質穩定，不容易腐蝕。
2. 相對容易切割。
3. 天然稀缺，開採需要一定的工作量。
4. 分佈在全球各地，只有全世界的人們認可了這個東西，它才能流通。

可是將黃金、白銀作為金錢也是有其缺點的，比如開採和冶煉費時費力、存在損耗等。之後就出現了紙幣，人們用硬幣和紙幣來替代黃金、白銀，同時把金錢的概念置換成了貨幣。紙幣不能拿來吃，也不能用來做裝飾品，其本身是不具有價值的，它是由國家或某些地區發行並強制使用的價值符號。隨著人們手上的紙幣越來越多，自己屋裡都放不下的時候，有人建立一個第三方的中介機構，並告知大家，可以把錢放在這裡，然後用數字幫助大家記帳，於是銀行就出現了。所以本著對銀行和政府的信任，人們把錢存到了銀行。同時，金錢就變成了銀行帳本上的一串數字。那貨幣的本質是什麼？

在 1903 年時，一位年輕的美國冒險家威廉・亨利・福內斯三世，來到了太平洋上的一座雅浦小島，並在島上生活了兩個月。在這期間，他發現了一個很有趣的現象：這個島上只有三種商品：魚、椰子和海參。既然只有這三種商品，那就不需要貨幣。可實際上，雅浦島卻有著非常先進的貨幣和清算體系。在雅浦島上的貨幣叫「費幣（Fei）」，是一種又大又厚的石輪。這些石輪（石幣）的直徑從 1 到 12 英寸不等，中間還有一個孔洞，人們可以在孔中插入一根桿子來搬運。

費幣（Fei）

這些石幣在雅浦島上是沒有的，島上的居民需要乘船到 400 英里之外，盛產石灰岩的島嶼上，尋找這些巨大的石幣。把它們推到竹筏上，然後運回雅浦島。在居民浪費大量的人力物力，挖掘並搬運這些石幣之後，石幣的旅程就算是結束了。而磨好的石幣被放到一個傳統的地方，然後人們就可以開始交易了。交易的時候，居民並不需要將這些笨重的石幣搬來搬去，而是交易雙方公開地大聲宣布：某個石幣現在是屬於某個人了。順便在石幣上面作標記，表示所有權已經轉手（如同比特幣的廣播交易和記帳一樣），然後石幣還是待在原來的地方不動。其實，雅浦島上每一戶的家門口，都會把自己擁有的石幣排列開來。如果你家的某塊石幣，因為交換而轉讓給了別人。後者不用搬走石幣，仍然可以放在老地方。因為大家相互信任。

村子裡有這麼一家人，他們家很有錢，別人也相信他們家很有錢，然而沒有一個人見過他們家的財富。他們家的財富就是一塊世世代代口頭傳下來的巨大石幣。而這塊石幣在運輸的過程中不小心沉入了大海裡，後輩們都沒看過，但是大家都相信這是真實的，至於這塊巨大的石幣是不是真的具體存在過，大家從來沒有懷疑過。

1991 年，79 歲的米爾頓・費里德曼（美國當代經濟學家，著有《貨幣的禍害》）同樣對雅浦島有著很高的評價。他認為：貨幣的本質並不是信用，而是「共識」。貨幣甚至可以沒有實體存在，只要達成了共識，就算看不見摸不著沉在深海裡的石幣，也可以繼續流通使用。關於貨幣的未來，他還預言：「這種貨幣有無數的物質形式，可以是石頭、羽毛、煙草、貝殼，還可以是金、銀、銅或紙張或帳簿。誰會知道未來的貨幣會是什麼樣子的呢？會是電腦的一段程式嗎？ 」從今天來看，費里德曼的預言是正確的，貨幣正在變成電腦的一段程式。

實際上，上面的這個故事並沒有明確回答「貨幣的本質是什麼？」這個問題。而從經濟思想史上來看，對貨幣本質有兩條思路：一個是貨幣「金屬論」；另一個是貨幣「名目論」。

貨幣名目論

產生於紙幣流通條件下，認為貨幣只是一種名目上存在的價值符號，貨幣的價值是由國家規定的。

貨幣金屬論

產生於金屬貨幣流通條件下，認為貨幣天然是貴金屬，天然是財富。

在 1971 年，布列敦森林體系（金本位）崩潰後，美元以及絕大多數國家的貨幣都與黃金脫鉤，當代西方經濟學家也都傾向於名目主義的貨幣本質觀。但是，隨著進一步的研究發現，問題已經不再是金屬論與名目論之爭，而是「商品貨幣觀」和「貨幣債務起源說」之差。目前，世界上最新的理論認為「貨幣源於債」。貨幣本質上是一種信用，一種支付承諾，用現代經濟學的話來說是一種「債務支付契約」，國家的貨幣發行（法幣），從發行初始到現在實際上都是「欠債」。比如：

在每張美元的鈔票的正面上都明確標識出來：「This note is legal tender for all debts, public and private.」

在每一張英鎊的鈔票的正面，也明確標識著英國女王的承諾：「I promise to pay the bearer on demand the sum of XX Pounds.」

而到了 20 世紀 80 年代，由於網絡技術的快速發展，貨幣越來越數字化，市場上使用紙幣的人也越來越少。當貨幣變成銀行卡或電腦手機裡的數據，像貨幣的本質是什麼這樣的問題也就越來越難回答。因為對貨幣本質的回答千差萬別，所以，當我們討論比特幣是否能夠可以成為貨幣時，答案往往取決於討論者所信賴的理論基礎。

區塊鏈的價值傳遞

把價值這個抽象的概念等同於貨幣其實是錯誤的，準確地說，貨幣是價值的載體之一。當價值以貨幣的形式體現的時候，那就是價格，而這個時候的價值嚴格來說是交換價值（按照馬克思主義政治經濟學的觀點，價值可分為使用價值「能夠滿足人們某種需要的屬性」和交換價值「使用價值交換的量」）。而能夠體現使用或交換價值的東西絕不僅僅只有貨幣而已，股權、債券、產權、版權、公證、合約、投票這些資產都能體現價值。

另外，狹義來講，區塊鏈是一種按照時間順序將數據區塊以順序相連的方式組合成的一種鏈式數據結構，並以密碼學方式保證不可篡改和不可偽造的分佈式帳本。

既然作為一個記帳系統，區塊鏈不僅可以記錄數字形式的貨幣，也可以記錄用數字定義的其他任何資產。換言之，除了數字貨幣，區塊鏈還可以承載剛剛說到的股權、債券、產權等可用數字形式及進行價值存儲或轉移的任何事物。

毫無疑問，數字貨幣是目前區塊鏈創造的使用最廣泛，同時也是最受認可的一類應用。而基於區塊鏈技術的非貨幣形式的價值載體還在孕育之中。我們有理由相信，隨著區塊鏈技術的發展和相關基礎設施的完善，區塊鏈能承載的價值範圍會不斷擴大，區塊鏈未來的潛力將不可限量。

區塊鏈的價值儲存

2020 全世界人口有 78 億，其中的 17 億人，他們還不再目前的金融體系內，他們是沒有銀行帳戶的，因為他們國家以及他個人，因為貧富差距程度等等的問題，就是沒有銀行帳戶，你給他 100 美金，他還不知道要存放到哪裡，也許只能挖個洞埋起來。

但是在這個 17 億人口裡面，有 10 億人是有手機的，也就是說這 10 億用戶他們沒有銀行帳戶，但是因為有手機的關係，也意味著他們可以直接跳過銀行這一步，不用成為銀行的客戶，直接就可以在手機上下載電子錢包，這樣子就能為 10 億用戶實現價值儲存，進而實現價值傳遞，這樣就可以完全不需要銀行了。

有時候一些落後的國家他們國家的信任還可以，但是沒有先進的互聯網支付工具（支付寶、微信支付、LINE 支付、街口支付等等），很多國家都沒有那麼先進的支付工具，那這些國家就可以直接使用數位貨幣，所以區塊鏈實現了許多落後國家沒有設立銀行，而造成的價值傳遞以及價值儲存的問題，有了價值傳遞和價值儲存也就可以開始從事電商的生意，最重要的價值儲存及傳遞的安全性也是相當高，畢竟在一些落後的國家，甚至連銀行都不值得相信。

08 跳脫傳統眾籌新模式

IPO（Initial Public Offerings）首次公開募股到 ICO（Initial Coin Offering）首次代幣發行再到升級後的 STO（Security Token Offer）證券型通證發行，如今的世代變遷十分快速，從以前每十年時代趨勢一大變遷，到後來的每五年時代趨勢一大變遷，直到現在時代趨勢一年、半年就大變遷的年代，現在大部分上市的公司，都是透過 IPO 的流程管道一步步地挺進交易市場，許多專家、學者都認為，再過五年後所有的股票市場都可能消失，所有上櫃上市公司的股權投資都會變成虛擬貨幣的交易市場，所有的公司都會用 STO 的方式來上櫃上市。

目前 2019 年正是從 ICO 轉化成 STO 的黃金年代，2019 前一兩年的 ICO 是天之驕子，現在變成慘劇中的慘劇，就是「ICO」莫屬了；作為一種使用代幣發行、全新概念的集資方式，ICO 從點石成金的天之驕子、到人人喊打的過街老鼠，也就幾個月的時間而已，其無視監管的特性讓集資的成本大幅降低，卻也成為詐騙吸金的天堂，2017 年初引燃的這場投機狂潮，也在燒盡投資人的信心後，將市場推入資本的寒冬。STO 以救世主姿態引領下波熱潮，雖說幣價低迷，不過「加密貨幣與區塊鏈」這項議題的能見度有顯著提升，對未來的看法眾說紛紜，其中「ICO 已死」是少數不多的共識，這時以合法合規為核心概念的「STO」，被期望能讓投資者重拾信心，以救世主姿態引領下一波熱潮出現。

縱觀企業的募資方式，從公開發行股票的 IPO，到去年火熱的代幣發行募資 ICO，再到當前不斷被人提到的一種新型證券化通證 STO，可謂在不斷推陳出新。雖說 ICO 在各國呈嚴管趨勢，但仍有像百慕達政府通過首個 ICO 項目融資的可行案例，這無疑給很多在觀望的國家開了個頭。同時，又有報導稱美國那斯達克旨在推出通證化證券平台，與某企業達成合作。一方面似乎是 ICO 的破局，一方面又像是 STO 要入局，這兩種方式有可能再次成為引爆方式嗎？

ICO 的現狀與前景，在 2017 年以以太坊為引爆點，很多項目憑藉發行代幣短短時間內籌集上百萬資金。但隨著不負責的項目方進場，一邊圈錢，一邊跑路，導致空氣幣歸零，投資者被騙，幣圈亂象橫生時，各個國家開始著手禁止或管控 ICO。而 ICO 帶來的亂象，恰恰反應出沒有任何的管控和條件的金融市場，是很容易出問題的，畢竟企業趨利，人的本性也是貪婪的。很多人猜測 ICO 會不會是暫時嚴管，後期是否會開放？個人看來，單純像之前的 ICO 模式是不可能的，因為我們已經走過一些彎路，得到一些教訓了。但若有一套監管體系，即受一定條件約束的 ICO 還是有可能出現的。事實上，唯有管控，才是一個行業開始走上正軌的跡象。就像一個有家的小孩，在各種家教下良好成長，野孩子倒是自由，但野蠻成長的往往成不了社會主流分子。

STO（Security Token Offer）指的是證券型通證發行。簡單理解就是把證券當做 Token 來發行。證券常指企業的股權、債券、基金、黃金或珠寶等資產；而 Token 是可流通的加密數字權益憑證，具有股權＋貨幣＋物權的屬性。從定義上看，Token 實際本身就可以作為證券的證明，對於 Token 為載體的證券發行，本就是可以對等的方式，換句話說，其實這種方式早就存在，不過是現在人們給它起了個名字 STO。

監管	投資難度	權益	應用場景	風險
IPO (嚴格監管)	只對部分投資人，一般人難以進入	股權	傳統資產	較低
ICO (超弱監管)	零投資門檻、只需稍懂網路操作	實用權	虛擬資產	超高
STO (一定程度監管)	有專業性，也接受一般人投資	股權+實用權	傳統+虛擬	中等

STO 與傳統 IPO 有什麼不同？

IPO 是單純的首次公開發行股票，投資者買到股票後就持有股權，享受股息和分紅紅利；IPO 發行時對於企業各方面要求很高，且審核流程繁瑣、時間也較長，門檻較高；面向受眾大多為專業投資人。STO 作為代表證券的 Token 發行，投資者持有 Token 就持有股權、物權，甚至還有數字貨幣的權利。持有 Token，相當於你持有項目背後的一定比例資產，數字貨幣也可以在項目資產中進行流通；STO 也需要國家的監管，但沒有 IPO 嚴格；受眾人為廣大群眾。可以看出 STO 就像是 ICO 與 IPO 的一種折衷，既受到一定程度監管，又可以使證券實通證化，使流通方式更靈活，降低項目方的募資門檻。

STO 和受監管的 ICO 的共通處乍看 STO，似乎是一種新型募資的完美方式，但真的是這樣嗎？其實仔細想想，受監管的 ICO 似乎和 STO 並無多大區別。當國家出台相關政策明確對 ICO 做了指示後，此時的 ICO 就多了一種條件，發行之前，國家需要對其項目團隊、資產等作出評估，條件通過後，允許發行，這不也是另一種形式的 STO 嗎？因此，無論是受監管後的 ICO 是否能繼續，還是 STO 會入局，實際上都是多了國家的管控，對項目方的准入門檻抬高了些。但無論是哪種得到推廣，對想要做實事的企業都是一種利好，且對沒有太多投資經驗的老百姓來說，也少了一道風險。但目前來看，雖然有一、兩個國家陸續對某些企業通過 ICO 和 STO 宣告許可，但大多數國家還未曾給出明確的態度，或者說沒有製訂一套完善的監管機制，所以我們還需要靜觀其變。但若要想企業的新型融資方式再次入場，沒有國家管控的前提下，一定是不能永久存在的。

一個新事物或許是偶然事件的催發，不受控制，毫無準備中突然崛起，但要想長期良性運轉下去，必定要有一套運行的規則。對於金融領域，更是如此，唯有各國製訂明確的監管制度，才能知道哪條路能走，哪條道不能越。就像李笑來說：「法治這件事情對區塊鏈的發展尤為重要。因為如果沒有法律制定說什麼可以做，什麼不可以做，那麼就會出現很多的混亂，對行業的發展是不利的。一旦法治健全了，那麼很多的事情、好事情就會自然發生了。」傳統公司要上市那可是要過五關斬六將，闖過重重的難關才有可能上市，所以大家談到 IPO，大多數人看起來都是個很困難的事情，的確，對於一家企業而言，IPO 是個很繁瑣的過程，也是個艱難的過程，以下用圖表表現簡單的六個階段：

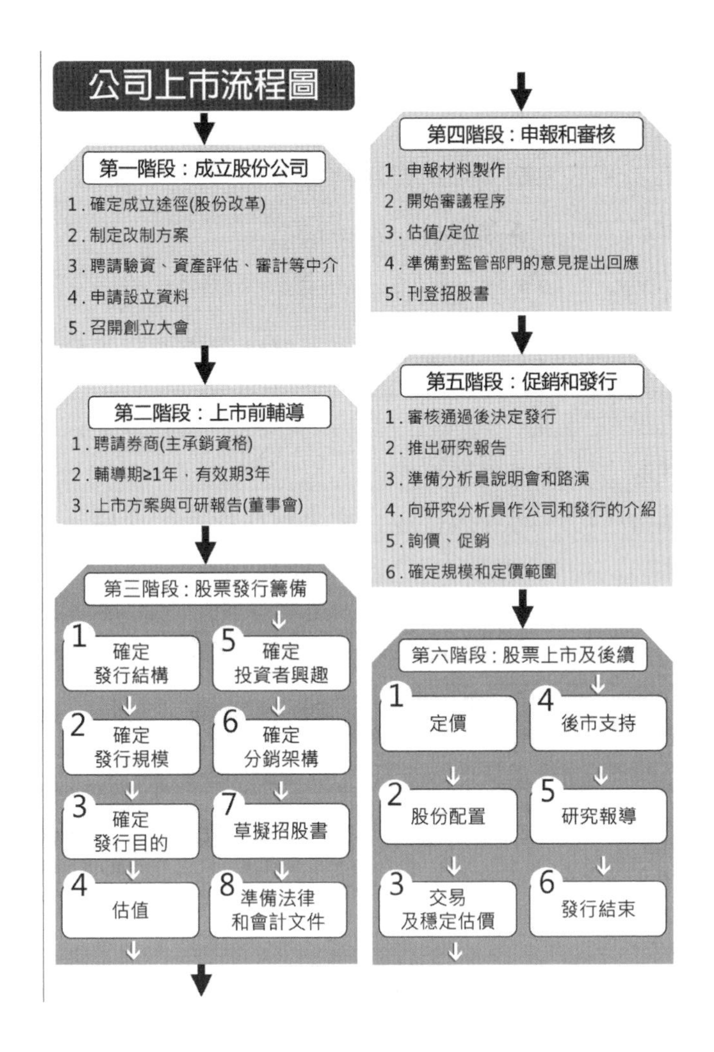

區塊鏈用於資產交易與轉換

貨幣是……

1、交換之中間體：支付來取得產品或服務

2、記帳單位：用來衡量價值

3、儲存的價值：持續維持價值

而加密數字貨幣，或叫虛擬貨幣，透過結合加密機制、賽局理論及經濟學，使得加密數位貨幣符合貨幣的定義與特性。

貨幣應符合以下特性：

- 可轉換的，不同幣別是可互相轉換。
- 可分割的，可以分割成較小單位價值。
- 可接受的，每個人都可以拿來使用在交易行為之中。
- 有限的供應量的，無限量的貨幣終就會造成通貨膨脹，最終持有的貨幣變成廢紙。
- 永久性的，能夠重複被使用而不會消滅。
- 便於攜帶，可以隨身攜帶並且拿來轉移或進行交易。
- 一致性的，相同面額必須具有相同購買力。

代幣發行專案進行步驟

	營運策略	代幣使用與經濟模式設計	詳細計畫	推展銷售	推展業務	發行代幣
具體行為	•瞭解市場前景及產業痛點 •設計與調整營業與營運模式 •成立專案團隊	•設計與調整代幣使用計畫與經濟模式 •銷售計畫 •代幣經濟	•尋找營運與代幣發行的顧問 •針對法律、稅務、會計與計價轉移等議題與顧問討論及確認	•挑選行銷與公關服務公司 •設計銷售策略（目標客群、定價策略等） •設計代幣銷售時程（預售、公開發售）及相關行銷計畫	•法律文件的撰寫與檢視 •帳務計畫與預算 •作業平臺的設計 •治理（管理方式和制度）	
產出	•白皮書 •專案策略 •營運模式	•專案概況/問答集	•律師事務所出具相關檢核意見書 •銀行帳戶開戶作業	•在網路上開始推展 •在設定客群開始推展	•發行銷售文件 •完成KYC及AML程序	

發行 ICO 應關注事項

1、治理與控制

- 明確的流程與程序
- 透明的職責

- 清楚的層級作業架構

2、專案團隊

- 強大的團隊成員
- 團隊成員擅長能力需涵蓋營運到技術

3、ICO 發行

- 預售與公開發售
- 定價策略
- 銷售時程
- 銷售特點

4、白皮書

- 代幣的詳細資料及應用場景
- 願景與發展藍圖
- 創新的科技
- 清楚的治理思維

5、行銷與溝通

- 吸引市場關注專案
- 在公開市場與數位平台上行銷
- 清楚且一致的訊息
- 社群媒體行銷

6、稅務與帳務

- 稅收紀錄及計稅基礎
- 漲物價夠與移轉定價
- 投資人相關稅收紀錄

7、法規監理

- 符合相關監管要求
- 適當的 KYC 及 AML 架構及程序

8、專案計畫

- 明確設定時程表與里程表
- 清楚的執行藍圖
- 團隊成員角色與職責
- 承擔之責任

9、法務

- 確保文件中包含稅務與風險相關條文
- 確保文件反映銷售的性質

區塊鏈的切入機會

The Best Blockchain for Your Business

01 區塊鏈六大賺錢商機

區塊鏈的投資之道，區塊鏈在 2107 年創造了非常大的財富效應，我身邊至少有十幾位朋友，他們從屌絲逆襲成為富豪，用什麼標準定義富豪呢？他們的身價從幾十個億人民幣到幾個億人民幣之間，讓我最吃驚的是這些這些富豪平均的年齡都在 23 歲左右。2018 年我進入一個非常強烈懷疑人生的階段，因為我覺得我能力比他強、長得比他帥、口才比他好，為什麼賺得比他少，所以 2018 年我開始投身區塊鏈行業，我投資了很多比特幣，也買了很多以太幣，不過到 2018 年年底都虧得差不多了（虛擬幣走熊市），這給我一個很大的啟發，就是每一個人的成功一定要做自己最擅長的事，某些人擅長做交易，就能從交易上賺到錢，有些人不擅長做交易，可以通過硬體投資賺到錢，也可以透過做培訓賺到錢，很多人說區塊鏈市場都涼了，虛擬貨幣也都跌那麼慘了，其實我並不認同這個觀點，因為是整個資本市場都不好，不單單是區塊鏈，例如中國的 A 股市場，看過新聞報導的都知道中國 A 股市場大約有 100 多家公司連續爆倉。（所謂爆倉，是指在某些特殊條件下，投資者保證金帳戶中的客戶權益為負值的情形。在市場行情發生較大變化時，如果投資者保證金帳戶中資金的絕大部分都被交易保證金佔用，而且交易方向又與市場走勢相反時，由於保證金交易的槓桿效應，就很容易出現爆倉。如果爆倉導致了虧空且由投資者的原因引起，投資者需要將虧空補足，否則會面臨法律追索。專家表示，爆倉大多與資金管理不當有關。為避免這種情況的發生，需要特別控制好持倉量，合理地進行資金管理，切忌像股票交易中可能出現的滿倉操作；並且與股票交易不同，投資者必須對股指期貨的行情進行即時跟蹤。因此，股指期貨實際上並不適合所有投資者。）

甚至許多幣圈的朋友們接到 A 股上市公司的董事長的電話，董事長向他們借 20 萬人民幣「過年」這就是中國 A 股市場 2018 年的場景，像小米這樣優秀的企業上了港股還跌破發行價，就是俗稱的「破發」，美國那斯達克市場亦是如此，幣圈也是如此，以比特幣和以太幣為首的主流的數字貨幣，在 2017 年底比特幣的價格，接近兩萬元美金（約 60 萬台幣），而現今 2019 年 01 月的價格約三千多美金，以太幣也是如此，從一千多美金到一百多美金。

當初的募資環境是多麼地容易，只要站上台上說你發了一個基於區塊鏈技術的某某幣，然後大量召開說明會活動，你就可以輕輕鬆鬆募資到幾千萬到幾個億台幣，同樣的場景到今天，面對一樣的人、一樣的項目，基本上你站上台到路演結束後是募不到任何錢的，這就是目前的情況。以比特幣和以太幣為首的主流數字貨幣都表現得那麼差，那麼世界上的另外上千種數字貨幣呢？其他的很多數字貨幣基本上都已經歸零了，即便是不歸零你看它每天的交易量都是只有幾十幾百塊美金，同時在區塊鏈的投資市場有一個巨大的特色，就是變化極快，快到讓你還沒熟悉到一個名詞背後的意義就又換另一個名詞了，例如年初大家談 ICO，年中談 IEO，不到年底又變成談 STO，但是「變化」意味著你要大量裁員，變化就意味著你要把你的員工教育一遍，但是重新教育改變之前的觀念是很難的，最簡單的就是把他們開除，重新招一批新的員工教育比較快，所以在區塊鏈創業者是極其不容易的，一間成立一年的區塊鏈公司，就等於傳統行業連續創了三次業，就是因為每天都在變化。那區塊鏈到底是不是一次新的財富成長的時機呢？區塊鏈到底有沒有投資的機會呢？

我們都知道，所謂投資就是要投資未來，我告訴大家「區塊鏈」就是下次財富成長的機會，而區塊鏈的成長機會會體現在幾個方面，最重要的第一點就是區塊鏈的全球化，所謂全球化就是它的參與者都是全球的菁英，這是你在其他行業幾乎看不到的，它的投資人也是來自全球化的資本，很少有一個產業能夠在短短幾個月的時間，獲得全球投資人的聚焦，這在之前不太可能見到的，但是區塊鏈做到了。同時它這個機會不是由一個國家、公司、領導說的算，它意味著一個大的機會也是極大的風險，華道數據的創辦人楊鵬驕，也是當初著名的外交官，當初國家派他到澳大利亞就讀 MBA，畢業回國後創業成立一家華道數據公司，這華道數據公司被哈佛大學列為經典的商業案例，像臉書創辦人馬克・祖克柏等商業菁英們，讀哈佛大學念到領導力課程的時候，都會讀到楊鵬驕的成功案例加上楊鵬驕的微信，所以全世界很多的商業菁英加他的微信。華道數據主要是為中國及世界最大的銀行和保險公司，提供數據的收集及分析服務，華道數據在中國最多有一萬五千多名員工，是中國第一的數據公司，楊鵬驕去中國的各大城市都是省長或市長親自接待，楊鵬驕這個人也極其低調，連楊鵬驕也轉投資區塊鏈，而且全都是用自己的錢，為什麼呢？

因為 2017 年年底到 2018 年年初不到一年的時間，他一共在中國的 A 股市場損失的 20 億人民幣的現金，所以對於他而言投資區塊鏈，拿出幾百千萬人民幣來投資一個項目，他說：「投資十個項目才花一個億」，這對他來說太少了，而且全球化的市場很少有球員兼裁判的情況發生，但是在中國的 A 股市場就不是這樣的，基本上每個國家的股票市場都是用一句成語可以表示，就是「甕中捉鱉」，所有的投資者基本上都是

「鱉」，政府就是一的大「甕」，但是全球化市場不一樣，要不全部都是甕或是全部都是鱉，那區塊鏈領域裡到底有哪些具體的投資機會呢？到底有哪些領域呢？區塊鏈投資還有以下的投資機會：

第一、區塊鏈相關的培訓

區塊鏈一定會在未來的三年內，在全球形成一個巨大個資本市場，沒有一個市場可以像區塊鏈一樣能在很快速的時間內成為全球資本市場的中心及重心，其他的產業不可能做到，正在閱讀此書的讀者，你們也不要羨慕那些已經在區塊鏈賺到一筆財富的人，因為就算在此時你們依然是最早參與的人，就現在這個時間看來確實是如此，之前有參與的也大多已退場了，那些也不算是真正參與區塊鏈的項目，充其量只能算是路過的路人，尤其是在現在虛擬貨幣走熊市之際更是如此，那為什麼我認為區塊鏈是當下比較好的投資機會呢？就是因為培訓可以帶來許多的流量，可以帶動許多的傳統企業做「區塊鏈賦能傳統行業」的模式，目前區塊鏈大多沒有成為傳統企業蛻變的選項之一，最主要的因素就是他們不懂區塊鏈，他們的印象裡區塊鏈都是騙人的項目，當然就不會去研究它，更別說把區塊鏈應用在現有的傳統企業，傳統的企業在時代的變遷碰到了許多問題，有些問題是沒有辦法解決的，有些問題卻可以透過區塊鏈來解決，只要傳統企業透過培訓瞭解區塊鏈的特性之後，自然會帶動現有的傳統企業紛紛擁抱區塊鏈，到那個時候區塊鏈的流量就會被無限放大，自然而然就形成巨大的商機與市場，如果能透過培訓在一年的時間找到 10 個比較優秀的傳統企業來為這 10 家傳統企業做區塊鏈賦能的服務，第二年的企業成長收益都會超過 30%～ 70%以上。

第二、區塊鏈媒體

在 2017 年許多的媒體大量進入區塊鏈的領域，最主要因為媒體進入的門檻比較低，你只要準備好文案，再開辦一個公眾帳號，然後你就可以成為一個自媒體了，因為自媒體的時代是互聯網帶給我們一個很方便表達個人意見的管道，但是隨著區塊鏈市場一步一步進入寒冬，導致於大部分的媒體都發不出薪水而存活不下去，那現在還存活在市場上的區塊鏈媒體，很有機會可以成為全球化的媒體，當他們成為全球化媒體的時候，這些媒體會成為區塊鏈生態圈最前頭的一環，最前頭的一環也代表是接觸到最好的資源，也可以收集到區塊鏈最新的資訊，以上種種的這些可以為區塊鏈媒體在下一個牛市來臨前，很有可能創造巨額財富的一個機會。

第三、區塊鏈公鏈、跨鏈

區塊鏈公鏈、跨鏈的技術帶來的機會，這是一個投資的好時機，大家都知道因為 2017 年區塊鏈的募資環境實在太好了，讓很多做區塊鏈項目的浮躁團隊拿了非常多的錢，之後幣價又狂跌，導致之前浮躁的團隊現在發不出工資，而之前那些保持冷靜、保持清醒的團隊，如公鏈、跨鏈技術的團隊，也就是現在存活下來的團隊，只要他們按部就班地幹活，他們就是非常值得投資的團隊，只要他們稍微調整他們服務的對象，例如轉向服務於傳統的企業，像賣酒的公司，賣精品的公司，把這些傳統企業的資料建在自己的公鏈上，幫這些傳統企業做區塊鏈賦能的升級，這商機是非常大的。

第四、跟實體相關賦能的產業

例如一家做資料儲存的私家雲公司，創始人李祥明，作為一個二次創業且選擇了區塊鏈行業的創業者，他對於區塊鏈行業瞭解甚多，尤其是在區塊鏈分佈式存儲領域，有不少獨到的見解。

李祥明少年成才，15 歲就考上西安交大的少年班，當時大學讀的專業是熱能與動力的他，在讀書期間自學成為中國最早的一批高級軟件工程師。1996 年就拿到了高級程式員的證書，進入了當時新興的資訊安全和軟件行業。而後創業，從事資訊安全和雲存儲產業，並成為細分領域行業第一，被 A 股上市公司併購。2015 年他選擇再次起航——創立私家雲。在區塊鏈技術如火如荼的今天，能抓住區塊鏈的風口，並且在自己擅長的資訊安全領域深耕，這為私家雲項目的發展打下了紮實的技術基礎。區別於區塊鏈項目很難落地的痛點，私家雲一開始就是從實在的應用做起，以共用儲存的理念被廣大用戶喜愛。

李祥明對區塊鏈未來的發展還是非常樂觀的，他個人非常支持那些對區塊鏈產業的發展是健康良性的項目盡快落地，但他認為那些不太好落地的項目可能會慢慢死去，或者換一種新的生存方式盡快落地，傳銷幣、空氣性項目肯定是無法落地。而私家雲項目作為區塊鏈賦能的意義，將逐步發展壯大。

私家雲是一款家用網路智慧存儲設備，私密安全、多人共用。私家雲可以幫助用戶一鍵備份自己手機裡的資訊、視頻、照片等等，自動備份到用戶放在家中的「私家雲盒子」當中，只要有網路，手機隨時可以存儲、閱覽用戶放在家裡的私家雲數據，這些數據的來源不僅是手機，可以是電腦、平板等一系列智慧產品，相當於隨身攜帶了一個智能的數據存儲小管家。除此之外，用戶還可以將自己硬盤裡閒置的存儲空間和別人進行共用，按照用戶的貢獻值返還給用戶一定的積分，高效利用社會總資源和節省社會運行總成本。私人存儲是大趨勢，也是被驗證過能落地的項目。

未來主要還是做節點和應用落地。節點到了一定數目，項目自然就成了。

第五、與資產上鏈相關的實體產業

互聯網帶給人們一個很大的作用就是訊息的溝通、無障礙溝通，它帶來最大的變化就是自媒體的到來，例如臉書，每一個人拍些照片發個文章或開個直播到臉書去就是一個自媒體，你可以表達自己的言論，這也是互聯網帶給人類最大的革命改變。區塊鏈帶給人們最大的改變是什麼呢？並不是大家認知的那樣，例如食物的溯源等等的應用，因為這個需求點太小，而且目前的互聯網關於這方面做的也很好了，區塊鏈它則是帶來了「自金融時代」的開端，造就了「資產上鏈」這個領域。什麼是自金融呢？簡單來說，金融活動大部分都要透過向銀行這樣資產龐大的企業，自金融時代就是每一個人都可以變成銀行的角色，舉個例子，假設小明想要與幾個朋友共同投資，每一個人要出資一百萬元，但小明目前戶頭裡並沒有多餘的現金，但小明名下有一間房子市價一千萬，若透過銀行貸款可以取得資金，但是在區塊鏈太可以不必如此，小明只要透過 DAPP 及智能合約將他的資產上鏈，小明就發行一百萬枚 Token，這一百萬枚 Token 對應每一枚 Token 是一塊錢，於是把這一百萬枚 Token 交出去就等於是現金一百萬了，這就是自金融時代的意義，你不需要再跟銀行打交道，不需要付出高額的手續費，也不需要每個月支付高利率的利息，你只需要將資產上鏈。這樣會帶來什麼樣的改變呢？自金融時代將帶來金融產業翻天覆地的改變，當然，自金融時代目前還沒有到來，但是我相信在未來的三年內一定可以做到的，到那個時候每一個人都有虛擬貨幣的錢包，在錢包裡你會有各式各樣的 Token。

第六、區塊鏈的專業基金

2017 年的超級牛市而生的 Token Fund 正從最初「躺著賺錢」到如今「沙裡淘金」，造富神話下的泡沫正一點一點被擠出，「虛擬貨幣」熊市便持續至今，一二級市場倒掛嚴重，項目方價格「跌跌不休」，部分 Token Fund 要不被「套牢」，要不跌至血本無歸，最終暫停或退出。Token Fund，業內尚無準確的定義。Token Fund 是專注於投資區塊鏈領域上下游的數字資產投資基金，投資及回報都是以 Token 的形式來實現、結算。也有從業人士將 Token Fund 按照傳統基金劃分：一級市場投資基金（主流），二級市場量化投資基金，母基金 FOF，指數基金 ETF 等，市面上大多數是一二級市場聯動的投資基金。Token Fund 通過投資以太坊或比特幣給項目方，進而獲得項目發行的各類 Token，待這些 Token 登陸交易所實現二級市場交易流通，Token Fund 便在交易所賣出當初獲取的 Token，並換取比特幣、以太坊等通用 Token，進而實現投資資金的回籠並獲得收益。不過，由於部分海外項目會需要用美金進行投資，因此一些 Token Fund 的募集端也會儲備美金。

但這些項目在結算退出時，仍以 Token 形式進行。現在市面上大部分的 Token Fund 都是封閉式基金，它並不需要備案登記，這就會帶來一些監管上的風險，很多時候在交易所裡的地址是匿名的，具體的交易流程相對暗箱化，基金經理的不當操作可能會給投資人帶來損失風險。

事實上，近年來，有不少傳統 VC 轉型 Token Fund，這種轉型難點可能存在於，Token Fund 的資產監管和清算難度大；以及區塊鏈項目估值邏輯與傳統 VC 對項目的估值邏輯存在很大的偏差。相對於傳統項目，區塊鏈項目估值難度大很多。目前大部分 Token Fund 主要從項目類型、市場行情，以及項目的發展階段等方面進行估值。或許也正是與傳統 VC

在募資、投資、管理、退出等環節的差距，使得部分 Token Fund 在接下來的「寒冬」中更加難受。

如今的 Token Fund 應向傳統的 VC 投資一樣，那些二級市場的投資人也就是俗稱的「韭菜」，他們轉而進入 VC 的市場就很適合，因為 VC 的邏輯就是純粹的風險投資，VC 是要伴隨一家企業五年、十年甚至更久一起共同成長，在公司成長當中幫公司解決問題、給予支援、對接資源，VC 的基因不是博弈用賭博的方式去投一個區塊鏈的項目，VC 的基因是共贏，所以類似這樣投資區塊鏈的 VC 是很值得我們注意。

投資建議如下——

第一、不要借錢投資。

第二、做好一夜暴富的心理準備，也做好血本無歸的心理準備。

第三、拿出可投資金額的 10%～ 30%來投資區塊鏈。

第四、在市場低迷時入場，當別人貪婪時我恐懼，當別人恐懼時我貪婪，反其道而行之。

02 區塊鏈的應用

區塊鏈最早源於比特幣，但區塊鏈的應用卻不僅於此，過去幾年也陸續出現許多基於區塊鏈技術的電子貨幣（統稱為 Altcoins），不過隨著比特幣持續備受爭議，各國政府與金融機構紛紛表態，直到近一、二年，大家才終於意識到區塊鏈的真實價值，遠超過於電子貨幣系統。

區塊鏈可結合認許制，以滿足金融監管需求，若要將比特幣與區塊鏈技術分開來看，最大的不同之處在於，由於比特幣為虛擬貨幣應用，因此面臨各國法規的限制，但區塊鏈現在已經可結合認許制或其他方式來管控節點，決定讓哪些節點參與交易驗證及存取所有的資料，並提供治理架構及商業邏輯兩大關鍵特性。

目前區塊鏈可分為非實名制和實名制兩種，前者如比特幣區塊鏈，後者如台大的 GCoin 區塊鏈。現在的區塊鏈已經可結合認許制，來配合金融監管所需的反洗錢（AML）與身分驗證（KYC）規範，而銀行和金融機構想採用的都是實名制的區塊鏈。區塊鏈的應用必將轉變身分驗證到人工智慧，顛覆人類未來生活，未來區塊鏈會應用於任何領域，給人類生活帶來極大影響。區塊鏈應用專案大致分為：存在性證明、智慧合約、物聯網、身分驗證、預測市場、資產交易、電子商務、社交通訊、檔案存儲、資料 API（應用程式設計發展介面）等。

想像這樣的一個世界 ——你可以用你的手機參與選舉，可以幾個小時就買房子，或者壓根兒就不存在現金這回事。這正是區塊鏈（Blockchain）為我們描繪的未來。在西維吉尼亞大學，學生會正在考慮要不要用基於區塊鏈技術的投票平台來進行學校選舉。如果運用這樣的平台，學生們就能用行動裝置來投票，而由於投票結果會被計入公共系統，因此投票是完全安全的。一名支援這種方式的學生解釋道：「大家的投票絕不可能被我們——也就程式員、工程師、學校管理員或學生修改、刪除。」相信在不久的將來，這種安全的投票形式將會被運用到更為重要的地方——總統大選。未來區塊鏈會應用於任何領域，為你我的生活帶來極大的改改變。

汽車產業的應用

1. 汽車的供應鏈和製造業：汽車製造過程中，所使用的零件記錄在區塊鏈上，資料可以永續保存。這些記錄有效瞭解供應商、零件原產地追溯和驗證及精準召回有問題的車輛。

2. 車輛保養和修理：可加強車主對汽車修理流程的信任。

3. 用區塊鏈註冊車輛和追蹤車輛所有權人：保險公司也可掌握更多意外發生的資料，降低了虛假索賠事件的發生。

4. 人性化的車險：保險公司通過使用智慧合約可以減少約 13％的運營和理賠處理費用。

5. 智能無人駕駛汽車：區塊鏈有效提高和解決了無人駕駛的精確與即時執行的問題。

6. 車對車的（V2V）微交易：由於有智能合約，區塊鏈可以實現自動支付的系統。

選舉：減少舞弊、簡化程序

將投票記錄放在區塊鏈上，節省了身分核對的流程，結果公布更即時。如果與行動通訊結合，未來可能連投票亭、唱票、計票都不需要，只要使用手機就能投票。

醫療去中心化

醫療方面，區塊鏈最主要的應用是對個人醫療紀錄的保存，可以理解為區塊鏈上的電子病歷。目前病歷是掌握在醫院手上的，患者自己並沒有自己的完整病歷，所以病人就沒有辦法獲得自己的醫療紀錄和病史情況，就像銀行的帳看不到過往的交易紀錄一樣，這對未來的就醫會造成很大的困擾。但現在如果可以用區塊鏈技術來進行保存，就有了個人醫療的歷史資料，未來看病或對自己的健康做規劃就有真實而完整的資料可供使用，而這個資料真正的掌握者是病患自己，而不是某個醫院或協力廠商機構。另外，這些資料涉及個人的隱私，使用區塊鏈技術也有助於保護患者的隱私與個資。

這種應用具有去中心化的特性，更具開放性，用戶也更有自主性。它所實現的是一種新的組織資訊的形態，每個人都掌握自己的資訊，而不需要像過去那樣把資訊託管給某一個機構來保管。根據 IBM 的區塊鏈研究報告（Healthcare Rallies for Blockchain）指出，2020 年前，全球將有超過 56%的醫療機構投資或應用區塊鏈相關技術。透過區塊鏈技術可以讓散布在醫院、健檢中心或運動裝置的資料整合統整，再利用加密技術，讓病患選擇授權開放的對象，無須擔心使用過程中被盜用或流出。病患同意書未來也有機會「上鏈」，減少醫院流程。

智慧鎖

德國一個新創公司 Slock.it 想做一個基於區塊鏈技術的智慧鎖，並將鎖連接到互聯網，透過區塊鏈上的智慧合約對其進行控制。任何一個控制鎖的人都可以發放一把或多把私密金鑰，並對私密金鑰進行複雜的定制，設定鎖什麼時候啟用、具體什麼時候開啟等。透過這種方式，共享經濟能夠被進一步去中心化，將任何能被鎖起來的東西輕易租賃、分享和出售。Slock.it 的概念更是超越了為 Airbnb（空中食宿）使用者服務的範疇，想要進一步顛覆這種共享經濟，讓使用者能夠直接向一把鎖進行支付，然後打開；出租者也可以隨時更換私密金鑰的定制，讓整個體驗更為方便、安全。人們也可以透過使用這一技術進行自行車、密碼櫃的租賃等，甚至讓他人在自家門口替電動車充電，然後收取費用等。

保險：智能合約，讓理賠更快速

飛機延誤，旅遊不便險的理賠多久才能入帳？如果你買的是具備「自動理賠」功能的智能合約，當系統確認符合班機延誤理賠條件，就能依約履行。除了旅遊外，搭配放上區塊鏈的醫療紀錄，醫療或意外險亦能適用。甚至有人預測，未來可以不須透過保險業務員或保險公司，實現由保戶組成的「網路互保」。

數位藝術：區塊鏈認證服務

數位藝術是區塊鏈加密技術能提供顛覆性創新的另一個舞台。數位藝術在區塊鏈行業的主要應用是指，利用區塊鏈技術來註冊任何形式的智慧財產權，或將鑒定、認證服務變得更加普遍，如合約公證。數位藝術還可以透過區塊鏈來保護線上圖片、照片或數位藝術作品，這些數位資產的智慧財產權。

區塊鏈政府：效能提升

區塊鏈以去中心化、個性化、便宜高效的特點提供傳統服務，實現全新的、不同的政府管理模式和服務。充分利用區塊鏈優勢，能讓政府工作更高效，進而獲得民眾的信賴。區塊鏈能利用其公開永久保存資料的優勢——共識驅動、公開審計、全球性、永久性——保存所有社會檔案、記錄和歷史，供未來使用，成為全球性的資料庫。這將成為區塊鏈政府服務的基石。透過區塊鏈技術重新配置公共資源、提高政府效率、節約成本、讓財政惠及更多人、提高民眾基本收入水準、促進平等、提高民眾政治參與度，最終過渡到自治的經濟形態。

線上音樂

許多音樂人正選擇區塊鏈技術來提升線上音樂分享的公平性。《告示牌》（Billboard，美國音樂雜誌）報導，目前有兩家公司正透過直接付款給藝術家和利用智能合約來自動解決許可問題。在區塊鏈音樂流平台上，使用者可以直接付款給藝術家，而無須中間人插手。除了媒體音樂，還有人預想將智能合約作為歌曲清單的自主大腦，能夠更好地將歌曲背後的藝術家和創作者分類。

汽車租賃和銷售

Visa 和 DocuSign 公司宣布了一項合作計畫，利用區塊鏈技術為汽車租賃打造特定解決方案，以後汽車租賃只要「點、簽、開」三步即可完成。具體操作是：顧客選擇想要租賃的汽車，這筆交易就會上傳到區塊鏈的公共帳戶；然後，顧客在駕駛座簽署一份租賃協定和保險協定，區塊鏈便會即時將資訊上傳。不難想像，這種租賃模式或許也將應用於汽車銷售和汽車登記領域。

全球公共衛生及慈善捐贈

捐款流向可追蹤，難篡改。影響族群：非政府組織、公益團體工作者接受比特幣或其他虛擬貨幣捐款，或是透過ICO（Initial Coin Offering，指企業或非企業組織在區塊鏈技術的支持下發行代幣，向投資人募集資金的融資活動）發行「慈善幣」的公益團體，可以透過區塊鏈「可追溯」、「難篡改」的性質，了解帳務用途，並提升帳務透明度。除此之外，在國際救援行動上，區塊鏈也能降低手續費與轉帳時間等交易障礙。

區塊鏈基因測序

當前公民獲取個人基因資料有兩個問題：第一，法律法規對於個人獲取基因資料的限制；第二，基因測序需要大量計算資源，高昂的費用限制了產業進程。區塊鏈測序則解決了這兩個問題：透過全球分布的計算資源，低成本地完成測序服務，並用私密金鑰保存測序數據規避了法律問題。有了資料，如果發現有潛在的高血壓、老年癡呆症，可以提前改變生活習慣來減少其發生機率。相信在不遠的將來，隨著區塊鏈基因測序技術的成熟，針對大眾消費者的基因測序服務將得到普及。區塊鏈應用到大數據領域，使其進入下一個數量級，迎來真正的大數據時代，基因測序就是推進大數據的一個典型案例。

區塊鏈智慧城市

生活在基於區塊鏈的智慧城市，我們可以為自己製造的麻煩付費：發生交通事故造成擁堵，可以支付給過往車輛延誤費用，促進社會向自律、高效自治的方向發展。我們還可以公開透明地為好的服務、好的學校支付費用。

區塊鏈助學系統

區塊鏈的智慧合約有無數用途，智慧文化合約就是其中一種。如果有人給孩子提供上學資助，可以透過智能合約自動確認學習進度，滿足學習合約後，自動觸發後續資金撥付給下一個學習模組。區塊鏈學習合約能夠使學習者和資助者之間完全以點對點方式進行協調，公開透明，對雙方都是正向激勵。學習合約將為慈善資助帶來革命性的突破。

數位身分驗證

現在很多網站使用中心化的協力廠商登錄，比如臉書登錄、微博登錄。那麼未來，我們也許就會使用區塊鏈技術提供的去中心化協力廠商服務登錄，可以用姓名、地址或二維碼登錄，且和手機綁定，可以自由暢遊網路世界。在電商網站購買時，也不需要繁瑣的綁定銀行卡就可轉接到支付寶、微信等操作，直接用電子錢包一鍵購買。

區塊鏈身分認證

最早愛沙尼亞國家已經在使用區塊鏈身分認證，區塊鏈具有人人都可以查閱的特性，每個人都可以在任何一個有網路的地方，查詢區塊鏈資訊，高度透明的特性也讓區塊鏈充滿魅力。不妨這樣設想，日後可能都不需要身分證和戶口名簿了，因為每個身分資訊都可以寫入區塊鏈裡，當需要驗證資訊的時候，只需要查閱就可以找到。無論是追拿逃犯還是證明「你是誰」都不再是問題。

區塊鏈婚姻

區塊鏈婚姻是區塊鏈作為公開檔案資訊庫的一個嘗試，如果以後能得到廣泛推廣和認可，會帶來很多好處：更加透明、公平、自由，能解決重婚、隱婚等各種情況，並通過智慧合約來改善贍養老人、生兒育女、購買房產等生活事宜。

學歷證書

加州軟體技巧專案 Holbertson School 宣布，它將利用區塊鏈技術來鑒定學歷證書。此舉將確保 Holbertson School 的學生在課程認定上的真實性。如果更多的學校採用這種透明的學歷證書和成績單，那麼學術界的腐敗將大幅減少，更不用說，省去的人工核驗時間和紙本文件的成本了。

網路安全

雖然區塊鏈的系統是公開的，但其核驗、發送等資料交流過程卻採用了先進的加密技術。這種技術不僅確保了資料的來源正確，也確保了資料在中間過程不被人攔截、更改。如果區塊鏈技術的應用更為廣泛，那麼其遭受駭客襲擊的機率也會下降，區塊鏈系統之所以能降低傳統網路安全風險，就是因為它解除了對中間人的需求。省去中間人不僅降低了駭客襲擊的潛在安全風險，也減少了腐敗產生的可能。

人工智慧區塊鏈

區塊鏈讓智能設備在設定的時間進行自檢，會讓管理人員回到設備出故障的時間點去確定究竟什麼地方出了錯。應用區塊鏈技術可以遠端實施人工智慧軟體解決方案。如果一個設備有多個使用者，人工智慧區塊鏈也可幫助提高安全性，區塊鏈會讓使用各方共同約定設備狀態，基於智慧合約中的語言編碼做決定。

還有太多的應用不勝枚舉，區塊鏈的應用已經越來越生活化、普及化，區塊鏈解決了人類自古以來最大的社會成本就是「信任成本」，信任成本在我們生活中無時無刻都是存在的，例如銀行的保全、電腦的伺服器、金庫保險箱、履約保證帳戶、信託帳戶等等，這些都是在解決信任而衍生出來的產品或服務，而區塊鏈已經幫我們解決這個問題了，相信未來區塊鏈的應用更將無所不在，只要有更多的人認識區塊鏈，相信區塊鏈的應用能更加擴大到各個層面。

03 創業借力於區塊鏈

為什麼創業要借力於區塊鏈？

因為區塊鏈是互聯網的100倍以上，如果區塊鏈只是一個簡單的分佈式帳本，憑什麼在全世界的所有國家、商業領域掀起一波又一波的熱潮，而如此多的精英人士不顧一切地爭相進場？假設比特幣是第一張骨牌，區塊鏈究竟翻倒了哪些牌？骨牌的底層邏輯又是什麼？未來對這個世界的影響又將如何？我們可以從以下五點來思考——

一、從生產力和生產關係的角度去思考

整個人類社會的發展，在生產力和生產關係這兩個維度，交替演化推進。生產力是從人類開始學會發明和使用工具開始以來，就在不斷提升。瓦特改良的蒸汽機，後來的電力、鐵路、飛機、計算機、互聯網、大數據、雲計算、物聯網、人工智能，這些都是生產力革命，核心是「效率提升」。而生產關係的本質是，人類自從有了虛構故事的能力和想像能力以來，人類通過一個個虛構的故事來展開分工和協作的組織形態，部落、國家、公司這些都是生產關係的呈現。人工智能是生產力革命的最後一個階段；區塊鏈則開啟人和人之間協作的新型生產關係。隨著雲計算、大數據、物聯網、人工智能的發展，區塊鏈開始了與新一代信息技術的融合。

人工智能是「自學習」，區塊鏈是「自組織」；人工智能解決「效

率」問題，區塊鏈解決「協作」問題。人工智能進行機器學習，區塊鏈進行的是機器與機器、機器與人、人與人之間生產關係的協調。

1956年，人工智能在達特茅斯學院（Dartmouth College）正式面世，今年63歲，已經是一個老人；2008年，區塊鏈源於華爾街的金融危機，今年10歲，一個是翩翩少年才剛剛開始他的蓬勃之旅。過去240年，生產力發展日新月異，生產關係卻從未改變，自從以「公司製」為核心的資本主義被發明以來，人類社會發生了無數次的經濟危機，而現在危機已經到了無法緩和的地步，生產力已經嚴重落後於生產關係，矛盾越來越尖銳，世界局勢也越來越動盪，人類極其需要生產關係的再一次根本性變革，所以今天區塊鏈產生的本質原因是由於生產關係跟不上生產力的發展。人工智能在把這個世界帶往一個更加不可莫測的未來，區塊鏈則把這個世界重新拉回原有軌道，所以區塊鏈是「對這個世界的一次糾正」。

在蒸汽機發明之前，荷蘭人發明了一個詞叫「公司」，後面緊跟著一個詞叫做「股份制」，第三個詞叫「證券交易所」。世界上第一個交易所是阿姆斯特丹交易所，第二個是倫敦交易所，第三個是紐約證券交易所。今天全球交易量第一名的是紐約證券交易所，第二名是那斯達克，第三名是倫敦證券交易所。過去500年，全世界所有的商業組織或者公司，全部圍繞IPO這個皇冠上的明珠展開。

2008年開始的區塊鏈，給人類拉開了另外一個帷幕，未來可能有很多的企業不再需要IPO，他們會通過生產關係的重新調整，憑藉自身的信用來發行通證，人們基於通證展開一種全新的協作模式，例如ICO首次代幣發售（Initial Coin Offering）、STO證券型通證發行（Security Token Offer）。

科技發展到今天，人工智能是生產力革命的最後一個階段，區塊鏈則顛覆了「公司製」的底層存在基礎，Token 扮演了「超級殺手」的角色，也會改變傳統公司的運行模式，一個個開放、公平、共贏的通證經濟體將會形成，資本、資源、人才的良性循環和流動，從而打開一個全新的世界。

二、區塊鏈的本質是什麼？

區塊鏈的本質是什麼？眾說紛紜，我們描述區塊鏈就像「盲人摸象」，摸到腿就是一個柱子，摸到尾巴就是個繩子……，沒有人知道全貌。現在，台灣、中國、泰國、菲律賓、瑞典、瑞士、俄羅斯等國家都在思考數字貨幣監管政策，大家都在定義這頭五百年一遇的巨象。如果區塊鏈只是分佈式帳本，如果只是一個數字貨幣，就沒有那麼複雜。區塊鏈到底穿透了這個社會哪些東西？

第一個是信息科技，這個延伸到底層，是分佈式帳本、密碼學、P2P 網路。

第二個是金融學，如果說金融分為三個階段：傳統金融、科技金融、數字金融。傳統金融是華爾街的天下；科技金融的掌控權到了谷歌、阿里巴巴和騰訊這些科技巨頭的手上；這次，數字金融的執牛耳者重新回到華爾街。

第三個是社會學。社區治理和共識機制是區塊鏈給社會學帶來的新衝擊，未來的社會會和當代社會很不一樣，共識、共有、共治、共享、共贏將是未來社會的主旋律，正如恩格斯在《共產主義原理》中所說，人類將實現從必然王國向自由王國的飛躍。

第四個是商業。區塊鏈對這個世界最大的影響，不是信息科技、金融學和社會學，而是商業，整個商業世界將面臨一次全新的重構。毫無疑問過去五百年，公司是最偉大的發明。但「公司」這個詞在區塊鏈時代即將被改寫。區塊鏈技術帶來新的經濟學或商業，通過 Token 將進化出一個個全新的物種。這個物種叫什麼？有兩種說法，第一個是基金會，第二個叫可編程的分佈式自組織（DAO）。這個名字叫什麼現在還不知道，就像一百年前，紐約街頭出現了汽車，第二天紐約時報刊登的報導寫著「這是一輛跑的比馬車還快的馬車」。今天，我們只能把「它」叫做分佈式自治組織，是什麼還不知道，要讓未來的哲學家來命名和定義這個新物種。

三、區塊鏈憑什麼是互聯網的 100 倍以上

世界大概分為三層，現實世界、互聯網世界和區塊鏈世界。如果不能分為三層，你就沒有辦法認識區塊鏈。現實世界是物理世界，互聯網世界和區塊鏈世界共同構成了「數字世界」。他們是「平行」和「鏡像」的關係。這個模型出來就很清晰，所有的邏輯是基於這個模型的。線下是什麼？比如線下買東西，去家樂福，線上有雅虎購物，區塊鏈的「阿里巴巴」是誰？不知道。線下旅遊是東南旅行社，線上的旅遊是易飛網，區塊鏈的「易飛網」是誰？不知道。區塊鏈為什麼會產生五萬億美金的公司？因為隨著層級的提高，運行效率是指數級的提高，雅虎購物的效率肯定比家樂福的效率高，區塊鏈的「電商巨頭」一定會比阿里巴巴的效率還高，因為裡面的摩擦和交易成本更低，按照科斯的理論來說，公司存在的原因是內部交易成本比外部交易成本要低，區塊鏈再一次大幅度降低了組織內部的交易成本。

五年前西門子提出了「數字雙胞胎」，線下有一個工廠，線上也有一個數字工廠。毫無疑問未來的數字工廠更為重要。史丹佛大學教授張首

晟曾講「區塊鏈可能是互聯網的一百倍」，這是一個大框架描述，到底有沒有理論力證？有沒有數據支撐？憑什麼區塊鏈是互聯網的一百倍呢？區塊鏈的基礎技術我認為比較簡單，1996 年上網有多難，而如今還難嗎？連三歲小朋友都會，所以區塊鏈的技術發展大家不要擔心，它會發展得非常快。區塊鏈技術對這個世界的影響很小，只有穿透了四大革命：科技革命、金融革命、商業革命以及社會革命，才能掀起一個更大的浪潮。

過去台灣很多資產無法變現，很多公司不能 IPO，那是因為資產不能衡量，你是做海霸王的，他做汽車修理，雙方的資產不能交易。但區塊鏈不一樣，它的顆粒度特別小，資產能夠快速變現，市場自由靈活定價。區塊鏈激活了沉睡已久的全資產市場。

通證的意義，一定是全新的市場經濟，只有站在這個維度你才能理解。如果只是一個分佈式帳本，只是一個數字貨幣，我認為沒有那麼厲害，可能只是類似於一個技術的替代，但有了通證，一切價值便都有了載體，商業世界便有了一個全新的基石。

因此，區塊鏈所帶來的新商業體系和新的社會體系通過對於生產關係的根本性變革，對傳統的機制產生顛覆性重構，在人類生產力進步的天平上，如果說互聯網和人工智能是在市場的天平上增加籌碼，而區塊鏈則是直接改變天平的支點，帶來的影響是互聯網、人工智能的幾何級倍數，可能是一百倍，也有可能是一千倍、一萬倍以上。

四、區塊鏈的下一個 10 年？

區塊鏈的下一個十年跟互聯網上一個二十年邏輯是一樣的，階段的對應性也有類似的參照。首先解決物質需求，再解決精神需求，產業應用也是「先 ToC，再 To B」。首先要解決物質需求，互聯網、區塊鏈是一樣的，邏輯一致，相互映射。

矽谷 A16Z 基金創始人馬克・安德森說，二十年後，我們就像討論今天的互聯網一樣討論區塊鏈。從 2009 年到 2017 年，區塊鏈的重心在比特幣、挖礦、以太坊、交易所。全世界領先的交易所都在中國，亞洲也只有中國能夠跟美國進行 PK。

未來十年，區塊鏈大概有七個賽道：第一個是交易所；第二個是挖礦；第三個是技術供應商；第四個是代幣和 Token；第五個是數字金融；第六個是 ICO 的全案服務；第七個是區塊鏈周邊，大會、媒體、培訓、評級。

當然未來我們會有三種生活狀態，第一個是線下；第二個是線上；第三個在鏈上。我們的商業邏輯可能是「O2O2B —— Online To Offline To Blockchain」

五、如何認識這個時代？

從全球的歷史看，義大利文藝復興時期曾是一個黃金時代，未來是科技跟人文交匯之巔，區塊鏈技術跨越了四大學科，帶來了史詩級的科技革命和商業重構。前段時間流傳一個段子，李嘉誠 40 年賺 300 億美金，馬雲 18 年賺 400 億美金，到 V 神只用了 4 年，賺了 400 億美金。這是指數級的發展，後面的間隔越來越小。如何認知即將到來的區塊鏈時代：

第一，區塊鏈不是下一代互聯網，也不是價值互聯網，雖然「它」加速了價值的傳輸，從資產證券化到資產通證化，但區塊鏈本身帶來的不是價值，而是一個可信的協作方式和公平的分配方式。

第二，區塊鏈時代是人類歷史最大的數字化遷徙，一個 100 萬億美金的市場正在展開。

我們要知道，不是說這個 100 萬億美金數字貨幣產生了，傳統貨幣就沒有了，這是一個疊加效應，等於說未來人類社會增加了一倍的財富。李嘉誠是現實世界的，馬雲是互聯網世界的，區塊鏈裡一定會產生比馬雲更厲害的人，你們看大的邏輯就可以了。所以這將是一個黃金時代啊！請大家拭目以待！！！

04 去中心化的項目是個好機會

許多的公司或是項目都朝去中心化的角度發展，如同世界的趨勢將是朝向去中心化，以下各個領域都陸續有了去中心化的產品問世，這些只是部分較有名的產品，目前科技的進步速度一定會陸陸續續的，每月、每週、每日都會有新產品問世。

瀏覽器

〔中心化瀏覽器系統〕

IE（Internet Explorer）是微軟所開發的圖形化使用者介面網頁瀏覽器。自從 1995 年開始，內建在各個新版本的 Windows 作業系統作為預設的瀏覽器，也是微軟 Windows 作業系統的一個組成部分。

Chrome（Google Chrome）是由 Google 開發的免費網頁瀏覽器。Chrome 是化學元素「鉻」的英文名稱，過去也用 Chrome 稱呼瀏覽器的外框。Chrome 相應的開放原始碼計畫名為 Chromium，而 Google Chrome 本身是非自由軟體，未開放全部原始碼。

Firefox（Mozilla Firefox）中文也通稱火狐，是一個自由及開放原始碼的網頁瀏覽器，由 Mozilla 基金會及其子公司 Mozilla 公司開發。

當然還有許多的瀏覽器，這些瀏覽器由不同的公司開發，但是相同的特性都是中心化的系統，而目前市面上也已經有去中心化的瀏覽器。

〔去中心化瀏覽器系統〕

就是一款去中心化的瀏覽器，Brave 的建立是基於 Google 推出的 Chromium 瀏覽器所打造的，此外，他們也有運用 Github 推出的 Atom 平台上的 Electron 文字編輯器。大可直接利用現有的瀏覽器來完成 Brave，但如此一來也會被原本瀏覽器的應用程式介面所限制，許多功能可能就沒有辦法完整呈現，而這一定也不像身為三間公司創辦人的作風。

Brave 瀏覽器號稱能擋下許多節目廣告，並以 Brave 的自創廣告取代，藉以讓使用者以更快的方式瀏覽網頁。目前 Brave 瀏覽器已開放給 Mac、Windows、iOS、Android 的用戶下載，並開放原始碼讓所有使用者參考，但這同時也表示，這款瀏覽器目前還處於剛開發的階段，用戶在嘗試時應該會出現許多謬誤。但若真的有用過此款瀏覽器，你會發現許多非常有趣的地方。

創辦人 Eich 表示，他們這款瀏覽器主打的就是速度的提升，因為他們將所有 Cookies（小型文字檔案）、所有會讓使用者在搜尋時留下紀錄的方式，以及所有會跳出廣告的語法全部都擋住，讓消費者在使用時對於網頁瀏覽速度的提升會非常有感。若在桌上型電腦使用此瀏覽器的話，會比其他瀏覽器快上 40%，用手機瀏覽更能提升 4 倍。當然，在瀏覽網頁時，若將這些廣告都擋掉，一定能省下許多等待的時間，那麼為什麼不用 AdBlocker 就好？許多網路平台和網路媒體是靠廣告點閱率維生，若每一個人都安裝 AdBlocker，就沒有任何一家網路平台能繼續存活下去。Brave 與 AdBlocker 不同的地方，正是它給使用者抉擇是否要跳出廣告的權利。

在此瀏覽器的項目選擇「Bravery」中，使用者點進去以後，能夠自行選擇「用廣告支持這個網頁（Stay ad supported on this site）」或是「捐錢給這個網站（GiveBack to this site）」，意指使用者能自行選擇要不要跳出廣告，藉以幫助此網頁繼續生存，讓使用者取得掌控權，也不因為使用者默認而讓自己的隱私遭受侵害。

儲存系統

〔中心化儲存系統〕

Dropbox 是新世代的工作平台，專門為了減輕您的工作負擔而設計，讓您專心完成最重要的任務。Dropbox 於 2007 年 5 月由麻省理工學院學生 Drew Houston 和 Arash Ferdowsi 創立，時名 Evenflow，Inc.，於 2009 年 10 月更名為 Dropbox，總部位於美國加利福尼亞州舊金山。

Google 雲端硬碟是 Google 的一個線上同步儲存服務，同時結合 Google 文件及 Google 我的地圖的線上檔案編輯功能，於 2012 年 4 月 24 日起逐漸開放給用戶使用。這項服務早於 2006 年 3 月便有傳言提及。最早出現的是 Google Storage，但不太受關注。

〔去中心化儲存系統〕

Srorj 是專注於雲存儲領域的區塊鏈初創團隊，在 2014 年募集到首輪資金後，便開始了漫長的開發之路。三年以來，團隊一直致力於將 Storj 打造為一個去中心化、安全和開源的雲存儲平台。

在此平台上，用戶可將內容加密上傳到區塊鏈上，每個節點會進行切割保存，持有對應私鑰的用戶才能查看或下載鏈上的內容。同時，用戶可出售空閒的硬碟空間，從而獲得相應的代幣獎勵。數據表示，雲存儲的市場空間極大，而去中心化的雲存儲成本極低，僅是傳統中心化存儲的 1/100 ～ 1/10，憑藉這巨大的經濟優勢，有望成為未來的最佳存儲方式。

Storj 的最終目標是，通過前所未有的安全、可靠穩定的性能、驚人的速度和極其低廉的價格來顛覆當前的雲存儲市場。

IPFS 星際檔案系統（InterPlanetary File System，縮寫 IPFS），星際檔案系統是一個旨在建立持久且分散式儲存和共用檔案的網路傳輸協定。它是一種內容可尋址的對等超媒體分發協定。在 IPFS 網路中的節點將構成一個分散式檔案系統。它是一個開放原始碼專案，自 2014 年開始由 Protocol Labs 在開源社群的幫助下發展。其最初由 Juan Benet 設計。是一種內容可尋址的對等超媒體分發協議（P2P），IPFS 網路中的節點將構成一個分散式檔案系統。

IPFS 並不是一種區塊鏈，它的設計宗旨是與區塊鏈結合協同運作。儘管 IPFS 使用與區塊鏈中 Merkle Tree 類似的架構元素，但 IPFS 並不是一種基於區塊鏈的技術。

可以這樣理解，使用 IPFS 時，整個互聯網可以被當作成一個種子 Torrent 文件，有用過 BitTorrent，BT 的朋友應該相當熟悉，而任何檔案、影片等資料都是存在於同一個 BT 群組並且透過同一個 Git 倉庫存取，同時共享給全互聯網上的用戶。當需要到某個檔案時，IPFS 將會像 BT 那樣為你尋找最接近的用戶取得檔案。

那和 BT 有什麼分別，直接用 BT 不就可以了嗎？

BT 中每個種子文件背後都是一組獨立的用戶，即使是同一段影片，只要該種子內另外其他檔案那怕有少許不一樣，就會產生兩個種子，而彼此間不能交叉互通共享，而且 BT 並不支持所有的數據類型，更不關心在網路上重複的數據，因此會產生很多冗餘數據，影響網路整體的效率。IPFS 在技術上大量參考了 Git 版本管理控制及 BitTorrent，因此，在

IPFS 上，假設 A 和 B 先後上載同一個檔案，而在 IPFS 上儲存數據時則只會有一份，文件是分塊（Block）存儲的，擁有相同 Hash 的 Block，只會存儲一次。IPFS 檔案的存儲和讀取的原理與 BitTorrent 類似。IPFS 採用的索引結構是 DHT（Distributed Hash Table，分散式雜湊表），與 BT 相同，而數據結構方面則是 Merkle DAG（Merkle Directed Acyclic Graph，有向無環圖）。

視訊通話

〔中心化視訊通話系統〕

Skype 是一款通信應用軟體，可通過網際網路為電腦、平板電腦和行動裝置提供與其他聯網裝置或傳統電話 / 智慧型手機間進行影片通話和語音通話的服務。使用者也可通過 Skype 收發即時通信資訊，傳輸檔案，收發多媒體資訊，進行視訊會議。

〔去中心化視訊通話系統〕

Experty 是一個將「Expert Network」（專家網路）業務帶入區塊鏈的協議，它旨在連接有經驗的專業人士到用戶諮詢的目的，所謂專家網路通常是將個人與專家資源或某領域的專家聯繫起來的人脈網路，以提供有價值的信息或協助。過去的專家網路是由一群具高度專業知識的專業人員所把持，並且為那些尋求該領域諮詢的人員提供臨時諮詢服務，而提供專家網路的公司將從交易中收到一筆小額佣金，Experty 的願景是通過區塊鏈的去中心化來將中間人去除，知識尋求者將能夠與他們所選擇的知識提供者聯繫起來，而無需通過中間人。

在使用 Experty 下，這些專家能夠在他們的社交或專業媒體（如 LinkedIn，電子郵件簽名或 Twitter 個人資料）上共享其 Experty link（專家連結）。在使用專家連結下，就能無需進行中間人的媒合而尋求潛在的專家／客戶。支付也將通過智能合約進行，將知識提供者與知識尋求者直接聯繫起來，因此雙方之間的支付幾乎是即時的。

以下是 Experty 運作的一個例子：

假設現在有一個律師使用了 Experty，律師設定其諮詢的價格，律師公開其 Experty link，客戶經由 Experty link 與律師進行諮詢，而支付將會立即經由以太區塊鏈發送，Experty 計畫會包含以下內容：

- 個人資料

用戶可以輸入他們的職業，並可以輸入關於他們可以提供什麼知識的訊息。

- 視訊及語音通話

用戶可以通過電話或視訊來分享訊息，而諮詢者將會以提供者設定的金額進行諮詢。

- 訊息發送及時程安排

諮詢者和提供者能知道彼此有空的時間，或者在進入付費電話之前討論服務內容確認是否是所需要的。

- EXY Token

平台上的主要付款來源。

- EXY 錢包

一個線上錢包以儲存 EXY Token。

Experty 與想做出市場區隔的概念是，他們最初的主要焦點是區塊鏈／加密人格和 YouTubers，但未來將包括其他各種平台，包括私人聊天室，高級客戶支持，直播和網路研討會。

社交網路

〔中心化社交網路系統〕

Facebook 是源於美國的社群網路服務及社會化媒體網站，總部位於美國加州聖馬刁郡門洛公園市。成立初期原名為「the Facebook」，名稱的靈感來自美國高中提供給學生包含相片和聯絡資料的通訊錄之暱稱「Facebook」。

Twitter 是一個社群網路與微部落格服務，它可以讓用戶更新不超過 140 個字元的訊息，現除中文、日文和韓文外已提高上限至 280 個字元，這些訊息也被稱作「推文」。這個服務是由傑克・多西在 2006 年 3 月創辦並在當年 7 月啟動的。Twitter 風行於全世界多個國家，是網際網路上瀏覽量最大的十個網站之一。

〔去中心化社交網路系統〕

steemit Steemit 是一個新型社交媒體平台。如果用戶使用該平台發帖，平台將向用戶付費。目前該平台已經發佈了測試版本。在這個社交平台多樣化的時代，很多平台都有其忠實的用戶，那麼新用戶對 Steemit 又如何反應呢？

Steemit 是一家相對較新的公司，由 Ned Scott 和 Daniel Larimer 於 2016 年初創辦，Ned Scott 早期在 Gellert 全球集團工作，一個家族式私人股本集團，擁有多家北美食品公司。Steemit 平台由區塊鏈技術驅動，使用一種新的加密貨幣來獎勵那些上傳文章，圖片和評論的用戶。

另外，用戶還可以通過其他方式獲得獎勵，例如通過發起和為受歡迎的帖子投票，用戶越早參與投票贊成受歡迎的帖子，得到的獎勵也就越多。用戶的獎勵支付分為兩部分：一半使用『Steem Power』（一種特權保護的貨幣）支付和另一半是 Steem 美元（可以用於兌換成美元）支付。Steemit 提供了一種在線結識貢獻者的全新方式，尤其是那些早期加入社區並長期活躍的人，平台會贈給新用戶一部分 Steem，那些發起或者通過說服力、清晰度、語法和格式等方式提高討論質量的人獲得的贊將會更多，得到的獎勵也會更多。

- 如何預防一個人創建多個帳戶呢？

獎勵用戶發帖這種模式存在一個隱患，那就是一部分人會通過創建多個帳戶來戲弄系統，這些帳戶可以被用於多次投票，以此操縱帖子的歡迎度，Steemit 嘗試通過要求用戶使用 Facebook 帳戶進行註冊來控制這種情況的發生。與用戶分享廣告收入的概念並不新奇，早在 2014 年，像 Bubblews 和 Bonzo Me 這樣的網站就已經提出了向生成內容的用戶付費的想法，這些網站使用 PayPal 向用戶進行支付，不過，Bubblews 在 2015 年 12 月宣佈關閉。

另外，阿根廷最大的社交網站 Taringa 使用比特幣來獎勵用戶發帖和分享內容，這種獎勵模式目前並沒有使用戶出現成群結隊地從 Facebook 和其他的社交網站遷移的情況。

Akasha 是無需審核的博客網站，現代信息社會和網際網路進步也沒能實現完全的言論自由，網上信息發布的嚴格審核制度與安全漏洞嚴重影響用戶信息存儲。Akasha 希望用基於以太坊區塊鏈的社交網路突破這些障礙，其創始人是以太坊聯合創始人 Mihai Alisie。使用了 Electron、React、Redux 和 Node.js. 等技術的 Akasha 保證不受信息審核影響，不會丟失用戶數據。目前該平台支持的系統有 Linux、MacOS 和 Windows。

Akasha 項目（Akasha Project），創建者是以太坊聯合創始人 Mihai Alisie，該風投的目標是在以太坊區塊鏈上搭建社交網路，綜合了 IPFS、Electron、React 和 Node.js. 等技術。其目的是搭建無需審核的、不怕用戶數據丟失的社交網路。

Mihai Alisie 是 Askaha 項目的 CEO 兼創始人，2011 年開始與 Blockchain Technologies 合作；他與 Vitalik Buterin 創建了 Bitcoin Magazine 雜誌，之後一起創立了被稱為最先進協議的以太坊。2015 年他離開以太坊，開始準備 Akasha 的工作，一個以太網世界計算機（Ethereum World Computer）和星際文件系統（IPFS，Inter-Planetary File System）支持的下一代社交網路。

系統操作

〔中心化作業系統〕

Android，中文常譯作安卓，是一個基於 Linux 核心的開放原始碼行動作業系統，由 Google 成立的開放手機聯盟持續領導與開發，主要設計用於觸控螢幕行動裝置如智慧型手機和平板電腦與其他可攜式裝置。

iOS 是蘋果公司為其行動裝置所開發的專有行動作業系統，為其公司的許多行動裝置提供操作介面，支援裝置包括 iPhone、iPad 和 iPod touch。

〔去中心化作業系統〕

以太坊是一個開源的有智慧型合約功能的公共區塊鏈平台。通過其專用加密貨幣以太幣提供去中心化的虛擬機器來處理對等合約。以太坊的概念首次在 2013 至 2014 年間由程式設計師維塔利克・布特林受比特幣啟發後提出，大意為「下一代加密貨幣與去中心化應用平台」，在 2014 年透過 ICO 眾籌得以開始發展。

EOS.IO 是一個區塊鏈操作平台，基於 EOS.IO 軟體上所發行的加密貨幣名為 EOS。EOS.IO 模擬了真實計算機的大多數屬性，包括硬體，計算機資源將平均分配給 EOS 代幣的持有人。EOS.IO 以分散式操作系統與智能合約運行，旨在以分布式自治組織模式去部署工業規模的分散式應用程序。

Essentia 是一種無須信任的模塊化框架，它使用戶能夠全面控制他們 ID、信息、隱私和資產等數據，同時適用於世界上所有設備，如物聯網，Essentia 項目的設想在不遠的將來，大部分的人將擁有加密身分。換句話說，人們將發現自己不得使用多種加密貨幣，多個錢包，多個交易所以及其他類型的平台，而這其中每一個都有它自己不同的登錄 / 訪問機制，在這些服務中轉移貨幣與數據是非常麻煩的，如果這個時候出現了一項服務，使人們能夠使用單一數字身分訪問所有這些平台和服務，這將會非常方便，而這就是 Essentia 的目標，使用「種子」來簡化對各項服務的訪問。「種子」旨在盡量降低人們在使用第三方提供的加密服務時所需耗費的程序與時間，它類似於密碼的概念，並以高級圖形加密為基礎。

在這些第三方服務（加密貨幣交易所，錢包，文件存儲平台等）和 Essentia 的種子機制之間，存在一系列中間模塊，這些模塊將為第三方提供將 Essentia 解決方案集成到其平台上的能力。

訊息傳遞

〔中心化訊息傳遞系統〕

WhatsApp Messenger，簡稱 WhatsApp，是 Facebook 公司的旗下一款用於智慧型手機的跨平台加密即時通訊應用程式。該軟體透過網際網路進行語音通話及影像通話，並使用標準行動網路電話號碼向其他用戶發送簡訊、檔案檔、PDF 檔案、圖片、影片、音樂、聯路人資訊、用戶位置及錄音檔等。

微信是騰訊於 2011 年 1 月 21 日推出的一款支援安卓以及 iOS 等主流作業系統的即時通訊軟體，其面對智慧型手機使用者，是一款全方位的手機通訊應用，幫助你輕鬆連接全球好友。微信可以群聊、進行視頻聊天、與好友一起玩遊戲，以及分享自己的生活到朋友圈，讓你感受耳目一新的移動生活方式。

〔去中心化訊息傳遞系統〕

Status 將中心化的社交網路中的角色定義成三種：owner、advertiser 和 user。owner 的目標是用戶的留存以及用戶價值的提取，advertiser 的目的是協助 owner 提取用戶的價值，而 user 則只是簡單的希望能夠便捷的和自己朋友和社區互動。Status 的構想就是利用區塊鏈，讓 user 成為網路的擁有者，達到 owner 和 user 利益一致，並能夠產生更大的網路效應。因此，在 Status 的網路中，只有一種角色：user。

對於一個以社交通訊為功能的軟件來說，實際的用戶數量是一個非常重要的指標，SNT 一直在這方面尋求突破，從 SntMate 運營數據來看，社區用戶的黏性確實大大提高了，最直接的表現是 SNT 的鏈上交易數和活躍地址數在增加。

目前，Status 的使用場景類別比較多，Status 能夠給用戶提供的價值包括：真正完全隱私的點對點通訊，無法反查和追蹤；利用錢包發生的去中心化交易，包括需要到 OTC 進行數字貨幣和法幣的交易；DApp 導航，連接到 DApp 的入口；付費交談等基於身分和費用的各種交流模式。

Status 項目抓住即時通訊軟件和以太坊瀏覽方面存在的問題，基於以太坊建立一個去中心化平台，整合了即時通訊客戶端、DApp 瀏覽器、以太坊系輕錢包三大功能。Status 在公募階段的熱度非常高，一度造成以太坊擁堵，籌集的資金也很多。

然而，Status 項目社區建設方面進度一直很慢，到了 2019 年 5 月成立 SntMate 後這一現象才得到改善。Status 已經把適用於 IOS 和 Android 的測試版產品做出來了，缺乏的就是體驗數據，但是距離現在短短一個月的時間，SntMate 幫助了 Status 的 DApp 下載量提高三倍。這對於 Status 來說是一件非常利多的事情，這類社交通訊類的軟件要的就是數據。Jacek Sieka 認為，長期來看 Status 項目具有一定的先發優勢，同時背後有以太坊基金會的支持，如果後期能在生態建設方面有所突破，Status 項目的潛力還是非常大的。

05 區塊鏈+ 5G

區塊鏈作為一種分散式系統，具備 P2P 網路構架，網路上記錄的資訊，具有不可篡改的特點，因而在供應鏈、醫療等領域具備長遠的發展空間。然而，區塊鏈在上述領域的應用，均需佈設一定規模的物聯網設備。在現階段，物聯網設備的採購、佈設成本仍然較高，限制了區塊鏈行業在細分市場的實現空間。另外，對於工業、無人機、智慧城市等需要物聯網大規模廣泛的應用場景來說，受限於缺乏統一的技術標準和執行方案以及因物聯網設備數量巨大，個體元件結構簡單，存在容易被破解、篡改和竊密等資訊安全問題而未普及落地。

隨著 5G 標準凍結、各國頻譜加速發放，5G 商用進程正在快速推進。5G 網絡將提供不少於十倍於 4G 網絡的網絡速率和海量連接，同時網絡時延可以降低至 1 毫秒，且引入虛擬化、雲化、智能化等技術，網絡將變得更加靈活敏捷。這將直接促進各行各業的數字化轉型，包括在物聯網領域的應用，為物聯網提供堅實的連接服務和網絡基礎設施。區塊鏈技術的核心是分佈式計算，以及分佈式計算環境下的群體可信協作機制。區塊鏈技術的分佈式計算和群體可信協作機制，為解決物聯網面臨的可擴展性、協作能力、信任關係與安全保護等方面的挑戰提供了嶄新的思路和解決方案。

5G 作為新一代移動通信技術，具備高速率、低延時和海量接入的特性。目前全球各國政府、運營商和設備提供商都在積極推進和佈局，產業鏈各環節發展成熟，預計未來市場規模可達 17 萬億。區塊鏈作為新一代互聯網，其去中心化、交易資訊隱私保護、歷史記錄防篡改、可追溯等特性可推動 5G 應用的高效發展。針對兩者特點分析發現，區塊鏈與 5G 的結合，一方面 5G 技術加速區塊鏈應用廣泛大規模落地，另一方面區塊鏈技術為 5G 的發展提供更安全、高效的支撐。如果從 5G 的發展現狀切入，結合區塊鏈和 5G 的行業痛點，探索兩者結合的可落地性場景，或許是另一個「珍珠」結合「奶茶」變成全世界都爆紅的「珍珠奶茶」。

區塊鏈＋ 5G 應用場景可行性分析

在具體的應用場景上，5G 技術與區塊鏈技術擁有各自的優勢和劣勢。5G 技術的優勢在於資料資訊傳輸的速率高、網路覆蓋廣、通信延時低，並允許海量設備介入，其願景是實現萬物互聯，構建數位化的社會經濟體系，但作為 4G 技術的延伸，5G 技術依然未能完全打破 4G 技術所遇到的瓶頸，如隱私資訊安全、虛擬智慧財產權保護、虛擬交易信任缺失等。區塊鏈技術作為當前最「火」的話題，旨在打破當前依賴中心機構信任背書的交易模式，用密碼學的手段為交易去中心化、交易資訊隱私保護、歷史記錄防篡改、可追溯等提供的技術支援，其缺點如上所述包括延時高、交易速率慢、基礎設備要求高等。5G 技術作為通信基礎設施未來能夠促進區塊鏈應用項目的落地，以下將列舉 5G 技術與區塊鏈應用的結合，並對場景的特徵、優勢進行描述。

物聯網

5G 技術能夠給物聯網帶來更廣的覆蓋，更穩定的授權頻段，更統一的標準，這將對物聯網和區塊鏈的發展提供有力的支援。具體可以結合的特性如下：

1）點對點網路

作為一種分散式系統，區塊鏈技術在物聯網方面可獲廣泛應用。區塊鏈採用一種 P2P（Peer to Peer，點對點）的網路架構，5G 技術中也採用設備對設備的通信方式，兩者的結合可為物聯網的設備協作提供良好的解決方案。

2）窄帶物聯網（NB-IoT）技術

窄帶物聯網（NB-IoT）技術的應用可以實現海量連接，最多可同時連接 20 萬設備；拓展覆蓋面積，半徑可達 10 公里；降低設備晶片製造成本，升級現有可用的蜂窩網路基站，減少額外部署。同時具備功耗低特點，使用電池可以使用長達一年。

3）低時延

與此同時，5G 技術帶來的高資料傳輸速率，配合新一代網路架構等，可使得設備間實現高回應速度，擴展了物聯網技術應用的範圍。

4）安全性

區塊鏈技術與 5G 技術均使得設備與設備間的通訊成為可能，物聯網可組成一個基本不需中心伺服器的網路系統，由此可減少 DDOS 等攻擊手段帶來的衝擊，使整個系統的強健性更強、安全性更高。

大數據與人工智慧

1）雲端傳輸

目前手機等設備的計算能力有限，對大數據、人工智慧方面的應用，設備的存儲和運算能力有所不足。5G 技術全面推廣後，在設備端獲取的大量資料，可快速傳輸至雲服務器，由雲端的伺服器進行存儲、運算，並把運算結果快速回饋至設備端。資料傳輸速度的提升可大大減輕手機端的硬體壓力，並使如畫面、視頻等資料量巨大的相關智慧應用，能在日常生活中實現全面鋪開。

2）數據運營

區塊鏈可為 5G 時代人工智慧的運營服務提供支援。使用區塊鏈中如零知識證明等技術，可在保護用戶隱私的同時，使得資料交易、資料租借等成為可能。與此同時，作為人工智慧技術關鍵的模型資料，可通過在區塊鏈上流轉、使用，在擴大使用範圍、使更多人獲益的同時，保護創作者權益。在 5G 技術使得大資料、人工智慧使用更廣泛的情形下，基於區塊鏈的資料交易市場預計將迎來進一步發展。

車聯網、無人駕駛、工業控制

1）低時延

車聯網、無人駕駛、工業控制等技術，均在降低時延方面要求極高，而 5G 在網路延時方面較 4G 可降低一個數量級，可為上述領域提供堅實的技術保障。

2）分散式網路

5G 技術允許設備與設備之間進行通訊，形成 D2D（Device to Device）網路；而區塊鏈技術同樣為分散式網路提供一種解決方案。5G 技術與區塊鏈技術在車聯網等領域的應用，將使這些分散式網路中的設備協作成為可能。

3）信息透明

在區塊鏈上，若設備均處於同一主鏈，主鏈上可根據許可權共用全部或一部分資訊，使得工業生產、車輛協作等所獲取的資訊更完整，體系更智慧，減少如供應鏈領域的「牛鞭效應」等滯後情況。

4）信息溯源

區塊鏈技術具備不可篡改的特點，在網路結構日益複雜的情況下，網路節點間的所有指令、行為等資訊均將保留存檔憑證，有利於解決糾紛以及在需要的情況下對事件還原並進行研討、分析。

區塊鏈＋人工智慧＋物聯網＋ 5G

區塊鏈與人工智慧、物聯網、5G 技術的結合，有望推動智慧城市、數位社會、資產上鏈等領域的發展。區塊鏈技術可對現實物理資產進行確權，通過智慧合約等技術，使得通證化的物理資產在鏈上更靈活、更自由地流轉，豐富市場層次，充分激發生產力。5G 和 NB-IoT 為代表的物聯網技術將會突破現有物聯網的局限，廣泛應用在物流、農業、自動化管理等各個領域，在生產效率、成本和安全性方面帶來巨大創新優勢。人工智慧技術將使得工業生產、資產流轉等效率更高，資源得到更優質的配置。而 5G 技術則作為上述技術的基礎設施，在高速的資料傳輸下使得人與人、人與物、物與物之間更高效、可靠的連接成為可能。

應用場景	5G 技術	區塊鏈技術
	特點：高速率、低延時、海量連接	特點：去中心化、共識機制、智慧合約、加密
物聯網	低時延、D2D 網路，NB-IoT	點對點網路大規模協作、安全性
大數據與人工智慧	雲端傳輸	數據運營：隱私保護、不可篡改等
車聯網、無人駕駛、工業控制	低時延、D2D 網路，NB-IoT	分散式網路協作、資訊溯源、資訊透明
智慧城市、數字社會、資產上鏈	低時延、D2D 網路，NB-IoT	智能合約、不可篡改、隱私保護

06 區塊鏈＋醫療

雖然區塊鏈經常與比特幣和其他加密貨幣相關聯，但區塊鏈技術也已被用於在各種不同行業探索數據存儲和保護。除慈善行業和供應鏈外，醫療保健行業也是討論最多的案例之一。區塊鏈的哪些方面使其適合用於醫療保健呢？

英國技術創新中心 Digital Catapult 的區塊鏈首席技術專家羅伯特・里爾尼（Robert M. Learney）博士說：「從理論上來看，什麼是醫療保健？醫療保健是在互相連結中具有極其複雜行為的系統。」並且他們團隊團隊十分期待將來能夠開始作區塊鏈技術的試點實驗：透過使用智能合約使流程自動化，打造以加密貨幣資產作為副本的資料庫，並觀察其能夠帶給醫療保健領域的意義。而醫療保健行業需要先考慮實驗的可行，然後才能考慮整個系統性的轉變。在醫療服務部門認為一切都必須改變，並且在改變一切之後獲得相對的利益；但是事實恰恰相反，是先需要啟動小型實驗以證明區塊鏈的價值，然後再嘗試從上到下全面檢查整個系統需要改變之處。

區塊鏈與醫療保健的結合，特別是電子醫療數據的處理，是當前區塊鏈應用的重要研究熱點之一。醫療數據有效共享可提升整體醫療水平，同時降低患者的就醫成本。醫療數據共享是敏感話題，是醫療行業應用發展的痛點和關鍵難題，這主要源於患者對個人敏感信息的隱私保護需求。

區塊鏈為解決醫療數據共享難題提供潛在的解決方案。患者在不同醫療機構之間的歷史就醫記錄可以上傳到區塊鏈平台上，不同的數據提供者可以授權平台上的用戶在其允許的渠道上對數據進行授權訪問。這樣既降低了運營成本也解決了信任問題。區塊鏈在醫療領域的一個比較典型的應用是慢性病管理。醫療監管機構、醫療機構、第三方服務提供者及患者本人均能夠在一個受保護的生態中共享敏感信息，協調落實資料唯一性機制，促進疾病得到有效控制。

在醫療保健中使用區塊鏈的優勢

區塊鏈支持加密貨幣的一些特性，如可靠安全的記錄金融交易，這些特徵同樣也適用於存儲醫療數據。由於大多數區塊鏈被設計為通過使用加密技術來記錄和保護文件的分佈式系統，因此在沒有得到網絡所有其他參與者同意的情況下，單一個體很難破壞或更改數據。因此，區塊鏈具有不可篡改性的特徵，能夠為醫療保健創建不可篡改的數據庫。

此外，區塊鏈中使用的對等體系結構能夠讓記錄患者信息的所有副本在進行更新時彼此同步，即使它們存儲在不同的計算機中。實際上，每個網絡節點都擁有整個區塊鏈的數據副本，並且它們定期通信以確保數據是最新和有效的。因此，去中心化和數據分發也是重要的方面。

值得注意的是，區塊鏈是分佈式的，但並不總是去中心化的（在治理方面）。去中心化不是二進制代碼，因此取決於節點的整體架構和分佈式體系，分佈式系統會呈現出不同程度的去中心化。在醫療保健領域，區塊鏈通常被構建為專用網絡，而不是加密貨幣所使用的公共網絡。雖然任何人都可以加入並參與公有鏈的開發，私有版本通常需要許可，並且可由較少數量的節點進行管理。

第一、提高安全性

如上所述：在醫療保健行業中，區塊鏈最重要的用例之一是利用該技術創建安全、統一的點對點（分佈式）數據庫。由於區塊鏈的不可篡改性，數據破壞不再是問題。區塊鏈技術可用於有效地記錄和追蹤數千名患者的醫療數據。

與依賴中心化服務器的傳統數據庫不同，分佈式系統的使用能夠讓數據交換具有更高的安全性，同時還可以降低當前系統的管理成本。區塊鏈的去中心化也能夠讓它們免於技術故障和外部攻擊的影響。區塊鏈網絡提供的安全性，對那些長期受黑客入侵和勒索軟件攻擊的醫院非常有效。

第二、交互性

基於區塊鏈的醫療記錄體系的另一個優點是它們能夠增強診所、醫院和其他醫療服務提供者之間的交互性。數據存儲系統的技術差異通常使組織之間難以共享文檔。然而，區塊鏈可以通過允許授權方訪問記錄患者數據和藥物記錄的統一數據庫來解決這個問題。因此，服務提供商彼此之間可以在單個存儲上協同工作，而不需要嘗試與對方的內部存儲進行交互。

第三、可訪問性和透明性

除了簡化了數據記錄的共享過程外，區塊鏈系統還可以為患者的健康信息提供更高水平的可訪問性和透明性。在某些情況下，校驗患者文件所做的更改可以確保記錄的準確性，如果使用得當，這種驗證可以提供額外的安全保護，以防人為錯誤和故意偽造。

 第四、可靠的供應鏈管理

區塊鏈可以為藥物在製造和經銷過程中提供可靠的管理，從而減少藥品偽造的普遍問題。區塊鏈技術與用於測量溫度等因素的物聯網設備相結合，即可用於驗證儲存和運輸過程中的藥物品質。

 第五：保險欺詐保護

區塊鏈還可用於打擊醫療保險欺詐，這一問題每年會造成美國醫療保健系統損失約 680 億美元。存儲在區塊鏈上的保險數據能夠與保險提供商共享，通過不可篡改性防止一些常見的詐騙行為，例如對從未發生過的事件提供賠償以及對不必要的服務付費。

 第六：臨床試驗招募

區塊鏈在醫療保健中的另一個用途是提高臨床試驗的品質和有效性。試驗招募人員可以使用區塊鏈的醫學數據來識別出通過藥物康復的患者。這樣的招募系統可以極大地改善臨床試驗註冊環境，因為許多患者沒有相關的藥物試驗意識，因此也從未有機會參與其中。在進行臨床試驗時，可以使用區塊鏈來確保所收集數據的完整性。

第七、患者能知道自身醫療數據的去向

根據調查統計，有 82%的患者想知道他們的數據被如何使用、以及被誰使用。他們想要更多知的權利，但這是今日他們所沒有的……區塊鏈正是用來讓患者可以控制其數據的正確工具。

在醫療保健中使用區塊鏈的問題

儘管區塊鏈對於患者和醫療服務商來說，有諸多優勢，但要在醫療領域取得推廣前，區塊鏈仍然有許多問題需要克服。

第一、合規問題

以美國為例，有興趣採用區塊鏈技術的醫療保健公司必須遵守現有的數據規定，例如 1996 年的健康保險流通與責任法案（HIPAA）。基本上，HIPAA 涵蓋了醫療保健行業的數據存儲、共享和保護標準。因此，為了完全符合該法案要求，美國公司需要部署定制化的區塊鏈記錄系統，以增加隱私功能和可訪問性權限。

第二，初始成本和效率問題

在提供商端，區塊鏈解決方案可能涉及高額的初始投資成本，這一事實無疑會阻礙更廣泛的推廣。此外，就每秒交易數而言，分佈式系統往往比集中式系統要慢得多。與集中式系統相比，擁有眾多節點的大型區塊鏈網絡可能需要更多時間來傳輸和同步數據。這對於最終需要存儲和追蹤數百萬患者信息的大型數據庫尤其重要。面對大尺寸圖像文件，例如計算機圖形掃描或 MRI 掃描，這一問題會更為突顯。

台灣醫療的應用

區塊鏈讓醫院「還歷於民」北醫智鏈護照轉診健檢功用多，台北醫學大學附設醫院將病患電子病歷和醫療資料寫入以太坊聯盟（Enterprise Ethereum Alliance；EEA）架構私有鏈中加密，並提供區塊鏈資料錢包給病患，其中儲存了病患看診時的各種資料；病患可以透過智鏈護照

App 查詢。過去提供給高階健檢使用，現在則與大小醫院間轉診一起應用。更包括區塊鏈、人工智慧（AI）等新興科技，未來還會有更多應用。北醫正式上線「區塊鏈病歷」並推出「智鏈護照」，據臺北醫學大學附屬醫院表示，已正式將轉診病歷區塊鏈上線。在名為「分級醫療暨區塊鏈啟動儀式」現場，北醫希望和大家傳達，區塊鏈比想像得更貼近生活：病歷共享、區域共照、醫病共好。民眾可於 24 小時內取得完整病歷摘要、檢查影像等就醫資訊，並授權給其他醫院及診所瀏覽，轉診無須再特別申請病歷，大幅提升醫療體系中的精確性及便利性。北醫的目標，將朝向以病人為中心來發揮效益。

病患在申請智鏈護照後，可以透過官方推出的 App 登入個人私鑰，取得自身在北醫的完整病歷資訊。此舉可幫助病人在小診所和大醫院之間求診時，病歷更加透明且快速化。區塊鏈科技幫助整體醫療關照體系更加完善，落實「大病看醫院，小病看診所」的分級醫療制度。對於病患的隱私上，北醫也設計了三道的驗證手續，防範病歷資料遭受盜用。

區塊鏈的特點，可以讓病歷在醫院、診所的不同節點上傳，降低中心化儲存遭攻擊的缺點。不可篡改的優勢，也將記錄每一筆對於病歷的修改。加上病歷資料上傳前均經加密演算，在網路上以加密後之病歷索引存查，使用前再解密，更能保有病患的隱私及記錄的安全。更重要的是，病患跨院就診無需經歷繁複的資料申請，並可經「智能合約」分享就醫記錄及對象，達到「病人自主」與「病人賦權」的理想。

07 支付市場

由商業銀行、信用卡公司及金融巨頭為首的支付產業，正面臨區塊鏈如臨大敵的挑戰。從 2014 年開始，不論是行動支付還是區塊鏈支付系統都在大幅增加，越來越多資金湧入支付產業。支付產業的未來性，也促使了街口支付、LINE PAY 等行動支付的崛起，與傳統商業銀行搶食這塊大餅，目前已有高達 1300 億美元的資金投入支付技術的突破。除此之外，跨國銀行的結算系統也正在緩步發展，FINTECH 正在以前所未有的方式，影響這個產業。不久的將來，不論是支付系統還是跨境支付，都會在 FINTECH 的技術突破下，改變我們的生活。

一、先來看看支付這市場

支付產業的餅比我們想像的大，全球支付產業在零售，跨境交易，點對點服務和電子商務方面競爭激烈，其市場價值估計一百兆美元。過去四年來，投入支付技術研發的資金高達 1300 億美元，光 2017 年就有「1800 筆交易」總計「400 億美元」的資金用於改善支付技術，而 2018 上半年，就有 800 筆資金投入 FINTECH。而 Y Combinator、Digital Currency Group 和紅杉資本等大型投資機構，在區塊鏈等 FINTECH 領域投入將近 30%的新創資金。

使用者習慣正在改變，傳統的現金及簽帳支付方式，將逐漸被淘汰。

在台灣或許還看不出來，但如果有機會去中國一段時間會發現，支付寶、微信支付的普及程度超乎想像，連乞丐都用微信支付在乞討，曾經聽過這樣一個說法「在中國的一線城市，用現金付款的感覺很土包子」他的說法或許有點誇大，但也體現了行動支付已經改變了中國的支付結構。

交易模式的巨大轉變來自 FINTECH，越來越多行動支付、第三方支付等出現，運用科技結合金融產業，創造無限的可能。目前有許多的金融機構開始在支付系統上結合區塊鏈的應用，試圖增加效益，但是，事實上反而造成了其他的問題產生。

例如：台灣金融機構富邦與玉山銀行分別在政大和台大校園進行區塊鏈行動支付，使用區塊鏈技術完成支付後的清算和記帳工作，商家因此受惠於可以減少對帳時間，但是對於消費者而言就相對無感，但是有一個很大的隱憂，就是一旦高頻交易，可能會延遲時間，甚至還會塞車，對於現代人缺乏耐心，要等待幾十秒的時間，這樣還不如用悠遊卡支付。

二、電子支付 VS 加密數字貨幣支付

支付戰爭要開始了，Facebook 臉書預告即將在 2020 年發布 Libra 穩定幣，電子和加密數字貨幣支付兩大陣營（非加密貨幣與加密貨幣支付）開始有了新的變局。

從 1998 年 PayPal 創立，到支付寶、微信支付首開先河的第三方支付（台灣定義為電子支付，如街口支付、LINE Pay），再進展到以信用卡綁定為主的行動支付（Apple Pay、SAMSUNG Pay），非加密貨幣陣營已經發展近 20 年，整體陣容龐大。

加密貨幣支付陣營，其實要從穩定幣出世以後才開始被真正討論，過去，雖然有比特幣、瑞波幣等標榜電子現金或結算功能，支付功能難以

在幣價價格不穩下落實。而臉書發起的加密貨幣支付——GlobalCoin 在未來將參戰，拉開支付世紀大戰的序幕。

互聯網傳遞的是訊息，區塊鏈除了打包訊息，更可以傳遞「價值」。

不論是第三方支付還是行動支付，都仍是建構在互聯網的基礎上。網路服務公司收到一方的訊息，然後審核看看這個訊息是否值得信任。審核完畢，再將訊息傳給金融機構，金流的流動，是在訊息傳遞後才發生的。

加密貨幣支付則是奠基在區塊鏈技術上。以最典型的比特幣為例：當一方發出的訊息，透過共識決議及非授權制分散式節點，多方共同寫入、認證、打包時，也同時完成價值的移轉，中間沒有國際信用卡組織、發卡銀行或其他金融機構介入，也沒有任何權威人士能夠有置喙餘地。

如果我今天要匯錢給外國的朋友甲，不僅慢又貴，理由在於中間有許多信任問題要克服，例如我不單是要信任我存入錢的銀行 A，A 銀行更要信任朋友存錢的 B 銀行，B 銀行也要信任朋友甲，才能讓他把錢領出。要達成信任，中間都要有一關一關的審核及驗證機制。結束後，銀行間還要透過一種 SWIFT 機制來結算，也讓手續費居高不下。

差別是，電子支付或第三方支付業者，是透過資訊流，加速中間審核及驗證機制，提高達成信任的效率。而區塊鏈技術則是直接抽掉中介機構，讓訊息流被紀錄時交易也就完成了。從互聯網與區塊鏈技術本質上的差異，影響了兩大支付陣營的特徵，用一句話解釋，就是中本聰在比特幣白皮書中蘊含的「去中心化精神」。

三、區塊鏈在支付的疑慮

區塊鏈是相當創新的技術，但也代表著技術尚未成熟，以目前要應用在支付系統上，還有諸多疑慮。

疑慮一、交易速度及吞吐量不足

主流加密貨幣與 Visa 和 PayPal 比較各自交易速度的話，Visa 的交易速度仍然超過了其他任何支付系統，每秒交易量為 24,000 筆。然而第二名 Ripple，以每秒 1,500 筆交易擊敗 PayPal。雖然 Ripple 高達每秒交量 1,500 筆，但與全球支付產業龍頭 VISA 相比差了將近 16 倍差距。

對於真正用區塊鏈來實現日常交易還有段距離，交易吞吐量要能夠大幅改善才能滿足高頻需求，目前無論是哪種區塊鏈技術短期都無法突破這種瓶頸。當前的區塊鏈交易處理能力，基本上低於中心化數據庫的處理能力，因為每一個節點都要計算和驗證交易，且因為節點傳輸，以及密碼學的計算和驗證，共識達成等等，都進一步降低了吞吐量。作為支付系統，處理大量小額支付的交易速度必須要有能力負荷，但面對幾乎是秒結算的街口、支付寶等中心化行動支付，還是相差甚遠。

疑慮二、資產保管安全問題

一般來說，去中心化支付的資產保管相較於中心化支付安全許多，資產是交由本人保管，不會遭受第三方和銀行機構有權凍結，以及被黑客攻擊的風險。但是，對於去中心化支付系統還有一些缺陷，而這些缺陷很難吸引消費者使用。

例如一天的交易筆數非常的多，打錯帳號和金額是蠻常見的事情，如果是使用去中心化支付，交易操作錯誤將不可逆，打出去的錢將會一去不復返。相反的，中心化對於資產管理上有些許風險，不過這些風險其實不高。因此，目前一般行動支付還是較區塊鏈支付更容易吸引使用者。

雖然作為行動支付還有許多需要克服的地方，適不適合使用區塊鏈技術目前採取觀望的態度，但是以現階段來看，區塊鏈支付系統在於跨境支付上相對較有優勢，例如：

➤ **跨境交易速度快**

傳統跨境支付通常一筆交易需要至少 24 小時才能完成，跨境支付存在大量人工對帳操作，而應用區塊鏈的跨境支付可提供全天候不間斷服務，減少人工作業並且大大縮短了結算時間，傳統模式下這類交易完成需 2 到 6 個工作日，但是區塊鏈則是交易完即完成清算。

➤ **降低交易成本**

傳統跨境支付如電匯等須支付手續費約台幣 500 ～ 1000 台幣，有時如果銀行沒有直接對接還須經由中間行，多付一筆手續費。傳統跨境支付存在處理、接收和對帳等成本，但在通過區塊鏈技術，可以削弱交易中介機構作用，並能夠有效降低交易產生的直接和間接成本。對於金融機構來說，可以改善成本，提高盈利，對於用戶來說也可以減少交易費用。

所以比起小額支付，區塊鏈更適用於跨境支付應用。像是目前 Ripple（XRP）與中東地區最大金融機構之一的阿拉伯國家商業銀行（National Commercial Bank，NCB）達成合作，部署區塊鏈跨境支付平台，於九月十七號宣布加入區塊鏈網絡 RippleNet，且 Ripple 會在未來一個月左右推出國際即時結算平台 xRapid 的商業版本。

還有國際知名企業 IBM 於 2018 年 9 月初官網正式刊載的「Blockchain World Wire」（BWW）會基於恆星鏈（XLM）運作的穩定幣進行跨境支付測試，將會成為 SWIFT 系統與 Ripple 的區塊鏈匯款系統 xRapid 彼此競爭。對於許多國際大型跨境企業和金融機構來說，區塊鏈跨境支付將是未來不可或缺的一部分。

對於跨境支付，它的確是一帖良藥，能有效解決傳統跨境支付產生的時間成本與手續費問題。但如果只是為了使用區塊鏈，而強行套用到一般的行動支付上，反而會造成更多的問題，這樣的區塊鏈就沒有任何意義。

四、臉書幣 -Libra Coin

Facebook 計畫推出一個完整的跨境支付網絡，而不僅僅是匯款服務系統，但 Libra 真能承載比特幣白皮書的意志嗎？

筆者認為不太可能的。去年底臉書公布了《Libra》白皮書與其未來規劃，預計將在 2021 年初發布運作穩定幣 的 Libra 區塊鏈非特許鏈，而 Libra Coin 將綁定多元的實體資產（包括各種低波動性資產，例如政府債券來擔保），也承諾會與多家交易所合作，確保 Libra 幣的流通性。一如預期，臉書幣不會與單一法幣掛鉤，因此，除了其他交易所來做以及 Calibra 錢包對接外，臉書幣無法隨時換成某種掛鉤法幣。

一項科技技術真正的落地，應該是使用者根本沒發覺自己正在使用它，就像你現在上網，根本不會意識到背後有多少複雜的技術架構。我常說，臉書幣帶來的意義是，實現人人使用區塊鏈並且人人可實現價值儲存，而在使用時，可能絕大多數的人根本不會知道，也不用知道臉書的穩定幣究竟是如何運作的，就跟你使用手機也不會知道安卓或是 IOS 系統是如何進行錯綜複雜的運作，你只會注意到手機的外型和品牌。

據統計，比特幣活躍地址在高峰時期也不過是一百多萬個，相比臉書的每日用戶數則超越 15 億人，落差極大，且目前臉書並無推出相關支付功能，若未來真的採用穩定幣的支付應用，估計 Libra 將為 Facebook 帶來數十億美元利潤。臉書旗下的 Messenger、Message、臉書社團與市集功能，有大量支付應用場景可以套用，這也是為何臉書幣將很有可能是區塊鏈第一個全球大規模落地的商業應用項目。

Libra 真的比較去中心化嗎？是有一些隱憂，據白皮書露披露名單顯示，合作夥伴包括區塊鏈、投資機構、非營利組織、共享、支付、電子商務、社交媒體、電信七大領域。誰能夠成為 Libra 的節點？白皮書說目標是要做到非許可型 permissionless blockchain，但初期仍是許可型區塊鏈（permissioned）。據說要成為節點，該企業需投入約 1000 萬美元的資金，最初始也只有部分成員（據說只有四家）可以成為系統的「節點」，用於驗證交易並維護交易記錄，來創建新的支付網路。回歸本質，第三方支付仍是由單一的金融機構在認定你的訊息有沒有「價值」，臉書未來可能變成只有少數的幾家在決定訊息值不值得信任。當然，還要看該支付系統的共識協議是如何設計的，但重點是，臉書的穩定幣支付系統，不因為使用了區塊鏈的部分技術而真正擁有所謂「去中心化」特徵。

五、金融監管問題

除了不夠去中心化的疑慮外，緊接而來的是監管問題。防制洗錢金融行動工作組織（Financial Action Task Force on Money Laundering，縮寫：FATF）自今年四月份發表了一份「數位資產反洗錢的初步管理建議」：

FATF 是一個制定國際反洗錢政策的國際組織，他們所出的監理建議書，雖然沒有直接的法律強制力，但始終會大大影響各國的洗錢防制制定方針。該份建議提到一項關鍵：加密貨幣反洗錢的監理重點對象，為虛擬資產服務提供商（VASPs），並建議各國需針對 VASP 業者設計特許監管執照或至少有登記管理制度。Libra blockchain 強調不會被政府規範，即使退一步縱使各國法律真的管不到 Libra 網路，但臉書作為使用 Libra 的業者，提供匯兌、跨境支付，也很可能會落入前述 VASP 範疇中，而不能自外於監理。

在台灣也不例外，台灣監管單位也在近日做出重要回應，金管會宣布，未來將按照 FATF 建議的方向，電子支付、匯款及 STO 三項業務被列為特許業務，須經申請牌照許可或申請進入沙盒實驗，始能運作營業。在台灣未來若要做穩定幣的支付生意，不管是臉書還是其他加密貨幣支付業者，都需向金管會申請牌照，以及面臨 KYC、AML、可疑交易通報、追蹤系統的建構，各種合規程序與成本都需要被考量。考量到過去臉書在個人隱私保護有著黑歷史，先是被歐盟 GDPR 規範搞得焦頭爛額、又在俄羅斯選舉門事件深陷其中。如今臉書幣讓 Facebook 成為 VASP 業者之一，未來最直接面對的，是全球洗錢防治的法規要求，其監理密度比起隱私保護只會更高，不知臉書能否安然過關，這也反映了一件事，區塊鏈和加密貨幣市場要走上完全去中介化並非易事，區塊鏈技術可以有無限的想像但碰到監管就不適宜了。理想抵不過現實的摧殘與挑戰，防制洗錢的監管，就是加密貨幣必須要面對的課題，當加密貨幣被賦予了這些監管義務，要如何保護客戶的隱私、如何避免過度中心化變成兩難課題。

未來種種現實面與商業利益考量加入後，不知會讓臉書幣離真正「去中心化精神」有多遠，但對於區塊鏈應用落地的進展，尤其 2021 年開始我拭目以待。

08 區塊鏈＋物聯網

近年來，物聯網網路和業務發展迅速。隨著越來越多的物（物理世界 & 虛擬世界）的對接需求，現有的物聯網大多基於中心化信任管理的網路與業務平台將面臨越來越多的挑戰。權威機構預測 2021 年物連接數將超過 500 億，2025 年物連接數可能超過 1000 億。萬物互聯將重新塑造現有網路與業務平台。同時，萬物互聯也將使得現有物聯網網路與業務平台面臨巨大挑戰，主要包括：

- 擴展能力：需承載百億級物聯網設備連接服務，物聯網網路與業務平台需要有新型的系統擴展方案。
- 網間協作：運營商之間需要構建新型的協作關係來滿足海量物聯網設備接入服務。
- 安全與隱私保護：缺乏針對海量物聯網設備的通信和數據安全手段，以及隱私保護的措施。
- 信任機制：缺乏針對解決複雜環境下的海量物聯網設備的連接與數據可信機制。
- 通信協作：缺乏海量物聯網設備之間通信的兼容和協作機制。

隨著 5G 標準定案、各國加速推進 5G 商用進程。區塊鏈技術的分佈式計算和群體可信任化協作機制，為解決物聯網面臨的可擴展性、協作能力、信任關係等保護機制，提供了嶄新的思路和解決方案。

區塊鏈與物聯網的融合

物聯網在長期發展演進過程中也仍然存在許多需要解決的難題。在設備安全方面，缺乏設備與設備之間相互信任的機制，所有的設備都需要和物聯網中心的數據進行核對，一旦數據庫崩塌，會對整個物聯網造成很大的破壞。在個人隱私方面，中心化的管理架構無法自證清白，個人隱私數據被洩露的事件時有發生。在擴展能力方面，目前的物聯網數據流都彙總到單一的中心控制系統，未來物聯網設備將呈幾何級數成長，中心化服務成本難以負擔，物聯網網絡與業務平台需要有新型的系統擴展方案。在通信協作方面，全球物聯網平台缺少統一的技術標準、接口，使得多個物聯網設備彼此之間通信受到阻礙，並產生多個競爭性的標準和平台。在網間協作方面，目前，很多物聯網都是運營商、企業內部的自組織網絡。涉及到跨多個運營商、多個對等主體之間的協作時，建立信用的成本很高。區塊鏈憑藉「不可篡改」、「共識機制」 和「去中心化」 等特性，對物聯網將產生重要的影響。

例如：

- 降低成本：區塊鏈「去中心化」 的特質將降低中心化架構的高額運維成本。
- 隱私保護：區塊鏈中所有傳輸的數據都經過加密處理，用戶的數據和隱私將更加安全。
- 設備安全：身分權限管理和多方共識有助於識別非法節點，及時阻止惡意節點的接入和搗蛋。
- 追本溯源：數據只要寫入區塊鏈就難以篡改，並有助於構建可溯的電子證據存證。
- 網間協作：區塊鏈的分佈式架構和主體對等的特點有助於打破物聯

網現存的多個信息孤島，以低成本建立互信，促進信息的橫向流動和網間協作。

區塊鏈促進物聯網網絡的發展近些年來，物聯網作為通信行業的核心發展領域之一，正逐步向建立領域聚焦、能力聚集的物聯網生態方向快速演進，引入各類新興技術已成為通信行業培育物聯網生態的重要手段，而區塊鏈技術、物聯網和 5G 的融合已然是其中不可或缺的重要組成部分。

1、提升 5G 網絡覆蓋能力

5G 網絡作為當前國內外運營商大力建設和爭搶的行動通信網路，傳輸速度可達每秒數十 GB，到 2020 年大約有超過 500 多億部移動設備和物聯網設備將連接到 5G 網絡。通信運營商可以利用區塊鏈技術來提升其 5G 網絡的服務能力。5G 網絡使用的頻率較高，基地台有效通信覆蓋面相對較小、信號穿透力相對較弱，若要滿足網路覆蓋需求，需部署大規模的基地台和室內微基地台，巨大的成本投入成為通信運營商面臨的極大挑戰。為解決此問題，有些運營商在考慮利用區塊鏈技術打造 5G 微基地台聯盟，鼓勵普通個人和商家部署自己的 5G 微基地台，並通過聯盟，連接通信運營商網路，共同向用戶提供 5G 連接服務，提升網路覆蓋能力的同時最大限度降低網路建設與維護成本。

2、提升網路邊緣計算能力

當前絕大多數物聯網環境仍基於中心化的分佈式網路架構，邊緣節點仍受中心化的核心節點的能力約束。通信網路朝扁平化發展，通過增強邊緣計算能力提升網路接入和服務能力已成為發展趨勢。通信網絡的扁平化，與區塊鏈的「去中心化」有著天然的互補特性。利用區塊鏈「 去中心化」機制，可以把物聯網的核心節點的能力下放到各個邊緣節點，核心節點僅控制核心內容或做備份使用，各邊緣節點為各自區域內設備服務，並可通過更加靈活的協作模式以及相關共識機制，完成原核心節點承擔的認證、帳務控制等功能，保證網路的安全、可信和穩定運作。同時，計算和管理能力的下放，也可增強物聯網網路擴展能力，支撐網路演進升級。通信運營商可以提升其通信網路的邊緣結點的獨立性及服務能力，並提升其與其它通信運營商通信網路的網間協作能力。不同通信運營商的邊緣計算結點之間可以相互協作，協同為這些通信運營商的用戶提供通信服務。

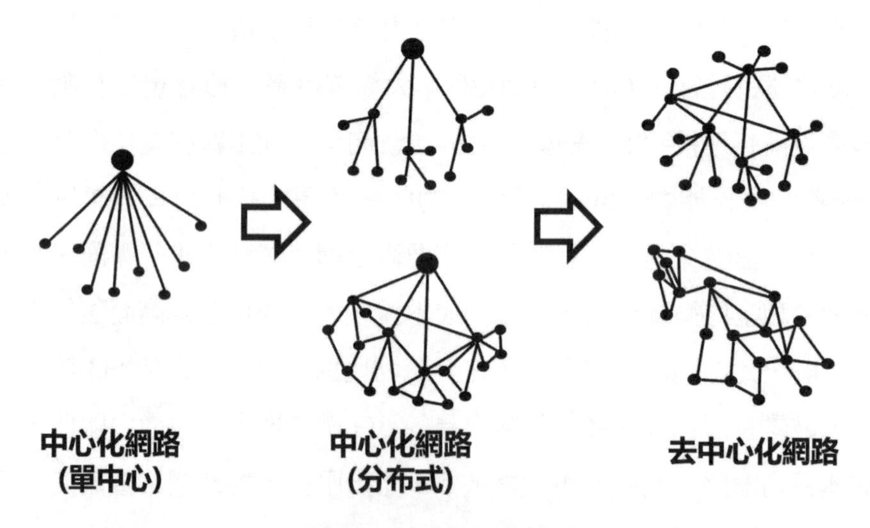

（邊緣計算與網路演進）

3、提升物聯網身分認證能力

數字身分是指將用戶或物聯網設備的真實身分，濃縮後的唯一性數字代碼，是一種可查詢、識別和認證的數字標籤，數字身分在物聯網環境中具有代表身分的重要作用。利用區塊鏈技術，可以使用加密技術和安全算法來保護數字身分，從而構建物聯網環境下更加安全便捷的數字身分認證系統。數字身分利用區塊鏈技術，可以使用加密技術和安全算法來保護數字身分，從而構建物聯網環境下更加安全便捷的數字身分認證系統。數字身分在上鏈之前需要通過認證機構（例如，政府、企業、機構等）的認證與信用背書，上鏈之後，基於區塊鏈的數字身分認證系統保障數字身分信息的真實性，並提供可信的認證服務。物聯網中每個設備都有自己的區塊鏈地址，可以根據特定的地址進行註冊，從而保護其數字身分不受其他設備的影響。為適應 5G 物聯網技術的快速發展，運營商面對更加眾多的產業合作方，必須通過技術手段加強安全的互信合作。公鑰基礎設施（PKI）是一種建立互信的重要技術手段，是運營商對內優化流程、對外協作的安全方案平台。隨著網路與通信技術的發展，PKI 體系在行動通信網、物聯網、車聯網等場景中的應用越來越多。但 PKI 在使用的便捷性和互聯互通等方面產生了一些新的問題。區塊鏈技術去中心、防篡改、多方維護等特點可幫助 PKI 體系更加透明可信、廣泛參與、優化流程等。

4、提升物聯網設備安全防護能力

基於成本和管理等方面的因素，大量物聯網設備缺乏有效的安全保護機制，例如，家庭攝像頭、智能燈、路燈監視器等。這些物聯網設備容易被劫持。被劫持的物聯網設備經常被惡意軟體肆意控制，並對特定的網絡服務進行拒絕服務（DDoS）攻擊。為了解決這類問題，需要發現並禁止被劫持的物聯網設備連接到通信網絡，並在它們訪問目標服務器之前就切斷它們的網絡連接。通信運營商可以升級物聯網網關，並將物聯網網關用區塊鏈連接起來，共同監控、標識和處理物聯網設備的網路活動，保障並提升網絡安全。

 5、提升通信網路運維能力

對於通信運營商來說，傳統的電信設備運維，面臨著諸多問題，例如，設備的日常維護、巡檢等工作會耗費大量人力和時間，同時運維數據也可能面臨造假，不信任等問題。而基於物聯網、區塊鏈技術，則可以減輕或解決這些問題。利用區塊鏈技術，可實現數據的可靠、可信，保證運維數據的真實性。而結合物聯網技術，實現通信設備與感知設備的信息互聯互通，例如，自動感知技術可實現數據的自動採集，將傳統的設備運維擴展為自動化檢查，可極大地提升運維工作效率。另外，在設備現場可安裝溫度、溼度傳感器或攝像頭，實時獲取各種運維數據、環境數據等，或是利用探測器定時對設備進行撥測，檢測設備運行狀態等。藉助物聯網、區塊鏈技術，可以提升電信設備的日常運維及巡檢效率，並能實現數據的真實、可信度。

 6、提升國際漫遊結算能力

未來，伴隨著物聯網連接空間的不斷擴張，全球通信運營商將很有可能需要針對物聯網環境，建立易於操作和運維的國際通信漫遊業務以及相關結算體系。區塊鏈技術可為相關需求提供支撐，幫助運營商建立低成本、高可靠、智能化的漫遊結算體系，包含身分認證、漫遊計費、欺詐識別和費用監測等服務功能。利用區塊鏈系統可信度高和防篡改的特性，運營商及其漫遊夥伴之間可以共享一套可信、互認的漫遊協議文件及財務結算文件體系，所有的漫遊記錄全部都上鏈，實現可查可追溯、安全透明，提升結算工作效率，消除之前因為不一致帶來的爭端處理複雜的難題。

7、提升物聯網數據管理能力

物聯網時代人與物、物與物的連接數呈爆發式成長，使得通信運營商管理的數據規模不斷攀升，數據管理過程中相關信息的確權、追溯、保護等工作面臨全新挑戰。為應對這些挑戰，通信運營商可利用區塊鏈技術進行數據存儲管理，解決傳統數據存儲模式的中心化、易被攻擊篡改等問題，同時，也可使用區塊鏈平台來提供數據交易和交易確權服務。

8、基於區塊鏈的雲服務

利用區塊鏈技術和雲計算平台可以搭建區塊鏈雲服務平台，對開發者與行業用戶提供區塊鏈能力服務。通信運營商可以雲計算平台為基礎，融合大數據、區塊鏈等技術，向區塊鏈應用開發者提供基於平台的服務開發環境，讓應用開發者在彈性、開放的雲平台上快速構建自己的 IT 基礎設施和區塊鏈服務。開發者使用雲平台可極大降低實現區塊鏈底層技術的成本，簡化區塊鏈構建和運維工作，專注於滿足行業用戶的個性化需求或制定專業化解決方案。

區塊鏈技術支持物聯網海量設備擴展，可用於構建高效、安全的分佈式物聯網網路，以及部署海量設備網絡中運行的數據密集型應用。區塊鏈可為物聯網提供信任機制，保證所有權、交易等記錄的可信、可靠及透明，同時，還可為用戶隱私提供保障機制，從而有效解決物聯網發展面臨的大數據管理、信任、安全和隱私等問題，推動物聯網更加靈活化。使用區塊鏈技術建構物聯網應用平台，可「去中心化」地將各類物聯網相關的設備、能力系統、應用及服務等有效連接融合，打通物理與虛擬世界，降低成本的同時，極大限度地滿足信任建立、交易加速、海量連接等需求。區塊鏈在物聯網領域的行業應用探索始於 2015 年左右，比較典型的應用領域包括，智慧城市、工業互聯網、物聯網支付、供應鏈管理、物流、交通、農業、能源、環保等。「物聯網＋區塊鏈」具備廣泛的應用能力，面向產業領域，可以推動智慧城市、保險金融的行業發展；面向公眾領域，可以增強智能錢包、電子代付等應用效能；面向企業經營，可以提升產權管理、大數據交易等服務能力；面向通信領域，可以完善漫遊結算、邊緣計算等功能體系。

區塊鏈應用全景，目前區塊鏈在工業互聯網、供應鏈管理等領域有一些比較成熟的應用，其他領域的應用還多處於實驗驗證階段。

09 區塊鏈＋金融

區塊鏈在未來十年將是影響企業數位轉型的關鍵能力，區塊鏈有可能對企業交易的方式產生巨大的衝擊與改變，它將成為客戶和各行各業轉型變革的主要核心。

區塊鏈有五大關鍵特性將有機會改變傳統金融的現況。

- 第一關鍵特性：分散式帳本

  創造了共享價值體系，在同一網路下的所有參與者同時擁有權限去檢視資訊。

- 第二關鍵特性：不可篡改且安全

  區塊鏈透過有效的密碼機制在保護附加上的帳本資訊，資料一旦加入後是不能更改或刪除。

- 第三關鍵特性：點對點的交易

  去除中心化的驗證，藉由新科技的方式消除第三方機構進行交易驗證及管理改變。

- 第四關鍵特性：互相信任

  採用共識機制，交易的驗證結果會即時被網路中所有參與者確認後，才會成立交易的真實性。

- 第五關鍵特性：智能合約

  具有運行其他業務邏輯的能力，意味著可以在區塊鏈中嵌入金融工具預期行為的協議。

區塊鏈在金融跨領域及不同服務場景的應用：

英格蘭銀行首席科學顧問說：「分散式帳本的技術具有潛在的能力來協助政府在稅務、國家政福利、發行護照、土地所權登記、監管貨物供應鏈以確保資料保存與服務的完整性。」

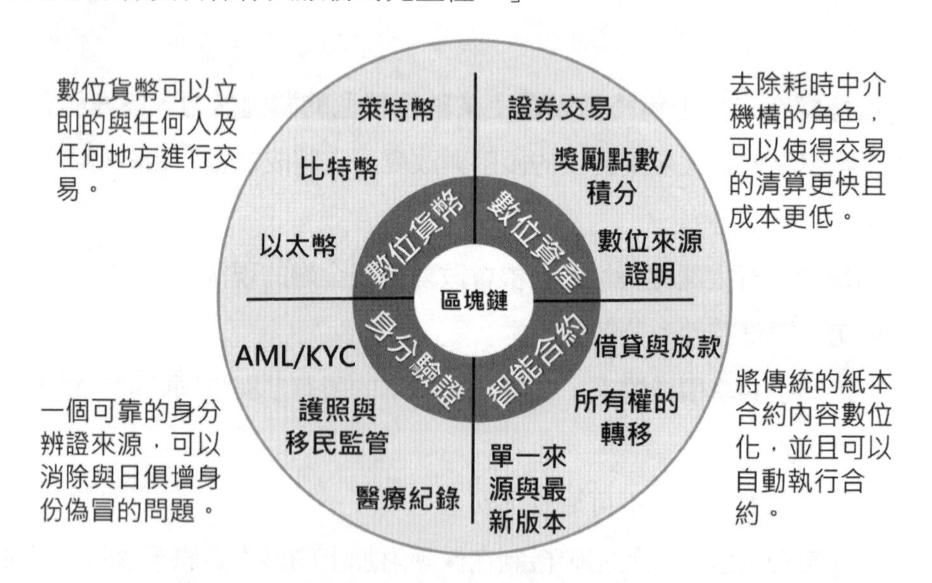

區塊鏈技術將如何影響銀行業

在金融領域與我們生活最息息相關的就是銀行業了，區塊鏈雖然不是源自於金融，卻在金融領域上發光發熱，因為區塊鏈的幾個特性非常符合金融領域的需求，一開始也是藉由比特幣讓全世界的人知道區塊鏈這三個字，目前台灣雖然沒有將數位貨幣納入有價值的法幣領域，但是周圍金融領域區塊鏈的應用已經漸漸多元化了。

在全球經濟中，銀行通常透過他們的內部帳本去管理與協調金融體系。由於這些帳本無法被大眾審查，它迫使人們相信銀行以及它們過時的基礎設施。區塊鏈技術擁有的潛力不僅是改變全球貨幣市場，同時也會影響銀行業，它將去除中間人，並用無需信任、跨界，人人皆可造訪的透明系統將其取代。區塊鏈將很可能有助於促進更快且便宜的交易、快速取得資金、建構更強的數據安全、透過智能合約做無需信任的協議、讓合規流程變得流暢等許多事情。除此，多虧區塊鏈的創新特性，這項新登場的金融構件能夠彼此互通的方式，有機會帶來全新類型的金融服務。

區塊鏈為銀行與金融帶來益處：

- 安全性：基於區塊鏈的基礎設施可免於單點故障，並減少將數據交至中介者手中的需求。
- 透明性：區塊鏈能標準化共享流程，以及創建單一真實的共享來源給所有的網路參與者。
- 信任性：具有透明性的帳本能讓各方更容易合作並達成共識。
- 可編程性：區塊鏈可藉由智能合約的創建與執行，讓商業流程自動化且可靠。
- 隱私性：區塊鏈所擁有的隱私技術，可讓商業機構間共享的資料具有選擇性。
- 性能性：經過精心設計的網路在不同鏈間具互通性，並且能維繫大量的交易，創建出一個相互聯繫的區塊鏈網路。

可以利用區塊鏈快速結算資金

匯款在現存的銀行系統中是一個冗長的過程，對銀行與客戶雙方都需要各種費用，也會需要額外的驗證與行政作業。在即時連線的時代，傳統銀行系統還無法跟上其他科技發展。區塊鏈技術提供全天候可用、更快、更便宜、跨境的支付方式，並且能保證與傳統系統一樣安全。

基於區塊鏈的匯款機構，其主要目標是簡化整個轉帳流程，剔除不必要的中間人。我們使用區塊鏈作為解決方案，是提供無手續費和近乎即時的支付解決方案。與傳統服務所不同，區塊鏈網路不依賴於交易審批的緩慢流程，該流程通常需要經過多個審批員且存在大量的工作量。

相反地，區塊鏈系統是基於分佈式計算機網路的，可在全球範圍內執行金融交易。這意味著交易流程可以通過去中心化和安全的方式完成，僅需要幾台計算機參與驗證和確認交易即可完成。與傳統的銀行系統相比，區塊鏈技術將以更低的運營成本提供更快捷、更可靠的支付解決方案。

換句話說，區塊鏈技術可以解決該行業面臨的一些主要問題，例如高手續費和交易時間長的問題。僅透過減少中間機構的數量，運營成本就會大幅下降。雖然區塊鏈技術能夠為匯款行業帶來諸多顯著的優勢，但仍有很長的路要走，還有一些當前存在的潛在障礙和限制。

- 障礙一、加密貨幣和法定貨幣之間的互換。全球經濟仍以法定貨幣為基礎，加密貨幣與法定貨幣之間的轉換並非易事。在許多情況下，需要銀行帳戶。點對點（P2P）交易可以消除對銀行的需求，但是用戶還是需要從法定貨幣轉換為加密才能使用這筆資金。
- 障礙二、依賴於行動裝置和互聯網等設施。生活在落後國家的數百萬人仍然無法上網，許多人沒有智能手機。
- 障礙三、法律監管問題，加密貨幣監管仍處於初期階段。在一些國家，在法律監管方面有許多不明確之處，或是徹底不存在，這種現像在那些依賴海外資金流入的國家裡尤為明顯。但隨著區塊鏈技術的進一步推廣，也會不斷推動法律監管向前發展。
- 障礙四、複雜難度較高，使用加密貨幣和區塊鏈技術需要一定的技術知識。大多數用戶仍然依賴第三方，也就是中心化的服務提供商，因為自主運行和使用區塊鏈並非容易的一件事。此外，許多加密錢包和交易所仍然缺乏指導說明和直觀友善的界面。

- 障礙五、波動性過大，加密貨幣市場仍然不成熟，且容易受到波動性的影響。因此，它們並不總是適合日常交易使用，它們的市場價值可能會在短時間內發生劇烈變化。除此之外，高波動性的貨幣並不適合轉帳的基礎需求。當然，也不需要過度擔憂該問題，穩定幣就能提供可行的解決方案。

轉帳匯款行業在過去十年裡經歷了顯著成長，在接下來的幾年裡發展規模也會不斷增大。尋找工作和教育機會的人口移民率不斷上升可能是主要原因之一。然而，該行業仍然受到效率低下和諸多限制的困擾。因此，越來越多的公司正在利用區塊鏈技術提供更有效的替代方案，我們很可能會在不久的將來，看到更多的應用在國際移民中推廣。

直接在區塊鏈上募資

過去，尋求募資的企業家需要依靠外部的金融家，像是天使投資者、風險投資家或是銀行家。這是個嚴峻的過程，需要關於估值、股權分配、公司策略的長時間等協商。

首次代幣發行（Initial Coin Offerings，ICO）以及首次交易所發行（Initial Exchange Offerings，IEO）讓新興項目有機會能在沒有銀行與其他金融機構的幫助下募集資金。基於區塊鏈，ICO 讓公司在假定代幣能產生投資者回報下，於交易所中販售募資用的代幣。傳統上，銀行在促成商業證券化與首次公開發行（Initial Public Offerings，IPO）上收取龐大的費用，但區塊鏈技術有助於免除這些費用。

值得一提的是，ICO 可能有助於募資民主化，儘管它確實有些問題。由於發起 ICO 相對容易，讓項目在沒有任何兌現其承諾之正式或具體要求下，募得大量資金。ICO 市場多數仍缺乏監管，因此準投資者承擔著極大的金融風險。

在區塊鏈上將資產代幣化

買賣證券與其他資產，像是股票、債券、商品、貨幣與衍生性商品，需要銀行、仲介商、票據交換所與交易所間複雜的多功協作。這個過程不僅需要效率，也得準確。複雜性增加也相應提高時間與成本。

區塊鏈科技在技術底層能簡易所有類型的資產，簡化了流程。因為多數金融資產都由線上仲介商所買賣，將這些資產在區塊鏈上代幣化，對於所有參與者而言不失為一個便捷的解決方案。

有些創新的區塊鏈公司正在探索代幣化實體資產，像是房地產、藝術品與商品。這將使實體資產擁有權的轉移變得便宜且便利。也讓資本有限的投資者開啟了新的道路，讓他們能夠購買高價資產的碎片化所有權，以便投資那些以往他們可能無法投資的產品。

用區塊鏈做金錢借貸

銀行與其他借貸公司寡占了借貸業務，以致他們得以用較高的利率放貸，並且由信用分數限制資金取得。這讓借款變得耗時且昂貴。當銀行佔據優勢，依賴銀行的經濟會把必要資金交付給高價物件，例如車輛與房屋。

區塊鏈技術讓世上所有人都可以參與這種新型的借貸系統，這也是所謂去中心化金融（Decentralized Finance，DeFi）的一部分進展。為了創建一個門檻更低的金融系統，DeFi 旨在將所有金融應用至於區塊鏈上。基於區塊鏈的點對點金錢借貸，它讓所有人可以用簡單、安全、低價的方式借貸金錢，不受任何限制。有了更具競爭力的借貸前景，銀行也將受迫給予顧客更好的條件。

區塊鏈在全球貿易金融的影響

由於加諸在進出口業者身上繁冗的國際規則與監管，參與國際貿易極度不便。對於貨物的追蹤與各階段的移轉，仍需要人工流程，充滿手寫文件與帳本。區塊鏈可藉由正確追蹤全球貨物移轉的共享帳本，讓貿易金融參與者得到更高度的透明性。經過精簡化複雜的全球貿易金融，區塊鏈能為進出口業者及其他商業節省下大量的時間與金錢。

透過智能合約做更安全的協議

合約用於保護人與商業間的協議，但這樣的保護需要高額花費。因為合約本來就很複雜，創建一個合約需要外部的法務專家進行大量作業。智能合約藉由區塊鏈上防篡改、確定性的代碼，可以讓合約協議自動化。金錢可以安全地存在履約保證，並只有在合約協議的特定條件滿足時，才會釋放。智能合約實質上減少了達成合約協議時信任所需的要素，縮小金融協議的風險，以及法律紛爭的可能性。

用區塊鏈保護資料完整性與安全

與可信第三方共享資料總帶有數據遭駭的風險。不僅如此，許多金融機構仍使用紙本儲存的方式，也會大大增加紀錄儲存的花費。區塊鏈技術讓流程簡化，包含數據驗證與回報、數位化 KYC 及 AML 數據與交易歷史，讓財務文件可被實時驗證。這有助於減少操作性風險、詐欺風險與減低為金融機構處理數據的成本。

穩定幣大規模應用的機會

J.P. Morgan 在報告中將穩定幣區分為三類：

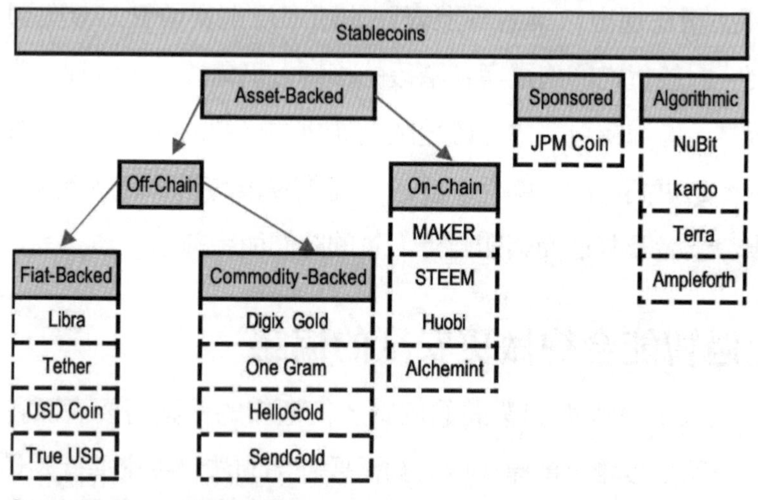

Source: J.P. Morgan, Blockdata.tech

- 第一類、Asset-backed：

  這類穩定幣的發行基礎來自其他資產的擔保，如實體黃金、法幣或以太幣。Asset-backed 類型的穩定幣有鏈下發行的作法，如 Tether 的 USDT，及鏈上發行的作法，如 MakerDao 的 Dai。

- 第二類、Sponsored：

  這類穩定幣的價值來自發行公司的合約，由合約保障該穩定幣可以被轉換成法定貨幣，例如 JPM Coin。

- 第三類、Algorithmic：

這類穩定幣的價值是根據自動鑄幣或銷毀貨幣來達到平衡，是一種去信任的穩定加密貨幣，基於生態系統需求，再通過演算法調整貨幣供給量來實現，如 NuBit 和 karbo 等。

報告中表示，加密貨幣由於波動性太高等因素，大部分被視交易工具而非支付工具，在這樣的情勢之下，給予了穩定幣成長空間。雖然穩定幣波動的程度相較其他加密貨幣小，卻仍然比市場的貨幣波動幅度大。

此外，針對加密資產是否可以成為多角化投資的組合，減少非系統風險，目前尚無法證明，且加密貨幣沒有法幣地位來得規模化，流動性有其限制。因此，目前仍不能為所有散戶投資者、機構投資者和公司提供服務。同時，報告也針對去年引起高度討論的 Facebook Libra 幣提出不少篇幅的分析。

J.P. Morgan Perspectives：「我們並不針對 Libra 專案成功的可能性做探討，而是認為這專案會對金融市場產生直接影響。」

Facebook 要推出的 Libra，正是 Asset-backed 的其中一個例子，報告認為 Libra 特別引人注目的主要原因在於發行方 Facebook 與 Facebook 相關，就令人們對巨大的網絡效應產生高度的想像空間。Libra 儲備池包含了眾多不同貨幣與短期政府公債，但兩者都有可能出現流動性等問題。

首先是政府公債，由於公債近幾年在外流通減少，又以發展中國家公債為主，在執行量化寬鬆 QE 下，貨幣一進入市場，使公債價格偏高、殖利率偏低，雖然 FED 表示不會使公債產生負收益，但低利率會降低長期投資人的意願，從而降低此公債的流通性；因此除了納入公債，也需將銀行存款，尤其是外匯如日圓、英鎊等納入抵押池中，此時銀行會被要求要持有 HQLA（優質流動性資產），來應付大筆金額的輸出。

那麼針對穩定幣，如果被視為非營運性批發存款（non- operational wholesale deposits），銀行需要準備高達 60%的 HQLA，這會降低銀行願意儲存穩定幣擔保品的意願。

有許多分散式帳本技術（DLT）的運作方式是非常耗能的，像是比特幣，比特幣網路消耗的電量與奧地利整個國家一樣多，儘管其處理的交易量遠遠不足以供應奧地利國家所需。報告認為，在實務上區塊鏈技術需要的是「不那麼分散且半私密的區塊鏈網絡」（less distributed，semi-private networks）。

法規也是影響區塊鏈發展的重要因素

除了上述提及區塊鏈目前在商業面及技術面遇到的問題之外，各國政府對於區塊鏈的態度，也是區塊鏈大規模應用的關鍵，目前大部分的政府還是略顯保守。報告認為區塊鏈產業應用從 PoC 轉到實際運作最大的瓶頸來自於法規。

另外，報告也預測首波大規模應用應該會落在金融機構，即如上文所述，許多銀行正嘗試使用區塊鏈技術來降低營運成本，只是金融機構長久以來的僵固體系，要引入革命性的技術，在時程上還是具有一定的挑戰性。

雖然使用區塊鏈來提升金融服務效率的革命號角早在幾年前就已響起，但較為保守謹慎的金融機構，對於新技術的應用和大規模採用，仍需要一段時間，本篇報告及大部分研究機構都預估：區塊鏈在企業應用的普及大約還需要再 3 ～ 5 年時間；至於前兩年比較熱門的供應鏈物流區塊鏈應用，在此篇報告中並不被看好；最後談到區塊鏈的穩定幣應用，已出現不少局部性的應用，但因為還有一些底層商業邏輯及系統流通性需要被驗證，大規模普及的時間點還不容易預測，而去年各國政府積極投入的數位法幣也可能成為區塊鏈之外，穩定幣的另一種發展方向，值得持續觀察。

對於 J.P. Morgan 報告所聚焦的這三個垂直主題，我們可以清楚了解到目前的進展與未來的展望。只不過該報告的視角主要還是從金融機構出發，可能無法涵蓋區塊鏈發展的各種可能性。因此，從產業區塊鏈第一線從業者的角度，有三個方向也很值得觀察——

第一、跨產業的協作

區塊鏈是一門關於「合作」的技術，它的潛力絕非僅是金融產業內對現有業務的優化。把區塊鏈運用在跨產業的創新協作，更具爆發性。像是「供應鏈」融合「資金鏈」、「汽車業的車聯網」融合「智慧保險」、「穿戴式 IoT 產業」融合「醫療服務產業」等，這些跨產業協作都涉及了數據保存、授權共享與真實性驗證，更重要的是都涉及了數據的資產化與資產交換。過去，產業之間存在明顯的數據鴻溝，資訊落差大且相互不信任，限制了高效協作的可能性，而區塊鏈技術的出現，將有機會填補這道鴻溝，釋放跨產業協作的巨大商業價值。

第二、多方共同參與的全新物種

這邊舉目前全球規模最大、發展最快的貿易融資網路——馬可波羅網絡（Marco Polo Network）為例。馬可波羅是美國銀行、德國商業銀行、法國巴黎銀行、MasterCard 等超過 25 家跨國金融機構及大型企業共同加入的開放平台（Open Platform），這是 Open Banking 概念的體現，也是過去從來沒出現過的新商業物種，利用分散式技術集成了各方數據，並且使得各方在這個分散網絡上展開商業協作。我們已經難以界定這樣的平台，到底是金融機構還是軟體科技公司了。

 第三、去信任金融服務的試驗與合規之路

從去年開始，許多區塊鏈的開發者將重心轉移到 DeFi（去中心化金融）領域，利用區塊鏈不可篡改的特性實現了程式碼的強制執行力（Code is Law），進而能夠以極低的成本（幾行程式碼）取代金融機構的某些業務，如存款、借貸。雖然 DeFi 發展還非常早期，但這些全世界最聰明的人之一，正以過去數百年金融演化所無法想像的速度，累積大量的數據、快速迭代修正，在過去幾次的錯誤危機中，也展現出強大的自修復力。在 DeFi 以成熟技術之姿走向大眾之前，對於法規的碰撞與調適在所難免，但仍然令人期待。

10 區塊鏈賦能保險

陳易白／兩岸百強講師／區塊鏈大學士

傳統項目優化

區塊鏈技術的應用將對保險業產生翻天覆地的影響，保險的功用基本上不脫離醫療、意外、責任之風險轉嫁、損失填補、旅遊平安順利等基本的保障；退休規劃以及資產傳承這三大領域，在去中心化、去信任化、去邊界化的新時代，保險的樣貌將會與現在迥然不同，茲分述如下：

一、基本保障

現代的保險起源於英國的一個小漁村，畢竟每次出海，漁民們都是用命在跟大海搏鬥，尤其是遠洋漁業，每次出航能不能都有命回來都還是未定之天，即使回來了也有可能遭受職災，受傷或者是失能都是有可能的，所以當時村長就發起了一個互助計畫——每位船員可依自由意志，選擇是否要出一份公積金，有出錢的人一旦出事，這一筆公積金就拿來支付他們的喪葬費用或者是生活津貼，因為立意良善，被擴大舉辦並逐漸地拓展到其他的行業以及領域。其基本精神就是讓大家都各自出一點點的錢來做為不幸者的經濟補貼（鐵齒而不願參加互助計畫的傢伙們就只能自求多福囉），但因為後來各種需要被轉嫁的風險態樣不一，且參與的人數與日俱增，需要專業的精算與統計、理賠人員，又因為向大眾收取總額非常高的資金，有監管的必要，遂演變成為一種特許行業。時至今日所有的保險公司基本上都是受政府監管並以中心化的方式在運營著，但在大數據以及區塊鏈技術問世以後，傳統的做法似乎已經顯得不合時宜了！

大家想一想，從「互聯網＋」邁入「物聯網」的時代，是不是所有的統計數據都能夠即時地做到又快又好呢？各種風險的發生率以及所需要負擔的金額，都能夠一覽無遺，如果牽扯到責任險，甚至於連肇事責任的歸屬都能夠在第一時間完全自動判斷！如果一開始就已經將各種狀況都以智能合約的方式律定清楚，是不是在出險的第一時間，理賠款就能夠直接打到保戶的帳上呢？既然一切都是在鏈上進行的，每一個事件是怎麼發生的、大家的錢是怎麼流出去又用到哪裡？完全都是透明的，那就沒有監管的必要了，不是嗎？只要智慧城市普及，5G 以上的網絡鋪天蓋地，所有的環節都將全自動快速處理完畢，屆時金融監督管理委員會保險局只要有幾位懂程式碼的人員，對每個保險產品的智能合約做好把關，就可以「垂拱而治」了……

（一）疾病醫療

- 醫療前之階段（以重大傷病類的保險為代表）

1. 被保險人是否有既往症，在線上即可直接完成照會，掌握體檢相關數據後，該核保的核保、該拒保的拒保、該批註的批註、該加費的加費，毫無灰色地帶。
2. 投保後一旦確診，資料上傳後，智能合約就會自動去比對是否符合理賠要件，該賠的就馬上賠。
3. 如果有約定祝壽金，當被保險人的年齡到達約定的歲數時，只要戶政機關的生存狀態的註記有所變動，理賠款也會自動執行入帳程序。

- 醫療中之階段（以實支實付、住院日額類的保險為代表）

1. 被保險人是否有既往症，在線上即可直接完成照會，掌握體檢相關數據後，該怎麼做就怎麼做。
2. 如果發生保險事故，依目前一般性的做法，都是要由被保險人先與醫療機構結帳，再憑單據向保險公司申請理賠。但若配合物聯網與智能合約，未來可以讓被保險人在醫療費用產生時，即能獲得理賠，醫藥費直接入醫院的帳戶，待離開醫療院所後，若有應給付的差額，也會立即撥入受益人的帳戶。（部分業者已運用這樣的概念在做理賠服務）

- 醫療後之階段（以失能扶助、長期照護類的保險為代表）

1. 如上所述，被保險人是否有既往症，在線上即可直接完成照會，掌握體檢相關數據後，該怎麼做就怎麼做。
2. 如果發生保險事故，依照醫療機構上傳的資料，與智能合約比對，如符合給付條件，便直接撥款予受益人；若有定期檢核之條件（例如：尚生存、失能狀態持續達某程度），也可依戶政機關與醫療單位上傳的資料，自動判斷是否繼續給付。
3. 如果有約定祝壽金或身故理賠金，當被保險人的年齡到達約定的歲數時，只要生存狀態的註記沒有改變，祝壽金就會立馬入帳；若被保險人在未達約定的歲數前便死亡，身故理賠金也會因其存歿狀態的變更，而直接撥付給身故受益人。

（二）意外

1. 投保時保險公司針對被保險人之職業類別、年齡、性別、身體狀況，可立即做出是否承保、約定除外事項之判斷。
2. 當保險事故發生的時候，因為有很多的數據，可以來判斷是不是「真的意外」（傳統的保險公司很多資源是用於避免騙保，但是如前所述隨著「智慧城市」5G 以上的網絡舖天蓋地建構完成之後，基本上所有的事件很難逃過「天羅地網」的掌握，現在的技術，搭配穿戴裝置，已經可以做到連一個人是不是「故意要跌倒」都能夠判斷得出來，如果他是真的摔倒了，他躺在地上多久、心跳及血壓的變化等數據，也都能夠被掌握得一清二楚），所以當警政單位及醫療院所的數據上傳後，該理賠的款項就該入帳了。

附帶一提，傳統的保險理賠程序因頗為繁瑣，所以有一些怕麻煩的人沒有把所有依契約該理賠的單據全部都拿出去請款，甚至有一些人如果覺得自己受的傷不是很嚴重的話，也不會去看醫生。筆者自己就有過這種經驗——有一個舊傷在受傷時正好是當時投保的意外險即將屆期的前兩天，剛摔傷時左小腿非常疼痛，當時還以為骨折了，躺在地上約莫十幾分鐘後，漸漸起身時，覺得只是不太嚴重的瘀血，過幾天應該就會好了。不料數日後，患部的狀況愈發嚴重，竟然形成了一個紫黑色的大腫塊！幾經使用生物科技產品調理，雖改善不少，但時至今日尚未痊癒……

這些都是理賠款的沉澱（保險公司多賺的錢）。但是當以後所有的理賠程序都變得自動化時，是不是所有的傷患們也不需要再去顧慮理賠手續有多麻煩了呢？如此一來，「出險」的狀況就會變多了，屆時核算保費的數額也可能也會受到一些影響，所以建議還沒規劃意外險的讀者們，可以考慮早點鎖住較佳的條件投保，日後便能以相同的內容續約。

（三）責任險

1. 隨著前述「天羅地網」的形成，未來各式各樣的風險數據都會是自然而然被不斷蒐集、分析的，因此設計產品、投保與核保的動作都將極度簡化。
2. 當保險事故發生時，所有的狀況也都一目了然，舉例而言，一輛車子在發生碰撞的時候，車速是多少？與肇事對象的相對位置如何？駕駛人有沒有酒駕行為（更進步的話，甚至酒精濃度達某數值以上時，根本無法發動）？有沒有違規……等等都在數秒之間判讀完成，並產出報告。所以基本上除非是故意行為，否則智能合約會自動執行將理賠款入帳的程序。

（四）損失填補

1. 因為所有的物業相關資料都鉅細靡遺地上了鏈，原始的數據無法篡改，所以無法騙保，核保也會在瞬間完成。
2. 當各種損失之風險出現時，只要金額（透過約定、鑑估或支出修復金額）確定，並將更新之資料上傳，便可以觸發智能合約之給付理賠款機制，例如極端天氣條件的資料由中央氣象局上傳時，便直接給付一筆理賠金予農民或養殖業者。

（五）旅遊平安順利

1. 相信大部分的讀者出遊時，都有過購買旅行平安險或旅遊不便險的經驗，投保時要填寫許多資料，目前有業者推出只要成為申辦電話語音之會員，綁定某張信用卡，爾後最遲在出發前一小時致電全年無休的客戶服務專線，即可獲得比旅行團更便宜約三成的報價，只要口頭同意相關條件，就能完成投保，雖已進步許多，但仍嫌為德不卒（萬一旅客於匆忙之中忘記打電話，便無法安心上路）。若能輔以智能合約，再完成身分認證後，將自己想要規劃的情境做設定（例如：離家多遠的距離、訂購之車票、機票價格達一定金額以上），便能一勞永逸。
2. 過去，若遇到班機延誤、行李遺失等狀況，須申請相關的證明文件才能取得保險理賠；但是現在已有四家保險公司導入區塊鏈與智能合約技術，若遇飛機延誤，系統會自動確認保戶班機是否符合理賠條件，並完成即時理賠申請，未來應該會普遍被各家產物保險公司運用。

二、退休規劃

由於生物科技的進步及醫療水平的提升，人們的壽命越來越長，如果不想拖著老命工作到死的話，一定要趁生產力旺盛時，為未來充沛的現金流鋪路，一般而言，常被運用的工具有所謂的「儲蓄險」、「投資型保險」兩種。

- 儲蓄險：重點在於有紀律地將所得之一部分存起來，透過複利滾存的效果，在經過一段時間之後，能達到理財目標。未來可能透過智能合約運作，自動將一定比例的收入轉入專屬帳號並「鎖倉」，若有其他約款（例如：身故、意外醫療、失能豁免等）亦可一併做設定，當相應之狀況發生時，待相關單位之資料上傳，即可自動給付。
- 投資型保險

1. 單筆進出：在投資標的之波動可接受、配息滿意的前提下，將資金分配到某些項目，因動作單純，用到區塊鏈技術的空間不大（也許只有針對淨值之停利 / 停損有機會用到）。
2. 定期定額：旨在透過有紀律地投入資金於價值穩定成長的標的，藉由行情在低點時多買進單位數，在回檔時能獲利，區塊鏈技術比較可能的運用方向表現在藉由智能合約監控諸多標的之狀況，當設定的條件觸發時，能按紀律轉換或是獲利了結。

三、資產傳承

目前為了達到「遺產免稅移轉」、「確實照顧到想要照顧的人」、「預留稅源」等目的，讓許多人操碎了心，也讓很多保險從業人員及會計師增加了很多白頭髮——稍有不慎，將要保人、被保險人、受益人寫錯，產生的負面效果會很驚人！。

在區塊鏈技術普及後，富人們將不需要再傷腦筋了——創建幾個錢包，將要分配的財產全部轉換成數位貨幣，將公鑰、私鑰及助記詞以萬無一失的方式，於死亡後傳遞給各屬意之後繼者即可（不只用於金錢，當資產都通證化時，可遍及各種動產及不動產、權益）！

未來展望與落地應用

未來甚至有些單純的險種可能根本不需要保險公司承作，只要有共識的互助社群人數夠多，大家光靠手機上的應用程式，就能處理較單純的保險！

舉個例子來說：中國大陸地區有所謂的「相互保」——因為統計數據都已經完備了，只要有相當的量體就能啟動運作！比如說：我們現在發起一個項目，請會擔心發生交通事故的行人加入我們的一個社群；或者是擔心自己會罹患某種癌症的人，加入一個社群，當這個社群的量體夠大的時候，我們就可以開始發動「圈存一小部分資產」的動作，當作理賠公積金。

講得更細一點，如果今天有一些人想轉嫁罹患食道癌需要支付標靶藥費的風險，是不是在這整個承保地區（最大可擴及全球，後詳）該年齡層居民得食道癌比率有多高的數據老早就有了？每個人的健檢報告、過去的就診紀錄如果也都已經在鏈上了，唯一要做的事情就是當這足夠的人數產生的時候，我們就先在鏈上設計大家先圈存非常小的一部分資金做為有可能要理賠的公積金，再約定一個期間：比如說一個年度或者是一個月（期間越短，所需要圈存的金額越小），只有社群成員發生這個風險時，我們才會動用到這一個圈存的金額（每個人所需要出的，就只有一點點的錢）。

這樣子是不是能夠幫助原本看到高額的保險費，就只能嘆氣的普羅大眾？

因為已經沒有保險公司的人事、管銷、行銷等等的這些成本了，所以這個保險產品會回歸到最基本的「互助」精神。如果某人覺得自己有可能會發生傷亡、失能等等的狀況，只需要被圈存一點點公積金，萬一真的發生不幸的時候，大家就拿這個公積金來賠付給這一個出險的人，完全符合首揭提及的現代保險源流之精神。

大家都能夠出得起這點錢。舉例來說，如果以台灣地區來講，我們扣掉沒有勞動力的人之後，概略算 1,800 萬人好了，有風險意識的人我們就抓少一點，算 1,000 萬人，如果 1,000 萬人都有這樣的風險意識，發起人說：每個月我們只圈存你一百塊錢，不多，就只有新臺幣 100 塊錢，把它圈存下來，然後如果真有人罹患了食道癌，看是哪幾個人得到，我們就按照智能合約把它分配下去——這筆錢的確是用於醫療上，如此不會有任何人懷疑「我們這筆錢真的是用到這一些病患的身上了嗎？」對吧？

既然這一個問題被解決的話，我們就可以想到有各式各樣的保險其實都是可以這樣處理的，這種真正要規避風險的保險且非常明確的項目，其實根本就不需要再透過中心化的保險公司來處理了，那當然也不需要有那麼多的監管了，因為區塊鏈本身就是「信任機器」！

這樣可以讓很多本來看到傳統的重大傷病、醫療、癌症……等等保險項目，想規劃但買不起的人，都能夠有機會來享受保險所帶來的利益。某種程度來講，我覺得這是真正能夠幫到最多數有風險意識者的一種做法。

（圖片來自網路，網址為 https://www.youtube.com/watch?v=DcCarH35URg）

再來就是如果所有的大數據都已經完備，甚至包括每個人自己的生理反應（利用穿戴裝置蒐集人體各項數據，比如你的身體某些激素分泌的狀況、你的新陳代謝率、你的心情都能被記錄下來），未來就精彩可期囉！將會有各式各樣你可能連聽都沒聽過、想都沒想過的保險會問世，例如「失戀險」！

幾個月前某家保險公司在官網上跟客戶互動的一款趣味遊戲裡，推出了一個所謂的「比特幣暴跌心痛險」不曉得各位有沒有看到這一則新聞？內容是某天比特幣萬一真的大跌，造成巨額損失，有現貨或做多的人會很難過對不對？（目前只能推定持倉者很難過）就像 2020 年 11 月 26 日比特幣也是有一波暴跌，造成一些合約交易員與跟單的人都損失慘重（包括筆者自己）。

這種資產急速蒸發的狀況會讓很多人非常難過，那個有趣的互動遊戲中，會員可以用平台上的一種點數來投保，如果比特幣暴跌達一定幅度，就啟動這個理賠的機制，它會給投保者幾倍的點數（可用來購買給金融商品或保險商品），這是一個滿有趣的做法。

其實就以現在有一些鼓勵人採取正面積極作為的保險商品而言，已採用一些實際監控得到的數據來作為設計的依據。例如有一種保險只賣給糖尿病患，如果投保的糖尿病患能夠藉由積極控制血糖，會有諸多的優惠。

就像前面提及的，有一些人可能在失戀以後就意志消沉，我們能不能夠也提供一個類似的保險呢？畢竟身心狀態都是能夠監控得到的，所以如果失戀或者心情為某件事情陷入了長時間（例如已經連續七天了）讓人非常提不起勁、憂鬱了很久，那些其實都已經是能夠監控、判讀得到的數據了。

我們就可設計這樣的一種保險：當保戶的憂鬱反應連續達某時間跨度的時候，就啟動一份理賠，若是保戶能夠在幾天內恢復，就可以得到獎勵。這樣子是不是能夠幫助大家活得更健康、更正向、更積極呢？所以未來也許會有非常多新險種產生，如果這個時代來臨的話，單純的保險根本就不需要再有中心化的保險公司存在，就能運作了。

由此可見，想要掌握未來的保險商機，有三個明確的方向——

一、如果你是一個保險業務人員

你不要再指望以後有那種很單純的保險可以讓你來服務了，因為那些全部都能用手機的 DAPP 處理！

你一定要把自己的保險專業素養升級到頂！別人需要你來服務時，就是當產品夠複雜、需要解說並注意很多的細節，而且沒有辦法用智能合約來總括，這樣子的產品才有你服務的機會。

舉個例子：現在就有一種筆者自己很喜歡的複合式投資型產品——本身它的基底是用定期定額的方式來設計的，藉由挑選比較好的標的，我們就可以累積自己的一份資產而且還附帶身故保本、壽險理賠的功能，另有一些很棒的附加功能，諸如可以附帶重大傷病險、意外險、住院日額等其他的保障，都能夠囊括進去。

所以這些產品組合就變得很客製化了，要用死板板的智能合約來律定顯然有困難（因需要時時去調整，隨著保戶的年齡、工作的環境變動，都會有不同的樣貌，如果用智能合約寫死就沒辦法調整了，故有賴專業的保險業務人員來幫客戶做規劃。如果你能夠幫客戶提供這種非常客製化而且靈活的保險設計，你將會是非常有價值的保險業務人才；如果你做不到的話，我勸你早點轉行——因為你將會被 DAPP 打敗！

 二、你可以開發很多的程式賣給業者

如果你本身程式碼的功力是很高桿的，那你只需要把保險的諸多邏輯搞清楚，你就有機會賺到保險公司的錢，甚至於你有可能因為開發很不錯的 DAPP 就賺到一大桶金也說不定呢！

 三、專業的保險周邊作業人員

如前所述，要審查保險商品是不是必須要具備保險知識並懂程式碼？所以這樣的人才，也許可以去金管會保險局工作。

另有一些用智能合約可能還是會有盲點的調查工作，還是會用人去處理。比如說就算智慧城市的發展已經非常成熟了，但是要做到一間有投保商業火險的餐廳出險時，要能夠當下就從種種數據來判斷它這個「失火」是真的，抑或是人為縱火，實有困難——不是技術的問題，但是你能想像如果連這樣子都能夠直接產出真實的錄影畫面直接上傳，然後就能判讀這真的是不小心的，還是故意的，人們的隱私會被侵犯到什麼程度嗎？畢竟我們沒有辦法要求大家都願意這樣大剌剌地把自己的生活這麼透明地公開，有一些人他就算是跟幾個特定的人士聚餐，也不想要讓大家知道。如果是這樣子的話，如何指望能夠去實時監控每一個角落且鉅細靡遺地有影像上傳呢？那就需要專業的火場鑑識人員來處理了。

無論是上述哪一個種類，都必須要非常專業，這樣可以杜絕掉很多

的打混摸魚的從業人員（連賣了你什麼東西他自己都搞不清楚的那種，會直接被淘汰掉），我覺得也是一件好事。

未來有可能發生大量的跨境保險，因為所有簡易的保險都能用區塊鏈來運作，如將剛才提及的某種特定的癌症風險，用一種主流數字資產來作為投保的媒介，只要這個世界有這種共識的人夠多，就能輕易地可以做到跨境保險，且不需要任何國家的監管及任何公司來運營——只要這個共識的群體存在，它就能夠自動運營！

再次強調，只要是很明確、很單純的保險產品，其實在未來，可能都能夠以全球的量體來運作。

行文至此，就讓大家保留一些想像空間吧！如果你有什麼好的想法的話，我建議趕快去把 DAPP 做出來（能夠的話，拿去申請專利），未來應該會有好處的。

談了這麼多，讓我們來看看台灣地區的落地應用狀況吧！（按：以下內容係參考台灣地區之各大媒體報導，為大家做簡單的梳理）

2019 年有業者已與醫院合作建立「理賠服務區塊鏈平台」，保戶於診療結束，即可在其官網線上提出理賠申請及授權，醫院將以區塊鏈方式將就醫紀錄等理賠需要的相關資料提供予業者，輕輕鬆鬆就能完成理賠申請程序。

業者有鑑於以往保戶出院或診療結束後，需再往返醫院申請紙本就醫資料，利用區塊鏈技術安全、便捷的特性，與醫院共同研發這樣的系統，讓保戶於網路上提出理賠申請的時候，同時授權醫院將就醫資料以區塊鏈的方式傳輸給業者，即可省去保戶往返醫院申請文件的舟車勞頓與時間浪費，一鍵完成理賠申請；而保戶除可隨時於線上查閱所授權之就醫資料外，也因區塊鏈的特性而擁有安全的「可攜帶式病歷」，方便日後到別處就醫時使用。

業者表示，透過區塊鏈平台傳輸資料可完整提供收據、病歷摘要等就醫資料，滿足申請各類型醫療險理賠的需求，也因為區塊鏈具無法篡改的特性，保險公司可以完全信任收到的資料，加快理賠速度；而保戶出院後隨時可提出理賠申請，無需填寫及郵寄紙本資料，加上病歷資料以區塊鏈技術加密，讓保戶可安心隨時線上查看，未來亦可用於其他醫院就診或諮詢，非常適合作為建立新一代醫療金融的基礎。

面對即將到來的超高齡化社會，醫療對人們的重要性與日俱增，業者與醫院的合作就是期許共同推動保險金融、醫療服務品質，應用金融科技創新，提升高品質服務，以推動「理賠服務區塊鏈平台」為例，不僅省下保戶奔波的時間，加速醫療理賠金流效率，同時也為醫療機構與保險公司減少管理成本，創造三贏的局面。

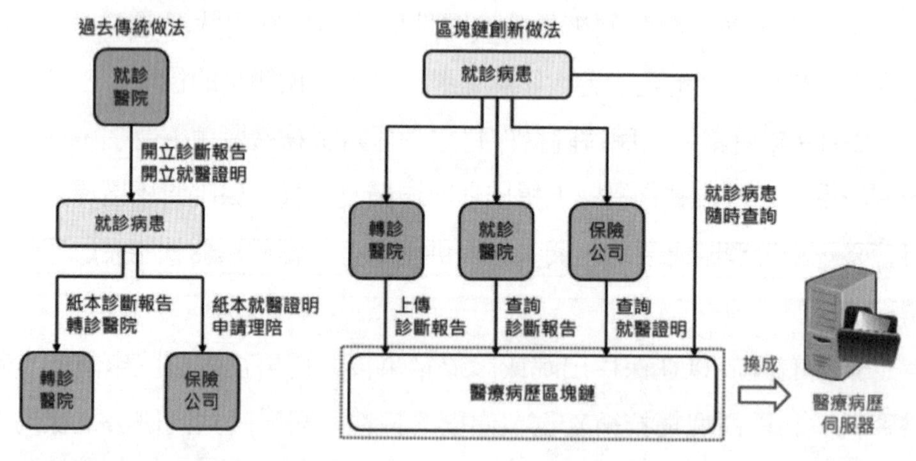

（圖片來自網路，網址為 https：//www.storm.mg/article/2898048 ？ page ＝ 1）

2020 年 7 月 1 日台灣的保險業者終於邁出了聯盟鏈的第一步——據媒體報導，富邦人壽、國泰人壽等 11 家壽、產險公司已開始使用區塊鏈技術搭建「保全理賠聯盟鏈」，未來民眾的保單契約變更及醫療險理賠，只向一家保險公司申請後，文件可互通，此服務將嘉惠上千萬名保戶。

這是壽險業首次將區塊鏈技術運用在保全變更（俗稱契約變更）及醫療險理賠，此區塊鏈技術由中華電信公司提供；壽險公會、9 家壽險公司、二家產險公司都是區塊鏈上的節點，試辦期半年至 12 月 31 日。（按 :「保險業保全 / 理賠聯盟鏈」業務經保險局核准，於 2021 年 1 月 1 日正式開辦，共 18 家產壽險公司參與——富邦人壽、國泰人壽、新光人壽、台灣人壽、南山人壽、中國人壽、元大人壽、全球人壽、第一金人壽、富邦產物保險、國泰世紀產物保險、臺銀人壽、保誠人壽、三商美邦人壽、遠雄人壽、合作金庫人壽、友邦人壽、法國巴黎人壽。）

國人平均擁有兩家以上保單，但以往保戶申請保全契約變更或理賠服務，要分別向各保險公司提出申請，耗時費力，未來只要在一家保險公司申請更動保單地址、電話、電子郵件等個人資料，其他參與試辦的保險公司就會自動更新資料，縮短保險公司的作業時間，也為保戶免去舟車勞頓，透過電子化服務更能有效節省紙張浪費及人力成本，為業者、保戶、環境創造三贏局面。

壽險公會表示，台灣、國泰、中壽、南山、新光、富邦、元大、全球、第一金人壽等九家壽險公司，及國泰世紀產險、富邦產險二家產險公司，一起向金管會申請試辦「保全理賠聯盟鏈」業務，金管會 2020 年 3 月同意，另外，尚有保誠人壽、三商美邦人壽、遠雄人壽、安聯人壽、中華郵政、友邦人壽、法國巴黎人壽及安達人壽八家公司亦已表達將陸續加入的意願。

醫療險的理賠金額若超過 10 萬元，受理的保險公司必須先拿到診斷證明書與收據等紙本，才能進行理賠、把款項匯到受益人帳戶。依法令規定，醫療險的受益人與被保險人須為同一人。

業者表示，中華電信用同一個區塊鏈技術，替公會搭建保全與醫療險理賠兩項服務。要保人（保全服務）或被保險人（理賠服務）向 11 家產、壽險公司中的一家申請，其他十家公司，經過要保人或被保險人勾選者，就會收到變更資料或申請理賠的訊息。至於理賠申請的准駁，回歸各保險公司決定。

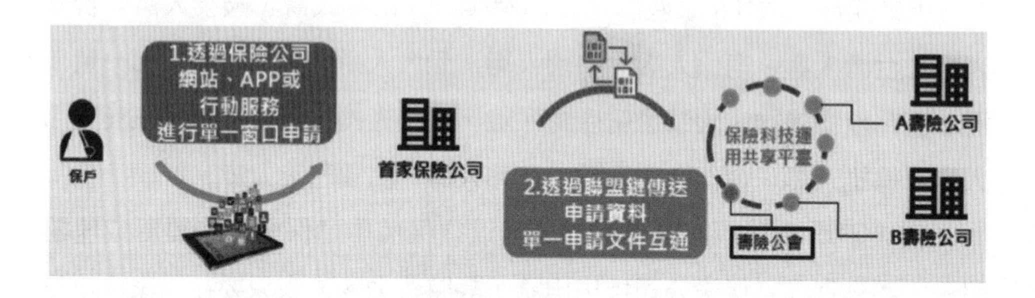

試辦「保險區塊鏈」有助於更迅速、便捷地服務保戶，據了解，保險局今年也要進一步推動電子保單認證與存證機制，鼓勵保險業推動電子保單，且存放在第三方認證機構，在消費者對電子保單的真偽有所爭議時，得由公正第三方提供保單內容，確保保單的保障範圍。

這項機制同樣利用了區塊鏈技術透明、溯源、安全等好處，讓存證資料不會因為壽險公司誤刪或是資料毀損，而在產生爭議時，無法把原始資料找出來。

區塊鏈技術成功開啟保險公司彼此間資料共享的大門，讓原本各自獨立的「數據孤島」，透過聯盟鏈串起，做到保全變更、理賠申請的即時協作；下一階段，整個保險產業的大方向，是串接起醫療院所的結構化資料，來做到理賠自動化。

保全／理賠聯盟鏈現階段運作方式，僅做到部分結構化資料與非結構化資料的共享。結構化資料以申請書常見欄位為主，而非結構化資料，則主要為數位化的醫療文書資料，比如診斷書、醫療單據這類理賠所需的資料。

以理賠申請為例，保戶在聯盟鏈現階段，仍要跑一趟醫院申請一份紙本診斷書與單據等理賠所需的資料，再向聯盟鏈中的保險公司統一提出理賠申請。

因此，下一階段，保險業將往跨產業資料串接的大方向前進。主管機關——保險局對此事持正面態度，保險公司未來若能與醫療院所共通，像是把保戶理賠所需的診斷書、病歷摘要規格化、結構化，在保戶資料進件時，直接串起醫療院所的結構化資料，這是值得討論的方向，甚至遇到法規鬆綁需求，或跨政府部門協調時，保險局也願意出面。

而壽險業一直以來，最想串接的第三方就是醫療院所，希望藉此來進行資訊交換。未來如果能開放將保險業者與醫療院所對接的資料，直接作為保全／理賠聯盟鏈的進件來源，對於數位化程度高的保險公司來說，就能直接展開自動化流程，靠 AI 模型、機器人流程自動化（RPA）做到理賠自動化。

不過若開放醫療院所的結構化資料串接，保險產業也將掀起一波淘汰。主要是因為，即便結構化資料進來，保險公司是否具備足夠能力，做到理賠自動化，也將更突顯每家保險公司的數位化落差，競爭態勢也會帶來改變。

壽險公會則表示，希望聯盟鏈下階段能慢慢串接起醫療院所的結構化資料，讓保險公司能做到智能理賠，才能讓保險公司、保戶更為方便，主管機關也較容易監管。

不只與醫療院所串接資料，壽險公會對於聯盟鏈有著更多場景的想像。現在所完成的平台是基礎建設，在未來，各項產物保險都能全面應用

（比如汽車保養廠也可以透過這個基礎平台，透過車主的授權，直接把汽車維修資料傳遞給產險公司，就能在區塊鏈上做到即時理賠）。要做到可以跨產業並不容易，不過，一旦能夠串接起來，在產業鏈、流程自動化等面向，都會產生非常大的改變。

也許區塊鏈的應用對民眾來說仍很陌生，但其實各保險業近年來積極推動保險科技（Insurtech），不僅帶動產業轉型，保險科技的便利性也早已悄悄滲透你我的生活。

例如目前有業者已經與全台數十家區域指標醫院合作。當保戶因住院、開刀產生醫療費用後，不用先繳費給醫院，再向保險公司申請理賠，而是可以由業者直接「對接」付費給合作的醫院，抵繳後，若理賠金有剩餘，在出院隔日就會自動匯入保戶帳戶。

UBS 台灣財富管理就曾表示，保險科技意指保險業運用新創科技來設計新的產品與解決方案、改善流程及營運效率，並提升客戶體驗和滿意度。穿戴式裝置、連網裝置、人工智慧、區塊鏈及數據分析即是保險科技運用的實例，UBS 更預言：「未來五至十年，保險科技可能徹底改變我們購買保險、保單定價及進行理賠的方式。」

保險科技正在發生的大趨勢包括新保險通路的出現，比如現今被廣

泛使用的社群媒體、電商平台，還包括生活中可能接觸到保險服務的場景，如旅遊網站、機票訂購網站等，都可以成為銷售保險的新通路。

新興保險商品崛起，如無人車、資安保險、智慧財產保險、UBI（Usage-Based Insurance）車險、外溢保單、寵物險等。透過物聯網（IoT）提供加值服務，尤其外溢保單興起，保險公司也開始運用 IoT 蒐集個人健康資訊或車輛資訊，來發展諮詢服務或預警機制，甚至鼓勵民眾達成特定任務，來換購商品或降低保費。

結合大數據與 AI 輔助的保險智能決策，目前大多用於精算、理賠與核保的業務中，未來也能擔任顧問的角色，進一步輔助業務員銷售保險，比如當面對客戶諮詢時，能透過大數據、AI 等即時產生分析圖表來對保戶提供服務。

保險區塊鏈共享平台成立後，相信會有更多創新服務將拉近保險與民眾的距離，透過保險區塊鏈、保險科技，也可為保險產業轉型帶來新的服務藍海，拓寬商業邊界，創造更大的經濟效益。

如果讀者對本篇的內容有些想法要交流，歡迎與筆者聯繫～

陳易白已取得之保險及區塊鏈相關證照：

- 區塊鏈應用架構師／CBPRO
- 區塊鏈應用規劃師（中級）／全國工商聯人才交流服務中心
- 區塊鏈數字經濟師／中國電子節能技術協會
- 區塊鏈培訓師／全球華語魔法講盟

手機：0986381705

LINE ID：yi-pai

WeChat ID：yipaicheh

FB 名稱：Yi-Pai Chen

11 區塊鏈＋教育

區塊鏈的運用在當今的時代已經遍及各行各業，且工作效率特別高。在當今的時代，教育是培養人才最重要的方法。社會上的各行各業包括教育在內，很多方面都講究形式化、檔案化。但是在如今教育如此普及的背景之下，這種形式也是選拔人才的有效方法。在知識含量都相當的情況下，選拔人才的標準便從素質、人格修養出發。因此，在如此多的教育與社會事業裡產生出的文件檔案，需要一項技術來高效處理。區塊鏈技術便迎合了這種社會的需要。其強大的數據處理功能，龐大的數據庫決定了它能比人工更高效快捷地處理數據。區塊鏈技術不僅在當今時代熱門的金融行業被廣泛使用。它在教育與社會其他事業方面的運用同樣十分廣泛。對於文件與檔案這種文字性的數據區塊鏈技術也能毫不費力地快速處理，減輕了行業面臨的巨大壓力。區塊鏈不僅能快速處理數據，它還能保存數據，並且保密性較高不易更改，也避免了數據的丟失與被人篡改，安全性極高。那麼功能如此強大的區塊鏈技術，究竟是如何應用於教育界呢？

區塊鏈在教育行業的運用為這個行業培養人才節省了大量繁雜的工作。教師自古以來是以「授業解惑」為職責的，但在形式化的當代，教師除了教書之外，還要處理學生大量檔案性的工作，記錄學生個人表現的檔案，偶爾還有其它活動文件，教室也要參與處理。此時區塊鏈的運用發揮了極大的作用。學生從小學到大學甚至研究生畢業都有大量的檔案記錄與學歷證明而這些都是跟隨每個人一生的檔案，不容有任何閃失。運用區塊鏈技術將這些檔案保存起來，既不會丟失，也不會記錄錯任何信息，安全性、保密性都因此得到提升。並且區塊鏈有其獨特的去中心化優勢，被記錄在檔的文件需要用到時，能夠立即被調出來。因此，區塊鏈技術在教育行業的運用也是十分廣泛的。

除了在教育行業的運用，區塊鏈技術如今也被運用在其它社會事業的管理上。在中國，社會事業種類特別多，需要處理的數據量也十分巨大。在檔案管理，個人社會信用、公證、身分認證、遺產繼承以及代理投票方面的作用十分突出。只要需要網絡處理的事物，區塊鏈技術都能被運用在其中，它對於網絡來說是更進一步的發展。網絡時而有被入侵的風險，而使用區塊鏈技術就能進行風險防控，大大增強了網絡的安全性和可靠性，同時也提高了網絡的工作效率。

由此可見，區塊鏈的運用在當今的時代已經遍及各行各業，且工作效率特別高。正因為區塊鏈技術的功能如此強大，它在兼具以前數據處理技術擁有的功能之外，更難的是它還擁有其它技術所沒有的功能。選擇區塊鏈，讓教育更專注於培養人才，讓社會事業各項管理有序協調。

區塊鏈將會轉變及改善教育培訓的方法，區塊鏈其中之一的特性分佈式帳本，其技術為產業帶來的改變是較少被宣揚的，然而透明、可受驗證交易數據用例其實很多，透過分佈式帳本平台，能防止詐欺情事的發生。以教育為場景的區塊鏈應用可做以下變化應用：

技能證明

口說無憑的技能可以透過「數位徽章」來驗證與傳達。多種技能相關的徽章可以整合在「公開徽章護照」之中，學生們可以提供給相關雇主，你可以上傳你所聲稱的經歷，由其他用戶來驗證該聲明。

身分

隨著學習 App 與服務的成長，身分管理在教育中會是一個問題。像是 Blockstack 或是 uPort 這樣的平台，可以幫助用戶在整個網路中使用他們的身分。透過 Blockstack，用戶可在去中心化網路上使用 App，同時具有資料可轉移性。

治理

使用區塊鏈智能合約的好處是可以讓商業上的會計更加透明。以 Boardroom 這個軟體為例，它提供一個治理框架，讓公司可以公開或是在受認證的以太坊區塊鏈上管理智能合約。不僅可以為組織提供管理系統，確保條約執行。還可以讓董事會透過應用程序進行提案管理與股東投票。

成績單

學業成績單必須是可全球通用、又能被驗證的。基於多項紙本文件與個案審查，驗證義務教育與高等教育的過程仍然耗工。分佈式帳本的解決方案可以將驗證過程精簡化，並減少學歷造假問題。實例：Learning Machine，十年經歷的軟體公司，與 IBM 合作開發工具，用以創建、發行、審閱、驗證，由區塊鏈為基底的證書。成績單服務公司 Parchment 的 CEO Matt Pittinsky 表示，在大量應用分佈式技術成績單前，還有許多設計決策需要努力。由於區塊鏈會紀錄全面性的資料，因此必須在永久性與可轉移性間取得平衡。

出版

出版業在區塊鏈上具有多種應用，從如何入門出版業、版權管理到隱私權。許多新平台都在為作家、編輯、翻譯與出版社做整合。教育者、學生、非營利組織都會因出版業的發展而受惠。

雲端儲存

學習者可以雲端儲存更多資料，分佈式帳本可以提供更安全、便宜的選擇。標榜「檔案儲存 Airbnb」的 Filecoin，就是一個受高度矚目的加密貨幣項目，讓人們可以透過儲存空間得到酬賞。

人力資源

進行背景調查與驗證就業履歷是耗時耗力的工作，如果將就業與犯罪紀錄放在分散式帳本之中，將會簡化審查流程，並更快推動聘雇手續。Chronobank 致力於短期工作招聘，他們幫助用戶快速找到工作，並用加密貨幣付款，而不走傳統金融機構途徑。

學生紀錄

索尼全球教育與 IBM 共同開發一個用來保障與分享學生紀錄的區塊鏈平台。但是要完整地將學習者的紀錄放上分佈式帳本可能會造成負擔，成本也較昂貴。分佈式帳本較適合作為一個目錄，而非資料庫。

基礎設施安全

學校基於安全理由增設的監視器，需要有免於駭客攻擊的網路。Xage 這樣的公司就正在使用區塊鏈的不可篡改特性來傳遞網路間的保全資料。

共乘

區塊鏈可以為寡占的共乘市場注入新選擇。透過分佈式帳本，駕駛員與乘客之間可以創造一個更具使用者導向、價值創造的市場。Arcade City 這間公司讓司機可以自行決定其費率（從車費抽成的部分），並用區塊鏈來登錄所有的互動。他們可以使一個想要有自己事業的專職司機，能免受控制於企業。學區可以與一組經篩選的司機合作，以方便為學生交通提供特殊需求的服務，例如：特殊學生路線、偏遠地區學子、半工半讀者之類。

預付卡

區塊鏈可以幫助零售商在沒有中間人的情況下提供安全的禮物卡和忠誠點數計畫。例如：Gyft，Chain Loyyal。城市、學校與家庭可以使用預付卡來支付校外教學（例如：LRNG）以及相關的交通費用。

智能合約

智能合約的自動執行功能，可以減少教育單位中的許多文書工作。一群牛津大學教授所創立的 Woolf University，將會用分佈式帳本來執行智能合約。學生和教師的「簽到」是執行智能合約的關鍵，這些合約可以驗證出席和作業完成情況。分佈式帳本可以促進分散式的學習方案。一個州或是組織可以透過區塊鏈的智能合約為學生帳戶募資，並預先提供資金。當達到某些標準時，智能合約將自動釋放資金。

學習市場

分佈式帳本的核心競爭力是消除中間人。它可用於從考試學習到衝浪學校的各種學習市場。TeachMePlease 是一個俄羅斯的試點計畫，在 Disciplina 上聚集老師與學生，它幫助學生尋找並支付課程。

記錄管理

分佈式帳本可以減少紙本作業流程、將能造假、詐欺的情事縮到最小，還能增強機構間的問責機制。美國德拉瓦州（Delware）的區塊鏈倡議旨在為基於分佈式帳本的股權，創建適當的法律基礎。

零售

分佈式帳本可以連接全世界的買家與賣家。因此可以為學校商店或學生企業提供助力，在某些例子下全球網路會很有吸引力，但在其他私有帳本可能會限制校園經濟。例如：OpenBazaar 提供消費者以 50 種加密貨幣進行無中介的點對點交易。

慈善機構

對於慈善捐贈，分佈式帳本提供精確的追蹤贈款的能力，並在某些情況下提供影響力。例如：GiveTrack。因此，給予學校或是非營利組織的善款，能追究相關責任與產生透明度。

圖書館

分佈式帳本幫助圖書館擴展他們的服務，並制定館藏協議，有效管理數位版權。San Jose State’ s School of Information 已獲得 10 萬美元贈款，用以資助這方面的開發。

公共援助

區塊鏈可以幫助簡化家庭和學生的公共援助系統。英國於 2016 年開始與創業公司 GovCoin Systems 合作，開展試驗，開發基於區塊鏈的福利支付解決方案。

12 區塊鏈＋航空安全

Kobe Bryant 發生墜機事件我第一個想到的是，如果直升機的航線、維修資料、設備資料、維修人員資料、機師資料，這些資料都能上區塊鏈去做紀錄的話，在第一時間就能快速提供準確的資料，讓認定機構更加的快速判斷失事原因。

在 Kobe Bryant 墜機事件之前，台灣也發生直升機墜機事件，空軍救護隊 UH-60M 黑鷹直升機 2020 年 1 月 2 日墜毀新北市坪林、宜蘭交界處，機上含機組人員，共 13 人，造成參謀總長沈一鳴等 8 人殉職，如果空軍救護隊 UH-60M 黑鷹直升機所有資料都上區塊鏈，對直升機失事的原因判斷，我相信一定會有決定性的幫助，有的讀者一定會覺得我天馬行空、胡說八道，但是在航空業波音公司已經將區塊鏈納入其系統，波音公司的應用為

1、用區塊鏈打擊 GPS 欺騙攻擊

2、供應鏈的管理不當

3、區塊鏈追蹤無人機駕駛

區塊鏈打擊 GPS 欺騙攻擊

最新來自波音公司的專利申請，我們發現飛機製造巨頭正將流行的區塊鏈技術應用於飛機 GPS 接收器的保護裝置中。在美國專利及商標局

的申請書中，我們看到「機載備份和防欺騙 GPS 系統」將會運用於飛機主要系統出現問題的時候。GPS「欺騙」是一種利用假信號欺騙其他接收器的把戲。這樣的攻擊混淆 GPS 接收器和其他物體的實際位置。根據申請內容介紹，防欺騙系統檢測到潛在的問題時，將使用區塊鏈數據作為信息的備份記錄。

見原文：

「該方法進一步確定 GPS 接收器接收到的 GPS 信號是否欺騙了 GPS 信號，如果 GPS 接收機沒有接收到 GPS 信號，或者接收到欺騙的 GPS 信號，則從區塊鏈存儲模塊中獲取位置數據。」備份將儲存於 GPS 收集來的環境信息，為那些在飛行員提供被信號干擾時的失效保護。該系統可應用於任何類型的載人和無人駕駛的運載工具。此解決方案為那類對運載工具的地理位置有低容錯率的要求的企業或機構指出明路。

供應鏈的管理不當

你覺得波音公司生產一架波音 787 飛機，裡面包含了多少個供應商？

「夢想客機」的 787 飛機，是波音歷史上被拖延交付使用日期最長的飛機，從 2008 年拖延至 2011 年交付，中途一共延期過 8 次。延後的一大關鍵原因是：在 787 項目上，波音總部的大量工作外包給全球供應商，波音公司本身只負責生產過程中約 10%——尾翼和最後組裝工作。波音 787 複雜的全球供應鏈，一旦其中一個環節出現故障，就會導致交付一再延遲。在這過程中，波音只與全球 23 個一級供應商直接聯繫。也就是說，剩下 90%的生產環節，波音無法監管和控制，只能依賴一級供應商對次級分包商的監管。

區塊鏈技術特徵是不可篡改、可溯源、數據永遠保存，是哪個行業採用區塊鏈技術最快？這個答案就是——製造業。

波音已成為全球化時代，全球供應鏈的一個典型代表。波音採取全球供應鏈戰略，無疑讓波音更集中精力於飛機的設計研發、組裝、供應鏈管理、營銷和品牌等核心業務，也降低了波音公司的供應成本。但是，在全球供應鏈的背景下，也存在著相應隱患。那就是：一旦對供應鏈的管理不當，就會造成出貨滯後，更嚴重的甚至有假貨、智慧財產權侵權等情況發生。

把區塊鏈技術運用到製造業，能解決製造業現有什麼痛點呢？

 1、快速響應生產需求，讓供應鏈可預期

供應鏈的可預期性是製造業一項非常關鍵的業務挑戰，大多數公司在自己的二級和三級供應商上幾乎沒有信息，這恰好就是之前波音公司只跟一級供應商聯繫的現狀。讓端到端的供應鏈保持透明度和可見性，有助於鏈條上的眾多企業快速了解生產過程，從原材料到製造、測試和成品的生產鏈，為企業運營、風險和可持續性提供新的分析。不僅如此，鏈條上的其他參與者還包括政府等。正如波音公司高級系統工程 Robert Rencher 透露，通過區塊鏈，波音公司擁有每個零部件的完整出處細節。然後，生產過程中的每個製造商、飛機所有者和維護者乃至政府監管機構，都可以訪問此信息。

除了實時信息交換之外，區塊鏈技術甚至還可以利用智能合約，實現訂單的發布、採購，更快響應生產需求。比如，供應商在區塊鏈平台上發布智能合約，該合約指定產品定義、數量、價格、可用日期以及運輸和付款條款等。製造商自動搜索區塊鏈中符合其要求的智能合約，根據鏈上

數據驗證賣方的品質和及時性，然後完成交易，無需手動生成採購訂單。這有助於減少人為干預，並確保更快地解決付款問題。所以企業希望利用區塊鏈的實時信息交換功能，加速業務流程並獲得更高的運營效率是普遍的痛點。

2、透明、可追蹤的生產環節，從而打擊欺詐、假冒產品，保護智慧財產權

據科技諮詢公司高知特（Cognizant）統計，全球供應鏈一般涉及數千個機構，製造商和其他原材料用戶每年面臨 3000 億美元的供應鏈欺詐和泄漏。主要原因在於：確定供應鏈是一個極為緩慢且昂貴的過程，需要文書、電子郵件、電話和現場訪問等多種方式結合。

當製造業加入區塊鏈技術，貨物和流程更加透明、可追蹤，以及區塊鏈無法更改的特性，有助於打擊假冒產品，保護智慧財產權。因此，在越來越複雜的製造業供應鏈環節中，需要更全面、更透明的監管技術，為產業提供高效率、更可靠、無縫性和可預期性。而區塊鏈技術的可溯源、透明的特點，得以與製造業的每個環節緊密結合。

除了波音公司之外，在全球企業嘗試區塊鏈的步伐中，不乏其他大公司的身影。

區塊鏈追蹤無人機駕駛

波音公司將利用區塊鏈技術為無人機創造交通管理系統，波音公司於 2018 年 7 月 17 日的一份新聞稿中宣布，目前正與人工智能公司 SparkCognition 合作，提供無人機系統管理的解決方案。總部位於美國德克薩斯州的 SparkCognition 公司，在上個月接受了波音公司的投資，

成為市值高達 3200 萬美元的項目。該公司將與這家航空巨頭合作開發一個平台，跟蹤無人駕駛飛機並分配飛行通道。

新聞稿同時提到：

「該夥伴關係，亦提供了一個標準化的程式介面，以支持物流、工業檢查和其他商業應用。」

SparkCognition 首席執行官 Amir Husain 有信心地指出：「航空業將走向一個價值 3 萬億美元的巨大新市場。」

他補充說道：「空中的交通機會將創造我們此生最大的新市場。」

波音首席技術長 Greg Hyslop 表示：「我們正處在一個技術進步和社會走向趨同的歷史時刻，人類需要大膽的解決方案和不同的旅行方式。」

此外，埃森哲公司（Accenture）宣布，將利用在英國一年一度的範堡羅航展（Farnborough Airshow）推出一個針對飛機供應鏈設計的區塊鏈平台。

13 區塊鏈賦能＋ NBA（或任何賽事）

一、門票問題

a. 假票問題：

在第三方網頁購票，假票跟重複進場的問題非常嚴重。假票是條碼根本刷不進去，重複進場是有人會將同樣的 QR code 賣給第三手或第四手。

區塊鏈解決方案：

區塊鏈有一個特性就是「 唯一性」，這個特性用來解決假票的問題特別有效，你手上只要擁有區塊鏈發行的票券，就可以證明這張票券是真的，這個應用技術在區塊鏈領域來說已經是非常成熟了。

b. 票價問題：

門票代售平台手續費驚人，流通量最大的二手票券網頁，是 eBay 旗下的 Stubhub，這個網頁的球賽座位有時候會整齊的讓你非常驚訝，甚至會懷疑是不是官方直接拿票來給他們賣，當然手續費的收取也是非常驚人。在往年幾乎等於是 stubhub 獨霸的時候，大家的選擇比較少，不過近年來 stubhub 依然有著市場先進者的優勢，以及足夠的廣告跟各個球場的駐點取票處，依然是大多數球迷在二手票市場的優先選擇之一。

區塊鏈解決方案：

區塊鏈其中一個特性「去中心化」，這表示 NBA 的門票也可以不同過中間的平台來販售，少了中間的平台票價自然會比較便宜，而且購買到的 NBA 門票，也可以確定是真票，不需要擔心會買到假票。

c. 購票問題：

購買票券對大部分當地的球迷自然不是問題，但是許多球迷是遠道而來的，甚至是美國以外的國家特別飛過去觀看球賽，對於一直想要擴大市場的 NBA 來說，這部分的確要改進，目前網路購票應該是最方便的平台，但是其支付的方式大多是信用卡，但並不是人人都有信用卡，或者是對那些不在美國的外地球迷得再支付一筆手續費，有時候就會降低購買的意願。

區塊鏈解決方案：

區塊鏈有個特性「去邊界化」，所謂的貨幣邊界化指的是，全世界的法幣都有一個限制，就是出了自己國家就很難使用了，所以台幣的邊界就是台灣境內，離開台灣境內就是邊界外，當然美金是例外，在台灣使用的法定貨幣是台幣，今天要去美國就必須用台幣去換成美金，中間還必須支付手續費以及匯差的關係，會造成本金的縮水。

如果美國職籃 NBA 使用的是區塊鏈支付系統的技術，以上的問題都可以解決，我再舉個例子，我們在台灣要買美國境內網路的商品，商品的單價如果比較高，你就比較不會對匯款的手續費有感覺，台幣要匯款到其他國家是非常麻煩的，中間要經過一到兩個甚至更多的中介機構，你買一個資訊型的產品假設只要美金 3 元，產品的交付簡單的用 email 傳給你就可以了，但是美金 3 塊錢要轉帳或是用信用卡就很麻煩了，所以這跨國交易「支付」這一塊是非常大的一個市場，基於區塊鏈衍生出來的虛擬貨幣，是一個非常棒的解決方案。

聽到虛擬貨幣大家不要只是想到比特幣，虛擬貨幣這幾年蓬勃發展，現在的虛擬貨幣的種類早已超過萬種以上，比特幣只是其中的一種，但是比特幣並不適合用來做買賣的媒介，因為比特幣的漲幅太可怕，假設你的產品利潤只有 10%，有可能比特幣的漲跌幅一天就超過了 10%以上甚至更多，歷史數據攤開來看 10%的漲跌幅還算小，所以現在有另一個穩定的虛擬貨幣，它是綁定美元的漲跌幅，就是 USDT 泰達幣。

USDT 泰達幣的交易手續費非常便宜，交易速度也快，安全性也很夠，重點是 USDT 泰達幣沒有貨幣邊界化的限制，意思是說，假設你要的商品是在美國，美國人使用 USDT 泰達幣轉帳到指定的戶頭，跟你在台灣使用 USDT 泰達幣轉帳到一樣的戶頭，不會因為一個是在美國，一個是在台灣，你們的轉帳手續費就有所差異，但是如果使用的是各國的法幣那就截然不同了。

d. 門票呈現問題：

所有的售票網頁，幾乎都能夠透過 email 將票券或是 PR code 寄給你，在進場的時候，你只要用手機掃描一下就可以了。但依然有少數的票券是透過 email 寄給你一張 pdf 檔，因此你需要提早將把它印下來，通常一些球場會有印表機讓你將票印出來，只是當場一定會有很多人在排隊，這會影響你踏入球場的時間跟心情，建議在購買票券的時候一定要特別注意你的票券的種類。如何提早印出來呢？這個問題其實對當地人來說並不是問題，但是對遠道而去，或者是不熟悉當地哪裡可以輸出票券的球迷，的確會造成困擾。

區塊鏈解決方案：

基本上區塊鏈是架構在網際網路之上，只是它呈現出來的內容的背後，是有一套非常嚴謹的加密機制以及演算法，從 2008 年 11 月中本聰發表一篇「點對點的現金支付系統」白皮書，大家才知道區塊鏈這跨世代的產物，其實早在中本聰發表白皮書之前，愛沙尼亞政府早就使用區塊鏈技術用於公民認證，簡單舉例來說，警察在路邊臨檢，要求民眾拿出身分證用以核對身分資料，但是身分證上的照片與現場本人的面貌，我相信應該絕大部分的讀者或是執法人員，是沒有辦法判斷身分證上的照片是不是你面前的那個人，更別說長得像的閨蜜、親兄弟姊妹、雙胞胎等等，這些群體更難判斷，所以區塊鏈搭配了指紋技術、面部辨識、虹膜辨識等等，可以非常輕易的判斷出是不是本人。

如果把這個技術拿來使用在美國 NBA 職籃門票的應用上，一開始購買票券的時候就透過區塊鏈技術，進場驗票的時候也使用區塊鏈的技術，你甚至可以透過手機、透過指紋辨別、面部辨識、手機 QR Code 辨識、手機通證辨識，都可以精準又快速地入場。

前陣子去了一趟中國大陸，發現他們類似的技術應用層面非常廣，令我印象深刻的是搭乘高鐵，在準備進站的閘門口，在台灣通常都是將購買的車票感應閘門口，閘門口就會開啟讓你進去，而中國大陸內地目前的那套系統，可以做到買票的時候你面部就是一個載體，要進入閘門口前就有一個面部辨識系統，你只需要在前面停留不到 1 秒鐘的時間，系統就會自動辨識你的面部核對你的身分，同時核對你購買的相關資訊，一切核對沒有問題，閘門口的開關就會開啟讓你進入，這中間的過程牽扯到太多太多的資訊比對，還牽扯到資訊比對的正確性，這些系統在區塊鏈上都已經是非常成熟了。

前阿里巴巴主席馬雲先生在一次演講中說過，阿里巴巴之所以可以處理那麼多的資訊，是因為要依賴區塊鏈技術才有辦法，不然阿里巴巴是沒有辦法處理那麼大的資訊量。

JP Morgan 也是一樣，透過區塊鏈的技術發行自己的虛擬貨幣 JPM coin，他利用區塊鏈技術來幫他處理龐大的資訊量，有人會說龐大的資訊量不是用電腦就可以處理嗎？他說的沒錯，但是當大的資訊量要再加上資料的正確性這個就很難了，在區塊鏈本身就具有這些特性的情況下，相對來說就非常簡單了。

二、NBA 球星發行自己的虛擬貨幣

人類進入網路世代時創造了自媒體時代，很多網路上的網紅都有自己的頻道，甚至有的網紅其在 YouTube 上面的觀看人數，都比傳統的有線電視觀看人數來的多，縱使那些網紅的粉絲超過百萬以上，他們所依賴的收入大致上就是廣告收入、業配收入、站台的出席費、或者是自己賣產品。

這些購買的粉絲，基本上都是對網紅本身產生了興趣及信任，才會去購買網紅介紹的產品，或是願意花時間去看他的頻道，大家不知道有沒有想過一點，網紅本身的價值就是一個商品，但是要怎麼呈現出來呢？目前呈現的方式都是透過周邊產品以及出場費等等。

那些美國職籃 NBA 球星、歐洲踢足球的梅西等等的巨星，他們的身價更高，他們的賺錢方式跟網紅其實大同小異，只是因為他們的粉絲更加龐大。一樣的老問題，之所以會有周邊產品其他代言，也是因為他本身呈現的價值轉移，真正值錢的是他自己本身的價值性，跟知名網紅一樣的問題，那要怎麼樣才可以體現出來呢？網路世代出現後產生「自媒體時

代」，區塊鏈時代出現後變產生「自金融時代」，什麼叫做自金融時代呢？ 與自媒體時代相同，所謂的自媒體就是「自己就是一個媒體」的意思，同理；所謂自金融就是「自己就是一個銀行」，什麼叫做自己就是一個銀行呢？如果你是中央銀行你就可以印製鈔票。剛剛有提到這些網紅、電視明星、政治人物、籃球巨星，只要有夠多的粉絲，就可以發行自己的數字貨幣。

舉個例子來說，Kobe Bryant 如果發行自己的 Kobe 幣，讓喜歡他的粉絲或者是投資者，可以購買 Kobe 幣並持有 Kobe 幣，這時候 Kobe 幣就會隨著 Kobe Bryant 的身價張漲跌跌，這種方式是最直接可以體現出 Kobe Bryant 個人的金融價值，當然 JORDAN 幣不只是紀念幣，而是可以在市場上流通的貨幣，只要 JORDAN 幣在市場上有價值，你就可以使用 JORDAN 幣來買美國職籃 NBA 門票、火車票、電影票、住宿費、飛機票甚至可以用它來買房子，總之食衣住行育樂都可以使用，聽起來好像不可思議，但是這不可思議的事情，已經正在悄悄發生，只是你不知道而已。你知道你手機的 Android 系統更新到幾點幾了呢？我相信絕大部分的人都不知道，但是系統流不流暢、更新到幾點幾，跟你知不知道這件事情毫無相關，很多看起來表面沒什麼改變的事情，其實在背後的技術端、應用端、軟體、硬體早就以飛快的速度進步中。

簡單來說就是把 Kobe Bryant 當作一個上市公司，Kobe 幣就是 Kobe Bryant 的股票，這時候持有 Kobe 幣的投資者或是粉絲，就跟 Kobe Bryant 綁在一起了，因為 Kobe Bryant 的年收入多少、身體健康、打球的狀態以及他的未來性都會決定 Kobe 幣的價格，這就是自金融時代，當然一個人能不能發行自己的數字貨幣，技術方面是每一個人都可以做到，重點是發行後要有人想要持有，當然你可以發行自己的數字貨幣不一定是要買賣，可以把它當作一個虛擬的紀念幣，你可以送給朋友，只要擁有你數字貨幣的人，你辦的活動進出的資格就可以有所依據，比如你的生日 party 要擁有你的 100 顆數字貨幣才可以參加，你的優惠旅遊活動要有 50 顆你的數字貨幣才能享有優惠，各種商業模式其實都非常的好應用，流通性越大的數字貨幣，必定越值錢。

三、商品的溯源機制

根據調查統計全球商品假貨的市場超過四千億美元，美國職籃 NBA 周邊的產品也一定充斥者假貨，Nike 的球鞋每年在大陸的假貨市場損失了數千萬美元，愛迪達的球衣、許多知名品牌的運動產品也都是一樣，假貨市場現在生產出來的產品，做的跟原廠一樣難以判斷真假，就算送回原廠鑑定也不一定鑑定的出來，許多高檔限量的產品，原廠都訴求說全世界只發行一千套，雖然原廠這麼拍胸脯的保證數量有限將來一定會漲價，但是絕大部分的消費者都不相信原廠只有發行一千套，而發行的原廠是啞巴吃黃蓮有苦說不出，他沒有辦法證明他全球的數量真的是只有發行一千套，但是區塊鏈就可以做到，在區塊鏈上可以秀出第一套到第一千套，每一套都有自己唯一的編碼，加上可以用 NFC 轉頻輻射的技術確認消費者買到的是正品，這樣可以讓消費者真正的相信產品的總數到底是多少，也可以讓消費者簡單地過 NFC 短頻輻射的技術，用手機感應後上區塊鏈查詢，類似的應用非常的多，阿里巴巴有將類似的技術用在奶粉、化妝品、珠寶等等的商品上，所以運用在美國職籃 NBA 延伸出來的所有商品都適用。

還有一個市場也非常的龐大，就是你崇拜的偶像用過的產品，例如蔡依林戴過的帽子、周杰倫喝過的杯子、五月天穿過的牛仔褲、Kobe

Bryant 穿過的的球衣、球帽、球鞋等等，賣家標榜這是 Kobe Bryant 穿過用過的商品，所以價格特別昂貴。

我想要問的是，你如何證明這些商品是名人穿過的呢？大部分的證明都是一張相片，問題是一張相片可以讓無數商品使用，而區塊鏈的技術就可以解決這方面的問題，透過區塊鏈技術經由 NBA 原廠的認證，就可以判斷真或假，這樣就可以大大地為某個明星使用的產品加分。

四、球員履歷認證

所謂的履歷就是你以前學習的認證，一般公司在找員工的時候都會要求附上畢業證書但是現在科技的進步，網路上只要花少許的錢，就可以買到你想要的學校畢業證書，包括學士畢業證書、碩士畢業證書、甚至博士的畢業證書都有，當然越高學歷、越好學校的證書就越貴，所以才會發生假學歷事件。

在 2019 年新竹科學園區就爆發出假學歷事件，有一個女生的畢業證書上是碩士畢業，該公司錄取她之後經過了幾個月，發現她的能力跟她的學歷相差甚大，於是就特別調查她的學歷，結果發現她的學歷是造假的，於是便將她開除，新聞爆發後更勁爆的發現，該名女子是一名累犯，她用這個方法之前已經應徵上另一間公司，而且還嫁給該公司的一名員工。

我相信這樣的例子絕對不只她一人，只是大部分的公司都採用正面表列，以人性本善為出發點去信任。公司之所以不去檢驗應徵者畢業證書的真假，最主要的原因是因為辨識的過程繁瑣而且成本很高，不太可能每一位員工都採用相同的模式，逼不得已的情況之下只好相信求職者提供的畢業證書。

在職業運動圈子裡，例如籃球的最高殿堂國職籃 NBA，能上場在

NBA 上打球，代表你已經是萬中選一的人了，你的每一場得分、失分、助攻、灌籃，所有的數據都會被記錄下來儲存在系統中，這些數據在進行球員交換買賣的時候特別的有用，現在是大數據時代，美國 NBA 職籃早就運用大數據在做分析，如果將這些數據可以經由區塊鏈的技術驗證它的正確性，這樣可以大大提升數據等價值。

五、球員抖內

打賞機制大部分都是用在網紅直播上，其用意是讓你獎勵你喜歡的網紅，如果這個機制可以用在美國職籃 NBA 的身上也是不錯的點子，當你在 live 直播看球賽的時候，你可以透過區塊鏈技術延伸出來的加密貨幣，直接透過網路打賞給你支持的球員，這樣可以讓他們更賣力的打球，讓整場比賽更具可看性，那為什麼要用加密貨幣呢？還記得嗎？前面我沒有提到法定貨幣的邊界性，而且用法定貨幣打賞需要付高額的手續費，而且你是台灣人用的是台幣，你要先把台幣換成美金在進行打賞，這樣匯差又是一個成本，就會大大地降低你打賞的意願。此外區塊鏈是一個去中心化的系統，如果你打賞的錢是法幣，那肯定是先進入公司的帳戶，在由公司的帳戶撥給你打賞支持的球員，這樣就產生了信任問題，球員會懷疑公司有沒有少給，球迷也會擔心公司會不給，原因就是你有透過第三方發放，但是你如果用區塊鏈去中心化的機制，那你打賞加密貨幣的錢，就會直接轉進你支持球員的帳戶，所以用加密貨幣來進行這樣的機制是再好不過了。

六、慈善事業

NBA 美國職籃許多的巨星球員，都熱衷於公益事業活動，但是一個人的力量畢竟有限，所以就會出席一些活動邀請大家一起參與進而募款，有時候一般的人不願意把錢投入慈善事業，最主要的原因就是不知道自己捐出去的錢到底流向何處，於是就偏向於不捐錢了。

如果民眾的善心捐款，都能即時看到捐款流向，每筆資金的運用都能以圖像化呈現，將使得善心民眾在捐款時更有感覺，同時更能增加慈善社福團體的可信賴度。因為這樣的初衷，「度度客」（是一個區塊鏈群眾募資平台），也稱為 dodoker，希望藉由網路科技，結合社群媒體力量，以企業化方式，提供大眾不一樣的選擇投身公益，並讓贊助款獲得最有效的運用。只要有心讓世界更美好，任何一件小事都能成為偌大的希望。哪怕只是一抹微笑、一股善念，我們都樂於將這樣「以人為本、因人而起」的故事分享給社會大眾。）將最新金融科技區塊鏈（blockchain）導入群眾募資（crowdfunding），不僅是台灣，更是全球在公益以及金融科技上的重大里程碑。

由財團法人工業技術研究院所致力研究的區塊鏈（blockchain）與智能合約技術，已無縫整合至「度度客群眾募資平台」，成為區塊鏈結合公益群眾募資的首例。其中，公益捐款的區塊鏈，因為和慈善機構的捐款相關，最受矚目。以往公益捐款諸如捐款流程不透明，以致於該機構究竟收到多少捐款，或是中間是否有人謀不臧，這樣的爭議時有所聞。因此，公益捐款在運用區塊鏈技術之後，每一筆捐款紀錄都可被追蹤，而且由於捐款紀錄會分散在不同的節點保存，亦即所謂的「分散式帳本」概念，因此，不會被篡改。在公益捐款區塊鏈平台成立之後，會加入這個平台的成員，將包括慈善機構、代管善款的銀行、連主管機關基於查詢的需要，都會加入。屆時包括民眾的捐款紀錄、慈善機構撥付捐款、以及主管機關的查詢，都會在區塊鏈平台上留下紀錄。

例如一家慈善機構進行一個專案募款，該專案預計收到一千萬元的捐款，運用區塊鏈後，可以即時知道還差多少就達標，例如，收到八百萬元，還剩下兩百萬元額度，該機構也能馬上掌握，不會有「溢收」的狀況，另外對捐款的對象，也會運用區塊鏈技術追蹤撥款紀錄，絕不會有流向不明的問題。

銀行業者指出，對內政部、金管會、財政部這些主管機關而言，公益捐款區塊鏈的運用，可讓主管機關對捐款人與慈善機構間的往來一目瞭然，此時主管機關可強化對反洗錢、逃稅等控管。其實中國阿里巴巴已開始運用區塊鏈在捐款紀錄方面；區塊鏈在公益捐款運用的好處，即使捐款金額很小，也會清楚被記載，不致發生很多小金額捐款，數字不明的問題。在群眾募資中，為了讓贊助人安心並提高贊助意願，公益類案件提案人，需清楚交待資金使用方式。若提案人是公益團體，則更需達到透明公開的責信要求。

區塊鏈是一種分散式網路帳本科技，智能合約則是基於區塊鏈技術，規範所有利害關係人的權利義務並自動執行的程式碼。利用其技術特性可追蹤每筆善款最終停靠處，並分析群募發起人是否滿足贊助人當初捐款期待。將科技應用在公益群眾募資是個重要突破，也是台灣金融科技一項全新的實踐，還需凝聚更多共識，讓更多人持續參與以發揮區塊鏈導入的社會效益。

現行的群眾募資平台上，贊助後多以文字告知贊助人，而提案人使用金額的方式，也多以文字描述。當區塊鏈導入群募平台，所有的金額流向，在達成交易後，皆可即時透過圖像方式呈現，使贊助人知道轉帳成功，日後更可清楚看到提案人使用金額的方式及流向。透過區塊鏈安全透明的優勢，讓提案人的可信任度提高，對於慣於群眾募資的使用者來說，更是個嶄新的體驗。

當區塊鏈遇上了公益群眾募資，造就了區塊鏈技術可以成功落地實踐的最佳平台，這是一個台灣金融科技的里程碑，更是區塊鏈公益募款的新紀元。將能吸引更多善款投入，為台灣的社會帶來一股源源不絕的新活水。「度度客 dodoker」是台灣少數以公益為主的募資平台。度度客讓提案人專案上架，讓贊助人可提供現金贊助。在專案期限達到集資目標金額，即可讓提案人執行專案，若期限內未達標，金額將退還各位贊助人。

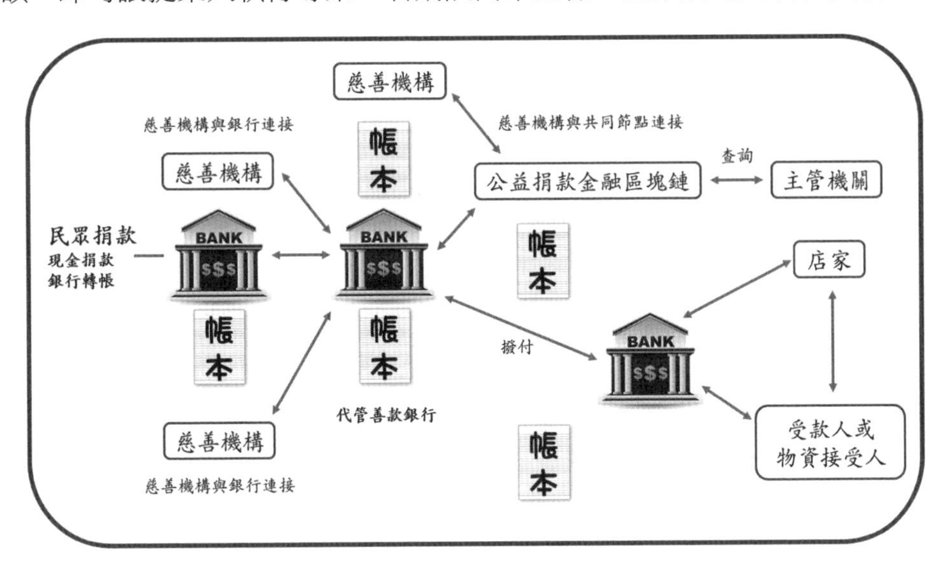

在公共服務、教育、慈善公益等領域，檔案管理、身分（資質）認證、公眾信任等問題都是客觀存在的，傳統方式是透過具公信力的第三方作信用背書，但造假、缺失等問題依然存在。區塊鏈技術能夠保證所有數據的完整性、永久性和不可更改性，因而可以有效解決這些行業在存證、追蹤、關聯、回溯等方面的難點和痛點。

應用層面，如普華永道與區塊鏈技術公司 Blockstream、Eris 合作提供基於區塊鏈技術的公共審計服務；BitFury 與格魯吉亞政府合作落地區塊鏈技術土地確權；螞蟻金服區塊鏈公益項目；索尼基於區塊鏈的教育信息登記平台，和數軟體公司針對教育行業的區塊鏈項目……等等。

綜合來看，作為一項基礎類技術，區塊鏈在眾多具備分布式、點對點交易、去信任等特點的行業領域都有極大的應用價值，現階段整個區塊鏈產業生態仍處於起步階段，各行業應用大多還有待探索和試驗，有興趣的朋友可以進一步研究，也歡迎交流。

區塊鏈新創產業

The Best Blockchain for Your Business

01 數字貨幣交易所

數字貨幣交易所，或者叫做數字貨幣平台，那麼交易所的作用是什麼呢？包括交易和支付外，交易所具體的功能大致為資產管理、撮合交易及資產清算等等，說白了，就相當於數字貨幣的銀行。

此處的撮合交易，其實就是兌換為其他幣種，例如將比特幣兌換為萊特幣，虛擬貨幣兌換虛擬貨幣稱為幣幣交易，當然也可以虛擬貨幣兌換法幣，自然還少不了充值和提現等基本功能。從原理上說，其實就是一個中心化的帳本，而目前普遍多是中心化的的交易所，但因中心化交易所存有極大的風險，所以世界各個交易所正積極開發去中心化交易所，當然還有混合式去中心化交易所。

大家或許會問，數字貨幣為什麼需要交易所？

眾所周知，數字貨幣基於區塊鏈技術和平台，也是區塊鏈最典型的應用。以比特幣為例，其平台提供了各用戶間轉帳的功能，但並沒有提供交易和支付的功能，造成比特幣不能與外界溝通，更無法真正流通，也就不能成為真正的貨幣。儘管目前台灣對虛擬貨幣的法定認知是為一種商品並不是貨幣，但交易所在數字貨幣領域所起到的作用非常重要，因此不得不提。

以交易所的型態可以分為中心化交易、去中心化交易、混合式去中心交易：

一、中心化交易所

中心化加密貨幣交易所（Centralized Cryptocurrency Exchange, CCE）就是各位讀者最常接觸，最為熟悉的交易所類型。現在的中心化加密貨幣交易所佔大市成交總額 99%。跟去中心化交易所比較，兩者差距可謂極之懸殊。

跟傳統金融系統的股票和商品交易所一樣，CCE 都是由牟利公司經營。CCE 的經營者全權負責交易所的人事、財政、營運狀況，包括掌管交易平台的所有交易，並且有絕對權力判定交易的有效性。

我們一般可能會說數字貨幣交易所一定會把數據在鏈上，但是中心化交易所將放在鏈上這件事情捨棄掉。

優點：交易速度快、使用者體驗好、能夠尋求客服……等服務。

缺點：數據在 Server 上，如果有駭客攻擊交易所的安全性就會有疑慮！

我們先把幾個名詞套上你會更輕鬆搞懂：銀行如同交易所、錢如同虛擬貨幣，我們將錢存入銀行，由銀行統一管理分配我們的資金，如果你在銀行存有巨額資金，當你申請大額提款，銀行需要幾天時間調度資金，完成調度後面通知你來提取資金，在去中心化交易沒有出現的時候，只能仰仗銀行進行處理，當駭客入侵銀行，並且篡改數據，將存款移轉至其他帳戶，就會發生新聞上看到的那些新聞，某國際知名銀行被駭客入侵，損失巨大！到目前為止，駭客入侵銀行的新聞我們仍然時有所聞，意思就是「錢放在銀行仍有被盜取的可能性」，把錢存入銀行，並且「交由銀行管理」，這個就是所謂的中心化交易所。

交易所本身亦開啟了用於維持日常運作的加密貨幣錢包，這些錢包的私鑰（Private Key）都是由交易所營運團隊掌管，而用戶的資產紀錄亦是由交易所保管，所以在基本層面上，用戶只能相信交易所守信，才會繼續使用他們的服務。不過，CCE 在部分層面都充分顯示了它的優勢。首先，CCE 的成交量和流動性（Liquidity）都比去中心化交易所為高，方便用戶資金進出，當然前提是用戶確實選擇了大型的交易所。另外，CCE 亦提供了法幣和加密貨幣的交易服務，方便不少首次接觸加密貨幣的人進入市場。

此外，雖然上面提到用戶需要提防 CCE 潛在的不誠信行為，但按常理，交易所始終要擔負一旦從事不誠信行為的代價，他們未必有很強的動機挺而走險。實際情況是，具備發展規模的 CCE 不論在顧客服務、資訊科技保安，或者保障客戶方面都投放了充足資源，用戶遇上的問題將更快獲得跟進和解決。

而中心化交易所面對挑戰主要來自兩個因素，一個是安全因素（駭客），另一個是監管因素。安全因素是指，交易所的管理團隊直接管理了交易所錢包的資產，令這些錢包和資產很自然地就成為駭客覬覦的目標。如果管理不善，或者安全基建的建設不夠成熟，就會令駭客成功得手。

被駭案例一：

全球交易額最大的加密貨幣交易所幣安（Binance）驚傳被駭，2019 年 5 月 7 日幣安在發現該站的「熱錢包」遭駭，該熱錢包存有幣安總持幣的 2%；由於駭客以十分成熟的手法跳過幣安所有的安全措施，等幣安發現異常交易情形時，已來不及阻止駭客將比特幣轉出。據目前的資料指出，入侵幣安的駭客採用十分複雜的手法，包括交互運用釣魚信件和後門軟體竊取大量用戶帳號資訊，甚至取得幣安系統的 API 密鑰與二階段登入驗證碼的存取權。共有 7000 枚以上比特幣被竊，以現值估計，損失超過台幣 12.6 億元。幣安表示，所有客戶損失將由幣安設立的安全資產基金補償，該公司也正在調查駭侵事件細節。在這起駭侵事件傳出後，比特幣價格一度下跌達 4.2%。

被駭案例二：

日本幣寶，它在台灣也有台灣幣寶分公司運營，2019 年 7 月 11 日，幣寶日本傳出遭駭客攻擊，損失 35 億日圓。而幣寶台灣也緊急發布系統維護通知，宣布從當日早上 8 點 30 開始，暫時停止加密貨幣轉入及轉出的服務，不過加密貨幣的交易買賣及法定貨幣的出入金，皆維持正常運作。7 月 12 日下午，幣寶台灣發出新聞稿說明，幣寶日本在日本時間 7 月 11 日晚上 10 點 12 分左右，發生熱錢包異常轉出事件。初估換算約損失 35 億日圓，其中包含客戶資產約 25 億日圓、BITPoint Japan 資產 10 億日圓。而當時幣寶台灣也在新聞稿中強調，幣寶台灣客戶的法幣儲值資產，是在聯邦銀行專款專戶中受到監管，不受此次事件影響。

不過幣寶日本社長小田玄紀在 7 月 16 日召開記者會時，並未明確提及是哪間海外交易所受害，僅表示對於海外幣寶交易所因此事件受到的損失，幣寶日本都會負起相關所屬責任。幣寶台灣執行長郭雅寧也向《幣特財經》證實，幣寶台灣客戶確實有受到影響。與幣寶日本、幣寶香港已全部停止全部服務不同的是，幣寶台灣仍開放客戶登入，可查詢個人的資產概要等相關資訊。

由於幣寶台灣、幣寶香港與幣寶日本，都是在同一個伺服器所建構，所以受到的影響層面很大。幣寶韓國則是採用自有的獨立核心交易系統，不受此次駭客事件影響。為了分散類似事件再次發生的風險，目前已著手進行為幣寶台灣導入自己的系統。之前的系統維護公告都未明確訂定出恢復時間，不過此次有寫出維護時間為 7 月 30 日早上 8 點 30 分，到 7 月 31 日晚上 8 點，不過也有可能修改時間表。

幣寶台灣在 2019 年 7 月 26 日發出的公告指出：「幣寶台灣也是受害者，但基於台灣客戶權益維護的考量，仍持續與 BPJ 積極保持連繫，有明確的重啟服務時間，將會即時公告。」幣寶台灣也強調，多次停止服務項目，都是為了配合日本的調查。因為必須等待日本方面的調查結果，所以服務何時能重啟仍無法有明確的時間。幣寶日本在 2019 年 7 月 12 日發出的公告中，並未提及有幣寶海外交易所受害，所以她也相信僅有幣寶日本遭受到不法侵害。台灣幣寶負責人郭雅寧強調，台灣客戶是她的第一優先考量。所以她在信中提到，將向幣寶日本提出嚴正訴求，為了後續可能產生的法律程序，已經正式委任專精於日本加密貨幣相關法律，及擁有成功實戰經驗的加藤博太郎律師，作為此事件向日方溝通的代表之一。幣寶台灣已經透過各種管道，做好向日方爭取權益的準備。

至作者本人寫這篇文章時，不管是幣寶台灣還是日本隊投資者，都還未有具體做法。

二、去中心化交易所

每個用戶都是銀行，每筆交易都出現在每個用戶的計帳本上，這個就是所謂的去中心化交易所。去中心化交易所（Decentralized Cryptocurrency Exchange, DEX）顯然是一個新興經營途徑，如果沒有以太坊（Ethereum），以及智能合約（Smart Contract）的出現，去中心化交易所的發展程度，以及知名程度很可能會較現時為低。不過把以太坊作為基礎的 DEX 在未成為主流前，已經有個別公司嘗試搭建配備自家公有鏈的 DEX，其中一個著名例子就是 Bitshares。

Bitshares 用到的方法是，首先將他們的去中心化交易所都放到自家公有鏈上。之後，用戶如果要入場，就先要下載 Bitshares 的錢包，作為入場窗口，當然也不少得在錢包當中充值加密貨幣。之後，用戶就可以使用 Bitshares 的去中心化交易所功能。真正運作在區塊鏈上的交易所，所有的執行規則都採用智能合約來完成。

- 優點：合約完全公開透明、不容易被攻擊
- 缺點：速度慢、難撮合、使用者體驗差、出問題找不到人詢問

目前全世界的交易所，都還是用「中心化的交易所」，中心化的交易所，就如同銀行的存在一樣，但是目前去中心化的交易所，還無法做到像中心化交易所一樣，能夠支援「限價訂單」，買賣掛單很不方便，用戶只能透過，從訂單簿（order book）裡先指定要與哪個用戶交易，而且還無法一次買進「所有同價位但不同的訂單」，所以只要進入交易所，並且看它的交易模式，就能知道這是中心化，還是去中心化的交易所！再來就是，區塊鏈執行所有交易所的事情，效率相對來說較低，尤其是執行快速迭代的交易服務，包括取消交易、價格查詢、多項買進賣出價等。如果依賴區塊鏈單獨驗證和處理每個節點和當中的每項交易，導致處理速度緩慢，所造成的延遲不僅帶來不便，更增加了礦工、投資人和交易所操縱市場的機會。

最後，區塊鏈上的交易確認手續費（礦工費）不低，每筆買賣單與取消訂單等皆需支付礦工打包交易上鏈。綜合以上原因，可發現中心化交易所與去中心化交易所各有其優缺點，如何兼顧中心化與去中心化的優點並去除兩邊的缺點，發展混合模式將會是接下來未來虛擬貨幣交易所發展趨勢。

三、混合式去中心交易所

透過撮合方式，交易是利用智能合約來做執行。

- 優點：有使用者體驗、合約公開透明
- 缺點：速度慢、系統仍然有可能被攻擊

一個理想的混合去中心化架構（Hybrid-decentralized EXchange, HEX），至少要讓用戶可控制自有資金，由中心化資料庫進行市場撮合，當訂單撮合成功且雙方結清算資訊在資料庫完成後，還必須將交易結果廣播至區塊鏈上進行區塊確認。

此外，用戶一方面仍需保有自己資金的控制權，同時還可享有接近實時交易的體驗，與建立具市場效率與流動性優勢的資產。

更重要的是，因應監管科技與趨勢，所有廣播至以太坊上的交易資訊將是透明化且可追溯的，比起中心化交易所，一旦發生市場操縱等人為控制行為將更能夠被檢測到。

廣泛應用於中心化交易所的訂單撮合系統，如果要完全複製移植到區塊鏈上的環境使用，則並非實用的。因為緩慢且高手續費的鏈上掛單系統，費用既高且反應不夠即時。每個用戶都是銀行，除了每筆交易都出現在每個用戶的計帳本上，還能更快速、方便地進行交易，鏈下撮合、鏈上結算的功能，結合了中心化以及去中心化的優點，這個就是所謂的混合式去中心化交易所，說到這裡，有人肯定認為，交易所就是融合了銀行和證券交易兩大功能。

但不僅如此，交易所還有期貨、理財、監管的功能，就等於還具備期貨交易所、券商和基金公司等金融機構的屬性。

總結而言，數字貨幣交易所完全可以看成為一個超級金融中心，目前已經有一些「去中心化」的交易所開始出現，其基於區塊鏈平台，依靠智能合約，以達到自動化、去信任及透明化的目的。儘管現在被認為這些去中心化的交易所在效率上仍然偏低，正是在這一趨勢的推動下，交易所才能真正回歸正途。

	中心化交易所	去中心化交易所	混合式去中心交易
優點	服務可以接受的交易成本、充足的流動性、交易速度快、使用者體驗好、能夠尋求客服……等	合約完全公開透明、不容易被攻擊、去信任化帶來的安全保障	有使用者體驗、合約公開透明
缺點	數據在 Server 上，如果有駭客攻擊交易所的安全性就會有疑慮！	速度慢、難撮合、使用者體驗差、出問題找不到人問、交易成本較高	速度慢、系統仍然有可能被攻擊
數量	最多	很少	極少
交易所	Binance、Bitfinex、Bitstamp、Bittrex、Coinbase、Huobi、Kraken、OKEx 等。	鯨交所 WhaleEx、DDEX、TRXMarket、TronTrade、IDEX	JOYSO

交易需求，是加密世界目前最大的落地需求。幾個頭部交易，有幣安、火幣、OKex，即使在熊市面臨業務規模下滑，也至少有幾億美元的年收入。交易所是加密貨幣世界裡，最能穿越牛熊，持續賺錢的行業環節。然而，中心化交易所存在安全漏洞和資金風險致命問題，所以，幣安從長遠戰略出發，認可去中心化交易未來的潛力，積極佈局 DEX。

未來，只要 DEX 接近甚至達到中心化交易所的性能、體驗，再加上 DEX 的的固有優勢，DEX，就有機會在未來趕上甚至超過中心化交易所的交易規模。萬物互聯之時，也是萬物通證萬物代幣之時，一切資產都可以被標記為代幣。成千上萬的代幣需要安全、高效的交易。到那時，去中心化協議就是這些海量交易的橋樑，架起去中心化交易的美好未來。

02 發行數字貨幣

區塊鏈好歸好，但一定要發行數字貨幣嗎？

究竟發展區塊鏈技術到底要不要發幣？是不是在騙錢？我們先來定義一下這個數字貨幣的意義是什麼，幣的概念，相當於通用權證擁有權利可以參與以及使用某一個區塊鏈項目的服務或智能合約，這是比較使用面的說法，但這些都沒有提到最重要也是最多人對區塊鏈的質疑：究竟是無幣區塊鏈好還是有幣區塊鏈好？

發不發幣這件事情就要探其項目本身產品的特性，是不是因為發幣可以解決或是增加產品的價值，如果為了發幣而發幣，那麼這種幣未來也沒有什麼值得期待的。摒除圈錢的 ICO 項目不談，若是有真正能改善服務的項目落地發幣的話，背後蘊含的價值是什麼呢？

流通交換性

價值的產生需要大規模且方便的流通性，可以產生市場間撮合的供給與需求，以幣的形式來呈現可以很容易的做到不同體系的價值交換，例如不同產業間的價值交換，如一場籃球賽可以換取一趟韓國五日遊，不同的產業之間的價值轉移就可以透過幣來當交易媒介，在整個數字貨幣市場上很快可以找到媒合的目標。

激勵經濟

去中心化的系統需要有去中心化的驗證節點，不管是 POW 挖礦還是 POS 股權證明，或是最近最火熱的 DPOS 委任權益證明，都必須要給予廣大的參與民眾或節點「利益」，來激勵整個共識體系的運行，例如現在的臉書，你上去按讚、分享、留言等，臉書不會對你有任何的獎勵，即使你幫臉書創造了內容，帶來了流量，臉書也不會對你有任何的獎勵，但有了 Token（內含智慧合約）之後每個節點都會為了自身的權利來獲得該有的獎勵，讓整個區塊鏈生態生生不息。

價值上鏈

人類社會中的價值認定（無論是有形無形）存在著資訊不對稱以及無法公平定價的問題，而區塊鏈的本質是資料透明以及不可逆的記帳過程，因此在可程式化合約的前提下，能夠將任何價值在區塊鏈中實現紀錄，不管是房子土地的價值與契約或是一篇文章被喜愛的程度都行，未來個人也會因為你擁有很高的價值，例如你是足球明星「梅西」，你就可以發行一個梅西幣，讓喜愛你的球迷藉由購買梅西幣來投資你，把自己當作一家上市公司般來經營，在未來也是一個發幣的極佳運用。

限制總量

任何可以無限發行的東西都有價值的悖論，縱使擁有權力的集團機構告訴大家：不會的，我們絕對會嚴守分際，但事實上美國政府的量化寬鬆或是網路遊戲中的虛擬代幣超發都是無法控制的，但由於區塊鏈的創世區塊會將總量在最初的時候就固定下來，例如比特幣的創世區塊就規定總量為 2100 萬顆，無法再多，就像黃金的概念，地球儲量就只有那麼多所以有價值。

每個趨勢的前進中都伴隨著跌跌撞撞以及在背後付出行動的人們，有人說加密貨幣是一個高度投機市場，那是因為也許沒看見區塊鏈技術背後的價值，如果能夠好好研究每個項目背後的技術和生態，價值投資是可以做得到的，現在還在早期開發混亂時期，但投入就是要趁這個時候才能獲得前期拓荒者的好處，筆者期待區塊鏈的生態能快速拓展，實踐點對點價值傳遞的那一天。

連之前罵區塊鏈很兇的 Facebook 如今也要發幣了。筆者認為 Facebook 發幣的真相應該不單單是他們所說的那樣。不管他們發的是不是真正意義上的加密貨幣／數字貨幣，這一舉動都已經在業內引起震動，但是很多人似乎並沒有看穿 Facebook 這麼做的真正目的，而他們的「野心」其實比任何人想像的都要大——因為 Facebook 可能會成為全世界最大的中央銀行。

根據此前《紐約時報》的報導，Facebook 很可能會發行一個與傳統法定貨幣掛鉤的穩定幣，而且並非只和美元，而是與「一籃子」外幣掛鉤。也就是說，Facebook 公司也許會在自己的銀行帳戶裡持有一定數量的美元、歐元、或是其他國家貨幣來支持每個「Facebook Coin」的價值。

Facebook 公司現在擁有 Messenger、WhatsApp 和 Instagram 三款重量級即時通訊應用，而這三個應用程序的用戶量一共有多少呢？答案是驚人的 27 億！這意味著全世界大約每三個人當中就有一個人使用 Facebook 的產品。所以，如果 Facebook 公司真的如《紐約時報》所報導的那樣，將其發行的加密貨幣與「一籃子」外幣掛鉤，那麼他們真的有可能成為世界上最大的中央銀行——因為這其實就是中央銀行正在做的事情：發行（印刷）由「一籃子」外匯儲備支持的貨幣。所謂「項莊舞劍意在沛公」，Facebook 公司這麼做，不只是為了對抗社交網絡領域裡的競爭對手，而是會在世界經濟史上產生巨大影響，甚至將對傳統金融業巨頭構成嚴重威脅，導致他們快速走向消亡。在接下來幾年的中長期發展中，相信穩定幣的發展勢頭仍會十分強勁。

Libra 是什麼？

簡單來說就是一種世界貨幣、一種穩定幣，Facebook、WhatsApp 和 Messenger 使用者可以在 Facebook 平台上買 Libra，存到叫 Calibra 的數位錢包裡，用來支付其他使用者或商家。英國金融專家多弗里斯比（Dominic Frisby）指出，儘管行銷文案和白皮書裡彰顯 Libra 特性，不斷提到區塊鏈、去中心化和無需許可，但實際並非如此。他說：「據我所知，Libra 既不去中心化，也不是無需許可。一個不具備去中心化、不帶挖礦獎勵特性的區塊鏈就不能叫區塊鏈，它只是一個資料庫。」Libra 是一種基於資料庫的加密結算貨幣，有硬貨幣資產為依託，有獨立管理機構。所以，Libra 不同於比特幣、數位信用額，也不同於傳統貨幣。Libra 具有比特幣的全部優點，卻沒有它的弊端。具體來說，就是跟比特幣一樣即時、全球化，但比後者安全、穩定。而且對環境（電力成本、硬體開支等）無害，因為它不需要挖礦。

Libra 有三個特點：

第一它不是由政府發行的超主權貨幣

第二它採用了區塊鏈的技術

第三它的貨幣價值是穩定的

第一個目的：當然是為了賺錢

• 因為 FB 本業不好

2018 年臉書（Facebook）爆發個資外洩事件，除了導致股價大跌以外，也使得美、德兩國近六成民眾在事件後，對臉書投以不信任的態度，而其中矽谷科技大亨特斯拉執行長馬斯克（Elon Musk）更是刪除旗下兩大公司的臉書粉絲專頁，讓 Facebook 面臨著平台創辦以來最大的危機。

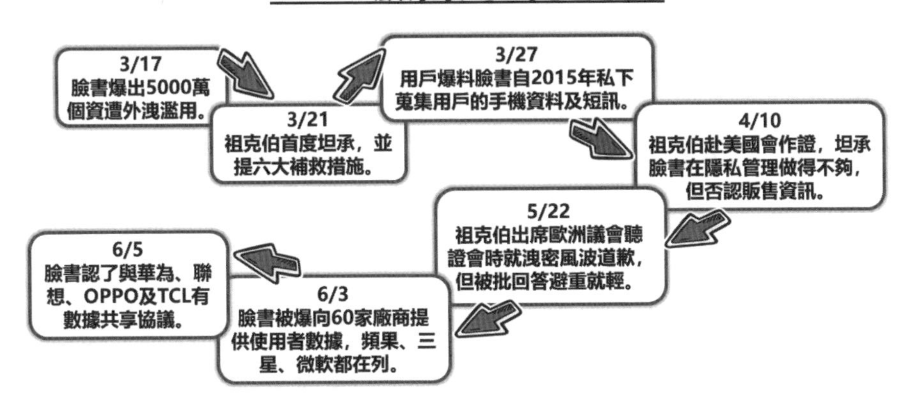

• 全球支付市場大

全球領先的支付服務提供商 Worldpay 近日發布了關於 2018 年的全球支付報告。報告闡述了全球 36 個國家和地區的支付市場現狀，並且表示中國在未來的四年都將是全球最大的電子商務市場，讓中國在行動支付市場引領全球！

報告中的數據顯示：2017 年中國電商市場人均支出為 787 美元，實體店市場人均支出 10911 美元。其中電商市場移動錢包支出占比高達 65%，實體店市場移動錢包支出占比也達 36%。2018 ～ 2020 年電商市場複合平均成長率達到 9%，實體店市場複合平均成長率為 11%。其

2018 年網際網路滲透率達到 61%。

以下分析各國行動支付市場現狀（部分國家）——

1. 美國電子錢包時代即將來臨

2017 年美國電商市場人均支出達到了 2271 美元，實體店市場人均支出 24248 美元。其中電商市場移動錢包支出占比達到 20%，實體店市場移動錢包支出占比僅 3%。2018 ～ 2020 年電商市場複合平均成長率達到 9%，實體店市場複合平均成長率為 7%。其中 2018 年網際網路滲透率達到 79%。從以上數據可以看出，美國網際網路滲透率還是很高的，電子商務市場和電子錢包支出都是呈成長的趨勢，電子錢包的時代即將來臨。

2. 日本全球後付費的使用率最高

2017 年日本電商市場人均支出達到了 1158 美元，實體店市場人均支出 14530 美元。其中電商市場移動錢包支出占比達到 3%，實體店市場移動錢包支出占比僅 3%。2018 ～ 2020 年電商市場複合平均成長率達到 6%，實體店市場複合平均成長率為－ 1%。其 2018 年網際網路滲透率達到 100%。

日本雖然網際網路滲透率為百分百，但是電子錢包的使用率卻很低。而且日本的消費者很多都是在網上選擇好商品，然後在線下付款取貨的習慣，這也讓日本成為了後付費使用率最高的國家。

3. 印度正在推動數字支付革命

2017 年印度電商市場人均支出為 27 美元，實體店市場人均支出 659 美元。其中電商市場行動支出占比達到 26%，實體店市場移動錢包支出占比為 6%。2018 ～ 2020 年電商市場複合平均成長率達到 21%，實體店市場複合平均成長率為 11%。其 2018 年網際網路滲透率達到

45%。我們都知道，印度是一個人口大國，網際網路的滲透率並不高甚至連一半都不到，然而印度行動錢包的占比和成長率都很高，這也成為了行動支付市場前景較大的國家。目前，去貨幣化改革正在推動數字支付革命。

4. 馬來西亞行動錢包占比低，銀行轉帳超過卡支付

2017 年馬來西亞電商市場人均支出為 110 美元，實體店市場人均支出 4493 美元。其中電商市場行動錢包支出占比為 7%，實體店市場行動錢包支出占比為 1%。2018 ～ 2020 年電商市場複合平均成長率達到 21%，實體店市場複合平均成長率為 6%。其 2018 年網際網路滲透率達到 87%。馬來西亞同為東南亞國家，其網際網路滲透率雖然較高，但是行動錢包的市場占比卻很低，其銀行轉帳支付甚至超過了卡支付。報告分析在未來幾年，全球三大行動商務市場將會是中國、美國和英國。到 2022 年，中國行動商務市場將實現跳躍式發展，許多國家和地區也在追隨行動商務這一全球趨勢。

- 全球跨境匯款市場大

國內跨境支付市場由四類參與方主導，分別為銀行電匯、專業匯款公司、國際信用卡公司與第三方支付公司。銀行電匯普遍採用 SWIFT（環球同業銀行金融電訊協會）通道實現跨境匯款，收費高昂且交易進度較慢，3 ～ 5 天才能匯款到帳，優點在於手續費有上限，適用於大額匯款與支付。專業匯款公司依賴郵局與銀行物理網點，不經過銀行通道跨境匯款，將交易時間縮短到 10 分鐘，但匯款幣種有限，費用方面實行分檔付費模式，適用於中小規模匯款支付。

- 光手續費就賺翻了

交易時所需要付的手續費，每一年全球交易數萬兆，只要有一小部分的交易使用 Libra 作為交易時的主要貨幣，那麼臉書就非常非常賺錢了。

第二個目的：替代一些弱勢的法定貨幣

全球有 17 億人不在現有的金融體系內也就是沒有銀行帳戶的，但 17 億裡頭有 10 幾億人是有手機的。

- 為什麼 Facebook 可以辦得到？

主要就是 Facebook 的用戶量，2019 年第二季 Facebook 用戶數持續上升，日活躍用戶達 15.9 億人，月活躍用戶則為 24.1 億人，同比成長皆為 8%。且至少使用 Facebook、Instagram、WhatsApp 其一的日活躍用戶高達 21 億人；月活躍用戶則為 27 億人。Facebook 表示，目前每天使用 Facebook、Instagram、WhatsApp 上限時動態的用戶，已經成長至 5 億人以上；從 21 億日活躍用戶來看，全世界平均 4 人中有 1 人會使用這項功能。

再來是看 Facebook 的影響力。它的聯盟裡面有 MasterCard、PayPal、eBay、Spotify、Uber，未來將創造更豐富的應用場景。而且它是多方系統的，是聯盟制的。有成千上萬個節點一起維護運營。Libra 聯盟計畫擴展到 100 個成員，並不是 Facebook 一家說了算。

各國對 Libra 反應

Facebook 的目標是創造全球通用的數位貨幣，但使用 Libra 的手機軟體和相關服務必須遵守所在國的市場規則，接受當地監管。

美國

美國前總統川普批評比特幣（Bitcoin）、Libra 和其他加密貨幣，要求有意「成為銀行」的企業先取得銀行業許可證，並遵守美國和全球規範。路透社報導，川普推文指出：「我不是比特幣和其他加密貨幣粉絲，它們根本不是錢，價值高度波動，且無中生有。」他還說：「如果 Facebook 和其他公司想要成為銀行，他們必須取得新的銀行業許可證，且遵守所有銀行業規定，就像其他銀行一樣，包括國內和國際（規定）。」

美國聯邦準備理事會（Fed）主席鮑爾（Jerome Powell）告訴國會議員，Facebook 計畫發行 Libra，除非 Facebook 能化解有關隱私、洗錢、消費者保護和財務穩定等疑慮，否則不能推動這項計畫。

中國

Facebook 進不了中國，它旗下的 WhatsApp 和 Messenger 也一樣。目前中國有三大行動支付：阿里巴巴的支付寶、騰訊的微信支付和中國電信的翼支付。勢力較弱的還有中國移動、中國聯通提供的行動支付服務。它們和 Libra 及其支付系統一樣，附著在使用者資料庫上。最大的不同是它們沒有自己的虛擬貨幣，用來結算的還是人民幣。

印度

印度目前對虛擬貨幣的政策如果不是充滿敵意，至少也是冷淡、不友好的。最新統計報告顯示，明年 Libra 推出時，全世界只有十二個市場可能做好了接納它的準備。WhatsApp 在印度現有三億用戶。但印度政府正在打擊亂象頻生的虛擬貨幣業。

英國

一位不願透露姓名的外匯圈業者對 BBC 表示：最難、成本最大的是合規部分。還有身分認證。有些國家規定用公民身分證認證，但美國、英國之類先進國家沒有這個相對簡單易行的認證機制，英國甚至沒有個人身分證。

03 央行數字貨幣

在 Libra 發佈之後，區塊鏈作為一種新興的資訊管理理技術，技術尚無標準，認識存在不足，工程設計能力欠缺，沒有任何個人或者單位能夠確保區塊鏈技術擁有落地的價值。在這個基礎上各國央行對於區塊鏈技術的態度都十分小心謹慎，一方面積極推動區塊鏈技術的落地應用；另一方面對於區塊鏈技術的非法應用嚴加打擊。

目前中國央行對於區塊鏈技術以及加密數字貨幣的態度就是這方面的態度。央行早在 2014 年成立了數字貨幣研究小組，並加以研究；同時嚴厲打擊利用區塊鏈技術進行的非法集資融資活動。

一、如何發行數字貨幣

在如何發行數字貨幣上，根據目前信用貨幣的特徵，需要解決兩個問題：發行一個數字貨幣背後的權力及義務。

持有數字貨幣所擁有的權利是與一般貨幣一致的，那只要能辨析清楚發行方的義務即可，即兩個重要的問題首先是發行方是誰，其次發行數字貨幣背後的資產存不存在或者是由什麼構成的。

發行方的問題可以進一步地按照去中心化，半去中化以及中心化三個層級進行概括。去中心化的含義在於只要參與該系統的使用者都有機會發行數字貨幣；半中心化則指的是只有允許的參與者在滿足一定條件的情況下可以發行數字貨幣；中心化則是僅有一個參與者有權利能發行數字貨幣。

而數字貨幣背後的資產已經是老問題了，目前來看有以下的分類：什麼也沒，依靠社區共識維持例如比特幣（BCT）以及瑞波幣（Ripple）等；依靠數位貨幣進行超額抵押，例如 Dai 穩定幣等；依靠法幣進行抵押，例如 USDT 以及 Libra 等。

目前來看，Libra 屬於中心化的法幣抵押型數字貨幣，僅有 Libra 有權利進行發幣。比特幣則屬於去中心化的社區類數字貨幣，其價值得依靠社區的共識可能是比特幣價格大幅波動的原因。而央行數位貨幣（CBDC）則更為有意思，由於央行本身就是主要的貨幣的發行方，可以沒有抵押就發行貨幣；也可以將目前流通的貨幣進行轉換變成數位貨幣，這兩種方式對於央行來說都是可行的。這也就意味著，對於央行來說，依靠法幣進行的抵押在所有的發行方式下都是可能的。

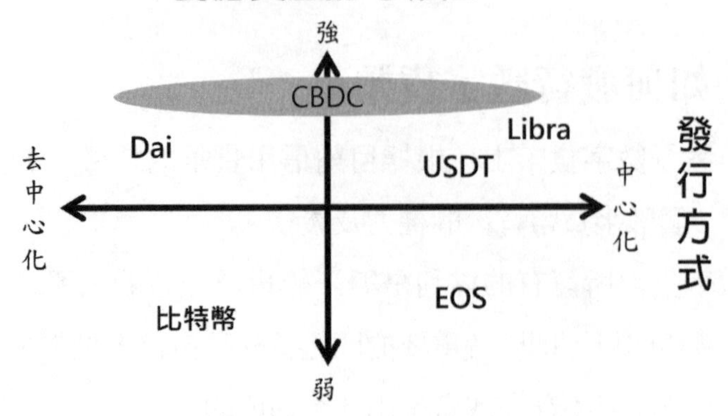

二、對於商業銀行的影響

數字貨幣對於商業銀行的影響可能會是最巨大的，也可能沒有什麼影響。此話怎麼說呢？例如比特幣可能會分散部分投資人的投資，對於商業銀行所造成的影響不大；瑞波幣（Ripple）可能會稍微影響商業銀行的跨國轉帳業務。但是基於抵押法幣的數字貨幣可能會對於銀行造成一定的影響，主要的影響在於放置於銀行的資產較大，對於銀行來說大額資產的管理可能會受到一定的挑戰；如果類似於 Libra 這種一籃子抵押物的數字貨幣，則維持一籃子的比例以及風險管理會是很大的挑戰。但是這主要對於單個銀行而言，更多的是「甜蜜的煩惱」。至於基於數字貨幣抵押的數字貨幣似乎與銀行毫無關係。不論如何，數字貨幣對於商業銀行影響的這個框架可能不全面，但足以理解商業銀行所面臨的挑戰。

支付

一直是區塊鏈技術落地的重要方向，但目前還沒有落地，只有大量的由各國央行的實驗項目，例如英國的 RSCoin、新加坡的 Ubin、日本和歐盟的 Stella 以及加拿大的 Jasper 等項目。SWIFT、BIS、IMF 等國際組織也曾對其進行研究。但目前為止，不少項目已經宣告終止，例如 RSCoin 等，剩餘下的項目大多處於一個功能驗證的階段。例如雜湊時間鎖等功能上。目前在這個方面上出現的最主要問題在於在技術上數字貨幣或者說區塊鏈技術並不是唯一解藥，很多其他技術的採用也能解決問題。其他的問題在於與現有系統的結合也就是互通性上、隱私保護上、可拓展性上等，總之數字貨幣或者區塊鏈技術在支付上的應用還有一段路要走。

除國家以外，Libra、USDT 這種來自於科技公司的嘗試也別有用心，當然 Libra 從創建之初願景可比 USDT 強太多了。但是來自於科技公司的數字貨幣問題在監管並同時適應如此多國家的監管以及隨之而來的潛在的技術難題。

相比其他形式的 E-money，例如支付寶以及微信支付，央行數字貨幣可能會有較大的優勢：首先是其使用的區塊鏈技術能夠有效保護隱私；其次是央行沒有足夠的動力去濫用數據；最後，央行的數位貨幣相比支付寶以及微信都更為安全，規避了幾乎所有的風險。其他種類的數位貨幣可能面對支付寶以及微信就沒有如此大的優勢。對於商業銀行來說，區塊鏈技術應用於支付依然遙遙無期，短期內不用過於擔心。Libra 雖然看著很唬人，但是仍然需要商業銀行在清算回合中幫助清算。總之，短期內在支付方面銀行依然穩定地遙遙領先。

存款以及存款利率

這一塊主要是央行數位貨幣的問題，目前來看，央行數位貨幣能夠替代的就只有兩種，現金以及存款。那也就是有了三種可能性，僅替代現金，僅替代存款或者兩者都替代。目前來看，僅替代現金以及存款兩者其一的設計都會使得央行吸引大量的資本，造成商業銀行的存款下降，利率上升。如果央行數位貨幣僅能替代現金並且不能替代存款，那也就意味著銀行是不能存儲央行發行的數位貨幣並將其放貸，同時原本用於存儲的貨幣可能轉而投向央行數字貨幣並減少商業銀行存款。

相似地，如果央行數位貨幣僅僅能夠替換存款，則使用者可能會將存款轉至央行數字貨幣，同樣也能減少商業銀行存款。這裡的核心問題在於央行直接面對一般儲戶進行服務，占了商業銀行的儲蓄，屬於裁判兼球員。

而兩者全部替代，則給銀行帶來了相當的靈活性。其可以通過調整央行數字貨幣所占資產比例，來靈活應對市場。由於央行數字貨幣是直接進入央行負債的，是一種絕對安全的資產。銀行也不會將所有持有的央行數字貨幣兌換成存款，這保證了央行數字貨幣一般使用時的「頭寸」。

總而言之，央行數字貨幣對於經濟可能會造成相當的影響以及衝擊，但並不是只有壞處。央行數字貨幣有成為新的貨幣政策工具的潛質，通過調整央行數字貨幣的利率，可以確定一個全社會儲蓄利率最低點，相較於其他政策可以直接作用在一般儲戶上。但無論如何，央行數字貨幣會占一部分的存款，減少儲蓄，提升利率對於商業銀行來說都會減少利潤。

與現有系統的相容性

這裡的相容性主要由兩層含義，一是技術上，基於區塊鏈技術的系統能否與銀行的系統進行對接並滿足實用上的要求，這一點依然是謎；二是體系上，對於銀行目前現行的帳戶體系的衝擊。

監管問題

商業銀行有義務對於申請者進行反洗錢以及反恐怖主義調查並遵守當地的法律從事金融活動；但是由於數位技術的發展，一些隱私技術能夠阻止銀行獲取帳戶的資訊，例如混幣、環簽名以及零知識證明等。從目前應用來說，數字貨幣市場上難以聽聞駭客攻擊獲利之後被追回的新聞，這也對於廣泛應用數字貨幣之後所面臨的合規以及監管蒙上陰影。就算目前不少交易所都已經做到了 KYC，但是仍然存在利用交易所（中心化或者去中心化）進行轉入轉出操作並由此洗白的情況。對於數字貨幣應用之後，商業銀行所要面對的合規以及監管難度可能是極大的。

三、中國的央行數字貨幣情況

中國央行是全球幾家較早進行數字貨幣研究的央行之一，早在 2014 年就成立了一個研究小組專門對於法定數字貨幣進行研究。到了 2017 年，中國人民銀行數字貨幣研究院成立，這也表示著央行數字貨幣在央行內部的地位逐漸升高。目前，數字貨幣研究院在深圳專門成立一家全資子公司負責數字貨幣方面的開發研究工作；同時與江蘇政府合資，成立了長三角地區的數位貨幣研究院。

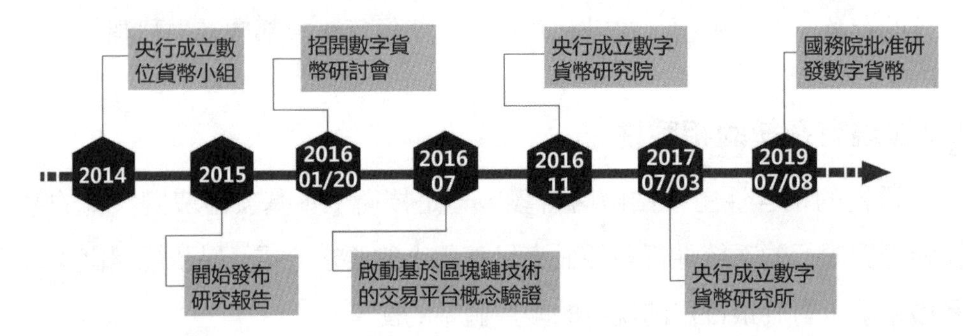

目前，網路上可以查詢的數位貨幣研究院所申請的專利一共有 52 項，其中內容近乎完善，包括了用戶申請註銷錢包、銀行如何管理錢包、交易記錄查詢、央行發行以及回籠央行數位貨幣的方法甚至還申請了一種用於緊急交易的專利。而且這些所有的專利早在 2017 年就已經全部申請，這也足夠說明中國央行對於數字貨幣的落地研究早已經十分深入，而這次獲准發行數位貨幣也不是倉促行事。

央行數字貨幣運行架構

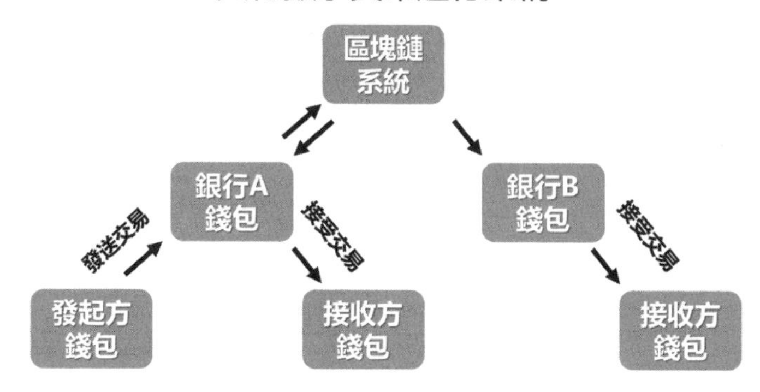

央行數字貨幣節點情況

特徵描述	僅有中心節點能夠服務	僅在中心節點的批准下可以從事部分業務	在中心節點的批准下可以從事所有的業務	無須批准任何人都可以從事所有的業務
節點的運行情況	單一節點	多節點		
運行是否受限	受限			不受限
節點所承擔的任務	各節點不同		各節點相同	
共識的參與情況	僅有一個節點	一個節點或者多個節點	多個節點	

從國外的經驗來看，當區塊鏈應用於結算時主要的問題會集中在結算的確定性、系統的可靠性以及可拓展性以及一些新機制應用之後產生的問題：例如應用流動性節約機制（Liquidity-saving mechanism，簡稱LSM）之後產生的確定性問題，新機制在加入之後很可能對於系統的容錯性造成極大的挑戰。

中國人民銀行披露國務院已經批准研發央行數字貨幣（CBDC）。

央行此舉不光是多年研究成果的集中展示，更是對於 Libra 的一個強勢回應。通過探究央行數位貨幣的發行方式，央行數位貨幣對於銀行以及貨幣政策的影響，發現央行數位貨幣的使用有助於國內貨幣政策的實行，搭配上智能合約等應用可以提升貨幣政策的有效性。

目前而言，中國的央行數字貨幣設計對於銀行等金融業務影響較小，充分考慮了國內的金融穩定。目前，中國的央行數位貨幣可以說已經處於世界前列，但是對於其落地國家依然抱著謹慎樂觀的態度，首先是網路安全風險依然巨大，其次新技術採用的不確定性依舊很高。中國目前的優勢在於研究較早，在新技術的認識上較為全面，相信假以時日，中國一定能將央行數字貨幣投入實用。

04 STO 上市產業

麥祐睿／臺灣區塊鏈策進會秘書長

STO 上市產業

在幾千年的時間裡，通證的出現使價值交換標的物成為多種可能性，像兩三千年前，非洲和亞洲的貿易網絡就開始使用貝殼來進行支付，與後來的金幣和銀幣一樣，貝殼作為裝飾品具備固有價值。幾個世紀以來，隨著貨幣和銀行體系的演變，具備固有價值的通證被法定貨幣取代，後者的價值由政府及人民確定，早在區塊鏈被發明之前，數字化通證就已經出現，以解決這些問題，不過都是使用中心化伺服器。有些區塊鏈平臺將能承載多種與傳統企業相關的應用，具體應用案例包括商品零售、公司票券和供應鏈管理等，這類項目旨在為規模高達 3 萬億美元的零售業鏈改善乘客體驗，並促進整體生態的參與。

法定貨幣為經濟的穩定和安全帶來了廣泛的好處，但它也有局限性。當應用於數字環境中時，法定貨幣最嚴重的缺陷在於它的實體形式和面值：法定貨幣交易有最低限額（例如：在美國是 1 美分，而不像區塊鏈為零往後 18 位數），而由於中心化的本質和全球支付體系高昂的基礎設施費用，實際的最低價值要略高一些。然而，隨著設備和傳感器支持獨立交換數據、能源與時間，小額交易正變得越來越普遍。這些通過機器進行的小額交易規模龐大，需要實時執行，而傳統支付體系並不是為這種目的而設計的。

在 21 世紀初，在撒哈拉以南的非洲，城市居民「轉帳」給居住在偏遠農村的親朋好友所使用電話預付卡，而不是現金。幾年後，在法定貨幣嚴重貶值的辛巴威，商店店主也開始使用電話預付卡來找零。在作為交易單位元使用時，電話預付卡超出了最初的用途，成為價值的表現形式。

所以通證使用者非常喜歡通證的靈活性，即便這並不是通證發行者所期望的。早在 2005 年左右，作為遊戲從業公司，騰訊就看到了用戶在價值交換的過程中是如何尋求靈活性的。當時，騰訊發行的 Q 幣開始在淘寶網上交易。Q 幣是一種虛擬貨幣，用戶可以在騰訊 QQ 上用 Q 幣購買消息服務和遊戲服務。按照官方的規定，遊戲玩家只能在為自己的虛擬人物購買資源時使用 Q 幣。然而，在 2002 年 Q 幣推出之後不久，用戶就開始在騰訊的生態之外使用這種虛擬貨幣。一開始，其他遊戲公司接受 Q 幣付款，隨後 Q 幣演變成了一種點對點支付工具，甚至成為一些違法活動中的付款方式。到 2009 年時，中國的虛擬貨幣交易額已經達到每年 20 億美元。

接著，中國人民銀行宣佈禁止用 Q 幣購買實體商品和服務，並最終禁止了 QQ 帳戶所有者之間的 Q 幣交易。然而，市場傳達出的資訊非常清晰：從這樣 Q 幣的發展表明，你會發現在數字環境中，用戶對安全、靈活的價值交換方式有著強烈的需求。

近年來，人們對包括加密貨幣在內的各類通證越來越感興趣，這表明市場需求還在不斷成長。

過往虛擬貨幣會引起人們的顧慮，招致反對意見，甚至不瞭解，那為什麼對區塊鏈感興趣的商業領袖必須接受通證，他們又應該如何做呢？

對此，本章將做出解釋。在討論真正的區塊鏈商機時，我們會探討多種通證的價值。我們重點關注的是通證和通證化（即建立通證，並用通證來代表某種資產的過程）如何在區塊鏈中發揮作用，並為創建者和參與者提供幫助。

我們會展示通證是如何驅動數字業務轉型、創造新的資金來源，以及培育新市場的。此外，我們還會介紹通證的靈活性。通證可以提供支付方式、交換機制，以及回報和激勵參與者的工具，幫助他們掌控個人資產（如數據），並將這些資產變現。不過需要注意的是，對大型數字交易平臺來說，通證也很有用，因為它能推動市場的進一步整合。

為什麼通證既可以推動非數位原生公司（傳統行業）的數位化轉型，也可以增強大型貨幣交易平臺的力量？若想回答這個問題，我們首先必須瞭解已存在於數位資產環境中的多種通證類型，以及作為區塊鏈的組成部分，它們的持續發展是如何創造數字資產價值的。

四大通證類型：價值創新的源頭

從理論上說，有多少價值來源，數字環境中就會有多少通證類型。在探討區塊鏈中通證的具體應用之前，為了對通證進行一般性的定義，我們將通證分為以下四種類型：

➤ 1. 法幣通證（fiat tokens）代表中央銀行發行的貨幣，如歐元、美元或人民幣，其作用是促進商品和服務的交換。這些通證最為人所熟知的是它們的實物形式，包括紙幣、硬幣、貴金屬和大宗商品。然而，正是這樣的實物形式制約了它們在數字環境中的直接應用。

➤ 2. 流程通證（process tokens）通過封裝必要流程擴展了法定貨幣的使用範圍，使其可以用於數字環境。例如，EMVCo 通證通常會駐留在智能手機中，代表銀行、借記卡或貸記卡的帳戶資訊，用於在遠程環境中完成交易。

➤ 3. 補充通證（complementary tokens）是用於封閉環境或受限環境中的交換媒介，具體例子包括航空公司積分、酒店會員活動，以及星巴克會員星和 LINE 現金等知名品牌的會員服務。

數字貨幣是另一類例子，比如亞馬遜虛擬貨幣和騰訊 Q 幣。類似高雄這樣的地區也發行了補充貨幣，以支持本地中小企業。

在高雄，這種補充貨幣名為「高雄幣」。地方層面的另一個案例是日本的「關愛老人券」。這是一種社會服務貨幣，人們可以通過自願參與公益活動來獲得這種貨幣。補充通證具備經濟合理性和監管合理性，填補了市場空白，解決了法幣通證因使用條款受限而無法提供足夠多激勵的問題，並鼓勵消費者與發行方進行交易。

➤ 4. 加密貨幣（cryptocurrencies）是一種數字原生貨幣，其目標是取代法幣通證和流程通證，可以用於創建新的資產形式。

加密貨幣有以下幾種形式：

- 工具通證（utility tokens）主要作為一種眾籌方式來籌集資金，用於開發產品或服務，以及購買並使用最終解決方案。
- 證券通證（security tokens）讓所有者獲得發行實體的股份，類似於股東持有上市公司的股份。
- 穩定幣（stablecoins）是虛擬貨幣的另一種形式，其價值與第二種資產（如法定貨幣）、公開交易的大宗商品或其他虛擬貨幣掛鈎。

過去由於證券通證和首次幣發行的泛濫，在過去十年裡，虛擬貨幣一直受困於炒作和投機。然而，這些欺詐活動的存在不影響整個行業的成長，為了創造新的數字資產形式，培育新的市場，虛擬貨幣是必需的。

例如，虛擬貨幣的出現讓參與者能夠以數字形式表示流動性差的實物資產，將其通證化並進行交易。虛擬資產還可以用於大數據、證書和知識產權的交易，所以根據定義，虛擬資產包含所有通過區塊鏈解決方案發行或交換的通證。那麼，在什麼樣的情況下，虛擬資產行業會對傳統企業造成什麼影響？

以下是正在發生的故事

為解釋不同類型的通證在區塊鏈環境中是如何運行的，我們先來看看現實世界中最普通的場景，例如我們規劃旅程（如下頁圖）。

請想像一下，如果類似雄獅和攜程這樣的平臺都支持用通證來規劃旅程。最初的環節與你現在看到的沒有太大區別，都是由用戶做出選擇決定，包括出發時間、目的地和同行者。

用戶可能還會考慮其他細節，例如，偏好的酒店和航空公司，喜歡的食物和餐廳，以及目的地周邊的短途旅行路線。在現實世界中，旅行者需要與旅行社共用這些資訊。在互聯網上，他們則可以使用線上旅遊網站提供的範本。這些網站的作用類似於數據公司：它們可以用累積的客戶資訊吸引旅遊行業各個細分領域的行銷者，通過行銷服務獲得收入。在通證化環境中，關於旅客計畫的資訊將會傳遞給其中一家數據經紀商（步驟1）。

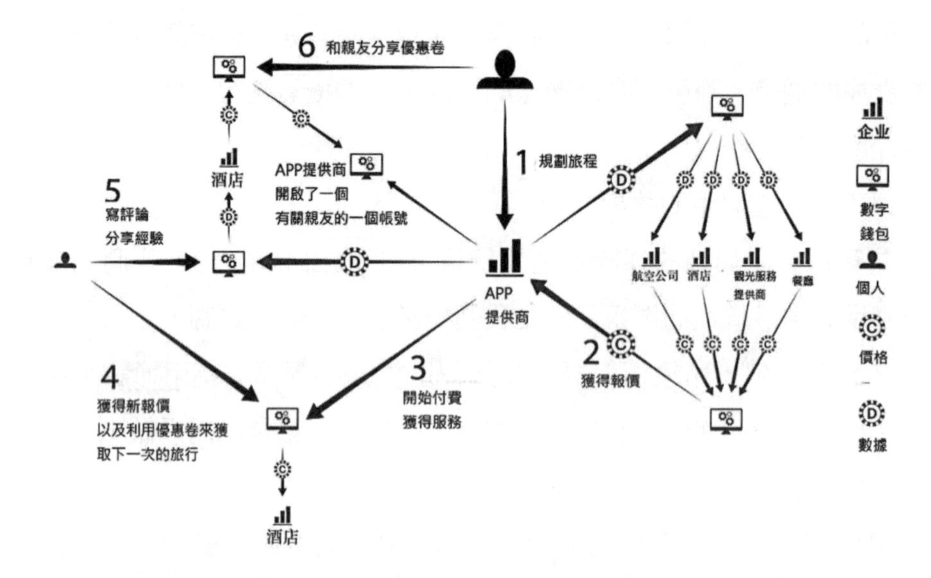

收到旅客的數據後，數據經紀商會收集資訊，並將資訊通證化，以創建數據通證。在圖中，通證保存在由數據經紀商控制的 APP 中。不同的優惠可能會代表不同的數據組合，這些數據組合適用於不同的旅行服務供應商，如航空公司、酒店、餐廳和觀光服務供應商等。這些服務供應商以優惠券的形式來提供產品。數據經紀商管理的錢包也將收集服務供應商發行的優惠券（步驟 2）。

在步驟 3 中，旅客開始付費使用服務。他們在旅途中會使用服務供應商分發的優惠券，比如用於入住酒店以及在酒店消費。

在旅客度假期間，優惠券仍然有用（如步驟 4 所示）。例如，當旅客決定接受酒店的建議多住一晚時，他們可以收到額外的優惠券用於客房服務、酒吧飲料消費或房型升級。在這些場景中，此券能激勵旅客留在服務供應商的商業生態中。

無論是在度假期間還是度假結束之後，旅客都可以將照片、對餐廳的評價和行程上傳至多個社交媒體，這其中也會涉及數據經紀商（步驟

5）。數據經紀商與服務供應商協調，通過免費住宿或免費用餐券來獎勵顧客發表評論，鼓勵口碑傳播。

旅客可以保存這些優惠券用於下次的行程，在服務供應商提供服務的其他地方使用此券，或是通過 APP 與即將前往同一目的地旅行的好友分享優惠券（步驟 6）。

這個部分不同的數據會串聯不同的 APP，而這個流程在不經意的情況之下會造成洩漏個資的情形，不過這個部分是必要之惡，因為這才能促使各個不同的團體一起加入變成一個聯盟體系，不過對於個人的資訊安全需要再加以把控才是。

當通證遇上區塊鏈

到目前為止，我們主要介紹了通證（我們假設是優惠券）在數字環境和現實環境中的各種形式，而沒有提及區塊鏈在其中發揮的作用。當通證用於區塊鏈時，它們通常服務於以下三個目的中的一個。

首先，通證可以幫助通證發行者將現有價值最大化。如果通證的目的是讓價值最大化，那麼其設計就會鼓勵客戶做出令發行者直接或間接受益的行為。企業可以將現有資源通證化，並在區塊鏈內進行管理，從而更方便地發布和追蹤，促進持有者使用。

這方面的具體案例包括獎勵積分、身分資訊通證，以及通證化的客戶身分驗證資訊，通過這些活動，企業可以為客戶提供便利，從而提高客戶的忠誠度，促成更多的交易。在旅程規劃的案例中，如果酒店面向接受額外服務（如房型升級）的旅客提供通證作為獎勵，那麼這種通證就可以促進價值最大化，試想如果這些作為獎勵的通證拿來可以進行交易呢。

其次，通證可以代表價值，數位資產可以作為價值的一種表現形式。

從字面上看，比特幣代表的價值來自比特幣「礦工」運行演算法，也即驗證用戶和交易的過程所消耗的電力與計算資源。就比特幣來說，通證可以激勵「礦工」參與網絡的運行，所以也可以促使價值最大化。

某些電子商務網站已經接受比特幣作為一種支付方式，但大部分比特幣交易仍然來自虛擬貨幣投機者，他們關注的是比特幣相對於美元或其他貨幣的價值，或者說用法定貨幣來給比特幣估值。除比特幣之外，如果虛擬貨幣支持區塊鏈網絡參與者交易或分享現實世界中的資產，如能源合作項目、投資證券或房地產，那麼數位資產也可以代表價值，並且在交易環境之下進行交易。讓我們再次回到旅程規劃的案例，如果服務供應商將酒店優惠套餐等服務通證化，那麼通證就代表了持有者可以享受的價值，這些通證也可以用於交易的數位資產或數位服務，可以比以往更多的擴展性。

最後，在區塊鏈的幫助下，通證可以創造新的價值類型。例如，通證可以支援參與者將以往難以變現或流動性差的資產變現。

臺北富邦銀行總經理程耀輝曾表示：「區塊鏈具備的能力可以使得資產支援通證，比如大型企業供應鏈生態中各級供應商的應收帳款通證化，區塊鏈為這些中小企業提供了強大的金融工具。」這方面的另一類案例來自專注於數據交換的新興數位資產市場。其中有些市場支持用戶將個人數據或企業資產通證化，並根據市場價值主動出售這些數據，或是與獲得許可的各方共用。例如：PROBE（探針交易所） 推出了一個基於區塊鏈的企業 STO 的解決方案。

通過該解決方案，企業可以將公司的既有資產數位化，為企業顧客提供產品通證化的商品，代理商或其他顧客可以共用這些優惠。

無論是為了促進價值最大化、代表價值，還是為了創造新的價值類型，對許多支持者來說，通證都是區塊鏈的關鍵要素之一，因為有對通證所代表的價值和所創造的價值等特定形式價值的需求，網絡才得以建立和運行。通證化資產（tokenized asset）在規模、流動性和價值等方面都不受限制，而機器也可以成為網絡參與者。

因此，通證可以極大地擴展經濟活動，從理論上將現存的所有人、所有機器和所有的可交易資源都包括在內，所以在 2019 年 10 月，立陶宛央行發布《證券型通證發行指南》的時候同年 11 月末，立陶宛探針交易平臺入選沙箱項目，其最主要的交易品類是 STO。STO 具體來說指在確定的監管框架下，按照法律法規、行政規章的要求，進行合法合規的通證公開發行。

STO 是現實中的某種金融資產或權益，比如公司股權，鏈改、債權、知識產權、信託份額，以及黃金珠寶等實物資產，轉變為鏈上加密數字權益憑證，是現實世界各種資產、權益、服務的數位元化，但是需要釐清的是，數位資產共分為兩類，一類是法定數位貨幣即央行數位貨幣，另一類為私人虛擬貨幣，又稱虛擬資產。

而 STO 交易平臺並不交易這兩種數字貨幣，並且又為中小企業賦能轉型數位化，並且又可以做到鏈改的資產轉化為交易標的，這個跟以往所有的數位化資產切開了另外一條道路。與許多「虛擬貨幣」交易所不同，探針交易所並不交易「比特幣」、「以太坊」，而是只交易證券類的通證，在上面看不到比特幣的，2019 年 10 月時，立陶宛央行成為全球第一個發布 STO（證券型通證發行）準則的金融監管機構。

新準則在於證券型通證的分類、評估特定案例並提供與證券型代幣問題相關的建議，並闡明適用的法律法規。此外，計畫使用 STO 方法的企業將需遵守歐盟和國家有關籌資活動的法規。

PROBE 探針是一個國際團隊，雙總部設在深圳和立陶宛的維爾紐斯，公司主要管理層在深圳。

這兩個城市也恰是雙邊國際友好城市。在 5 月 26 日的路演上，立陶宛央行評價了探針交易所的金融科技實踐對 STO 的重大意義，尤其是打通亞洲和歐洲市場方面。和市場常見的加密貨幣交易所不同，探針交易所是一個合規的跨國跨境數字證券發行與交易平臺，持有歐盟合規金融牌照，並且技術上是可被監管機構監管的。據探針交易所介紹，STO 的整個技術和監管過程十分複雜，探針交易所要做的就是精簡整個過程並實現自動化，這樣每一家公司都可以通過在探針平臺一步一步的操作過程，最終實現在探針平臺管理發行證券型通證。

交易所的交易運行在 IBM 超級帳本的 Fabric 網絡，所有感興趣的利益相關者都可以加入成為一個節點。這意味著整個通證的發行過程都可被監管而且是公開透明的，用戶或投資者只需向系統簡單存入法幣就可以收到歐元穩定幣 EURT，然後就可以用 EURT 買賣探針上的各種證券型通證。最為重要的是，由於使用超級帳本架構，是一個基於區塊鏈的平臺，交易所邀請監管機構或政府代表透明地監管整個過程的合規性。

如何打通台灣乃至亞洲和歐洲的市場，我們可以在探針交易所打開第一步是支持吸引全球公司到立陶宛 STO 上市，推動立陶宛成為全球 STO 上市中心；逐步與更多國家的監管方合作並提供監管介面，推動企業可以自由在探針選擇在哪個國家上市，這個部分台灣可能還需要再加油，才能夠跟得上國際的腳步，或許有機會將這個部分引進變成是台灣分公司。

如今，全球中小型企業 5 億家，中國就有 9000 萬家之多，這些企業面臨同樣的問題：融資困難、產品銷售不出去、貸款利息高、上市更加是困難。探針交易所，將成功打通中小企業的融資管道，通過區塊鏈等實現金融對實體經濟的支持，也非常有助於未來更多企業在鏈改、溯源、數字資產方面加快發展。過往台灣主機板是其他國家的人無法在台灣進行交易，所以台灣股票市場的交易量非常低，而現在呢？有機會把台灣中小企業的股票放上交易所來進行交易，並且全世界都知道你的公司，轉換之這是區塊鏈的那斯達克。

然而目前需要上市的方法比上主機板來要容易，流程如下：

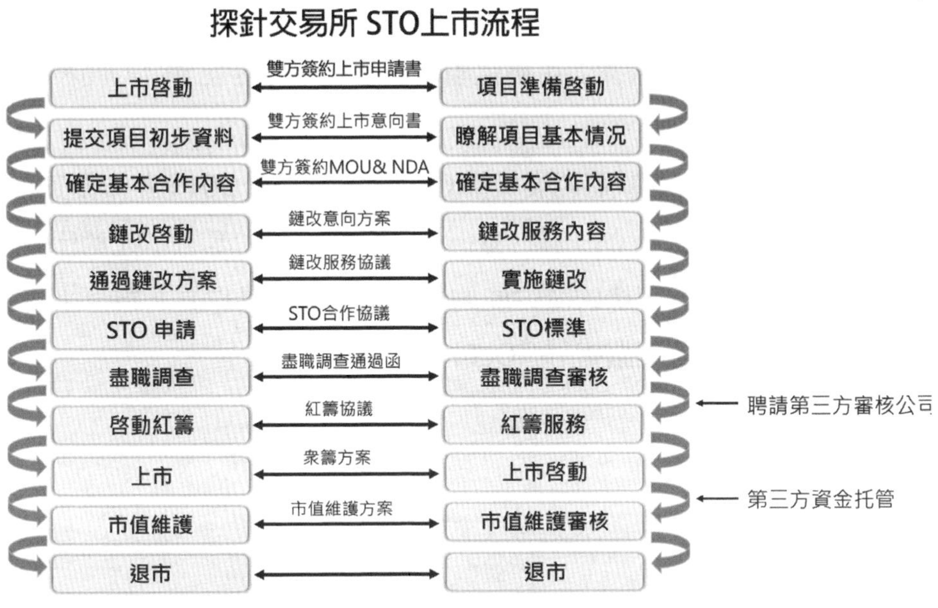

探針交易所 STO上市流程

上市啓動	雙方簽約上市申請書	項目準備啓動	
提交項目初步資料	雙方簽約上市意向書	瞭解項目基本情況	
確定基本合作內容	雙方簽約MOU& NDA	確定基本合作內容	
鏈改啓動	鏈改意向方案	鏈改服務內容	
通過鏈改方案	鏈改服務協議	實施鏈改	
STO 申請	STO合作協議	STO標準	
盡職調查	盡職調查通過函	盡職調查審核	← 聘請第三方審核公司
啓動紅籌	紅籌協議	紅籌服務	
上市	衆籌方案	上市啓動	← 第三方資金托管
市值維護	市值維護方案	市值維護審核	
退市		退市	

（提供來自探針官方資料）

過往在進行鏈改的時候，無法為中小企業在短時間增加對應的價值，但是基於 STO 來進行鏈改的情況之下，有機會雙鏈改模式的情形之下，可以變成基於上市交易所時給予鏈改的契機，變成真實的數位化轉型當中的傳統企業。

05 去中心化金融 DeFi

Bruce／資深去中心化金融技術研究員

DeFi 是英文 Decentralized Finance 的縮寫，大多被譯為「去中心化金融」。然而，本質上來說，「分散式金融」或「開放式金融」或許是更加精準的譯名，DeFi 廣義上可被定義為「基於區塊鏈智慧合約開發建構的各類金融性質服務」。

全球最大的區塊鏈軟體開發機構 ConsenSys 早於 2019 年末便宣布：「2019 年是屬於 DeFi 的一年，並且 2020 年亦將如是。」究竟什麼是 DeFi？DeFi 又有什麼樣的魔力能夠席捲整個區塊鏈世界？接下來將透過以下五個主軸為讀者描繪清晰 DeFi 的輪廓：

- 傳統金融與洋蔥銀行
- DeFi 樂高與可互通性
- 弭平高昂的信任成本
- 蓬勃發展的平行世界
- DeFi 的下一步

傳統金融與洋蔥銀行

想完整地建構對於 DeFi 的認識，筆者認為應當先從傳統金融與銀行的本質開始談起。金融的本質普遍被定義為「跨越時間與空間的資源調度和配置」，其中，為了紀錄個人的資產餘額、交易歷史與信用，便有了

「帳本」的需要。自從第三次工業革命開啟了數位化時代後，當代商業銀行的該「帳本」即多以鍵值表（key-value table）的形式電子化存儲於被高級防火牆保護的銀行伺服器系統中，該「帳本」其實與個人電腦上的Excel 試算表具有相同的本質，其差異在於是否穩定運行於可被信任的環境當中。假使某銀行的經理跟你說他們全銀行的系統其實是跑在一台家用電腦上，你敢把錢存在他們銀行嗎？

於是乎，各家銀行業者花費大量預算打造一層又一層最高規格的防火牆，架構最嚴謹的授權與稽核系統來杜絕各種資安風險與惡意攻擊，然而各家業者的伺服器多以不同的規格各自開發建置，缺乏統一的標準與格式，導致傳統銀行業者的系統就像被層層包裹的洋蔥，外部系統要與之互動極其困難，相互整合串接金流 API 更是難如登天，動輒耗費雙方工程師談上一年半載，如剝洋蔥讓人流淚。

DeFi 樂高與可互通性

相對而言，由簡單的規則集與程式碼定義而成去中心化金融智慧合約（Smart Contract）各家業者皆運行於統一的環境：以太坊（Ethereum）區塊鏈上，並且程式碼幾乎都是開源的，任何人皆能充分掌握智慧合約的內容。與傳統銀行伺服器相比，不需要額外的防火牆等機制，因為區塊鏈本身在系統架構上就是足夠安全的執行環境（相對犧牲了部分執行效率）。

以存提款、轉帳等銀行底層基礎業務來說，民眾或許壓根不在意其背後去中心化與否，但有一件事卻能大幅凸顯其差異：「整合」。

去中心化金融最大的價值莫過於其「極佳的可擴展性」與「模組化帶來的超低通信成本」。我們以 MakerDAO 發行的去中心化美元穩定幣

（DAI）做說明，DAI 是區塊鏈上各個去中心化金融協議最大宗採用的通用貨幣之一，無論是借貸協議、去中心化交易所（DEX），乃至預測市場與保險都可以看到 DAI 的身影。由 MakerDAO 發行的 DAI 能夠被這麼多不同國家／地區的協議整合，是因為在以太坊區塊鏈上針對代幣發行有一個統一的格式規範「ERC20」，無論是由誰發行的資產，只要該資產符合 ERC20 的規格，相關的金融協議便能輕易整合上架該資產。

標準的 ERC20 代幣基本上只有兩種功能：轉帳與授權。授權的模式也只有一種：為帳號指定代理人，給予一特定額度內的提款權，沒有繁複的三方校驗與按月扣款或爭議款等複雜設計。一切從簡，回歸本質，但允許任何人在這之上大鑿複雜豐富的各類應用。對於去中心化交易所而言，上架一種資產和一百種資產的成本其實是差不多的。反觀傳統金融業者的服務彼此串接不易，以至於需要仰賴第三方金流商以及繁複的金流處理手續費。

在去中心化金融的世界有個經典案例是去中心化交易所 Uniswap 與 Kyber Network 相互整合的美談。Uniswap 是根據資金儲備以演算法決定成交價的兌幣服務；Kyber Network 則是由做市商掛單的交易平台。一般來說，市場上提供相似服務的廠商總是處於競爭關係，但在去中心化金融的世界中，先行者 Kyber Network 不但沒有打壓 Uniswap，反而還主動把 Uniswap 整合為自身做市商的一份子。如此舉措讓雙方共享流動性，不但 Kyber Network 的既有用戶因此有機會以更優惠的價格成交，Uniswap 也藉由 Kyber Network 的導流獲得更大的成交量，流動性提供者獲得更高的手續費收入。

如此一般互利互惠的合作模式在區塊鏈上屢見不鮮，但在傳統金融世界卻鮮少聞之，究其根本仍會回歸到洋蔥銀行的議題，由於各家銀行業者各自建置機房維運伺服器，一旦牽涉到和其他家業者進行整合，總不能將自家服務移植到對方的主機上運作，於是只好從藉由彆扭的 API 穿越層層包覆的系統和其他業者的「洋蔥」溝通互動，其建置工程之繁複與後續維運升級等業務往往讓人望之卻步。

在去中心化金融的世界，各項服務皆運行在同一個環境（以太坊虛擬機），並且擁有許多統一的格式規範讓新進業者便於效尤，甚至其業務核心內臟（程式碼）都直接以原始碼的形式明文公開發佈在人人皆能訪問的區塊鏈上，讓各個協議間的整合串接相當便捷，也因此 DeFi 世界有了「金錢樂高（Money Lego）」的美名，指的便是各個 DeFi 協議間能夠相互整合串接，層層疊加，如同組合樂高一般，堆疊出各類衍生性的金融服務。ERC20 代幣標準的創始人 Fabian Vogelsteller 將此特性稱之為「可互通性（interoperability）」。

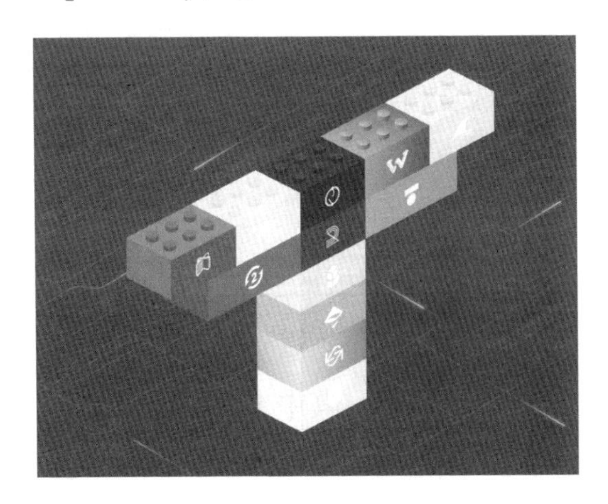

DeFi 樂高，圖片來源：https：//medium.com/totle/building-with-money-legos-ab63a58ae764

目前去中心化金融世界中的各項金融服務雖然和傳統金融世界相

比其交易量與市值並不甚高，不過已能看出「受信任、免許可」的區塊鏈技術正在向世界演示如何突破傳統商業環境中的「價值孤島（Value Island）」困境。儘管目前去中心化金融世界尚未發展成熟，仍有許多待填的坑洞，不過 DeFi 藉由各個協議相互整合串接的加乘效果，正在高速發展成為蓬勃的金融生態圈，DeFi 生態系免信用、免審核，24 小時不打烊，對世界上的任何人皆開放，並且能接受銅板投資，大鯨魚和小蝦米並不會受到差別待遇或信息不對稱。DeFi 去中心化金融正為個人理財提供一個更加公義與先進的解決方案，真正實踐普惠金融的理想。

弭平高昂的信任成本

除了藉由可互通性實現的 DeFi 樂高外，去中心化金融另一大價值即為「大幅地弭平昂貴的信任成本」。眾所周知，金融業是特許行業，業者必須取得牌照並配合諸多繁複的規定與監管措施始得經營。其背後原因乃是為了打擊非法集資、放貸和金融詐騙與洗錢等活動。傳統金融的監管和風險管控舉措在《巴塞爾協議》頒布後來到極大期，監管措施很大程度地讓金融創新受到諸多約束與限制。

「信任」可說是現代金融發展的基礎，在傳統的金融體系中，信任往往建立於法律和制度的保障之下，這一整套由社會規範、制度與法律組成的信任體系營運成本極其高昂。其中，「中介機構」在傳統金融體系中扮演著舉足輕重的地位，價值的創造和轉移都必須經過中介機構。中介機構在法律與制度協議規範下提供一個可被信任的交易場所，集中進行清算等服務。該中介機構在個人的範疇內多為「銀行」；在以銀行業者為主體的範疇內即為「中央銀行」。基於對金融中介機構的信任，資金提供者可以透過金融中介機構來完成資金融通，但在這一過程中，金融中介機構往往會收取不少的中介費用，增加了交易成本，並且該處理過程仍很大程度涉及人工作業，依然存有潛在的道德風險。

儘管傳統金融機構花費了高昂成本打造了一套又一套的信任機制，人性的貪婪仍舊帶人類走過了一場又一場的金融危機，隨著社會與經濟的高速發展，數位經濟帶來了交易訊息量的激增，也不斷考驗著傳統金融體系的耐震和耐受度，如何有效實現公平、公正、公開的價值傳遞與交換，並且防止金融中介機構利用不對稱的訊息牟取暴利考驗著當局者們的智慧。

區塊鏈技術的出現革命性地提供基於演算法保證的機器信任，實現了不需要仰賴第三方主觀意志的「客觀信任」。透過公開、透明的機制與即時、有效的清算系統，讓彼此間互不相識的個體能夠藉由區塊鏈網路進行互動，從而大幅度地弭平了交易執行時的高昂信任成本，提高了資產配置的效率與有效使用率，為金融交易開闢了全新的路徑。

當我們透過互聯網（Internet）進行「資料傳遞」時，其實該資料並非真正地被傳遞了，該資料本質上只是被「複製」了。而區塊鏈技術最大的革新在於透過「分散式帳本技術」真正實現我這邊「-1」，你那邊才能「+1」的「價值傳遞」。比特幣透過對密碼學、共識機制、點對點網路與激勵機制融會貫通的運用，打造了毋需第三方參與便能實現的「價值轉移」的「價值網路」。因此，在區塊鏈發展的早期階段，「加密貨幣」一直是最主要、最直覺、最有感的應用。然而比特幣並非一條圖靈完備的區塊鏈系統，其功能侷限於價值存儲與轉移的初始階段。

在比特幣問世約莫 10 年後，DeFi 一詞來到世人的面前。想要建立對於 DeFi 的完整認識，必須先明白它為什麼存在？ DeFi 的存在目的在於它能夠滿足一些人的金融需求，而這些金融需求是傳統金融所無法滿足的。金融的核心對象是貨幣，而貨幣是在漫長的人類歷史中從以物易物逐步發展出來的。從貝殼、貴金屬發展至今日的法幣，傳統金融透過中介機構的整合與運作提高了市場效率，實現了很理想的資源配置，但同時，中介機構的存在亦造成了不透明、濫發等問題，進而導致嚴重債務危機和通貨膨脹等問題，一旦經濟發展停滯或資源嚴重分配不均時便可能爆發社會的經濟危機。這樣的輪迴在數百年的金融發展史中周而復始，一再地發生，儼然成為一種必然。直到去中心化金融的出現，為全人類提供一個截然不同的解決方案。

仰賴中介機構的傳統金融體系固然能藉由長年累月累積的聲譽贏得客戶的信任，確實也得以滿足現實世界中很大部分人口的基本理財需求。然而在這個世界上，也有一部分人希望能由自己來完整掌控個人資產與金融服務，這也是 DeFi 存在的關鍵，畢竟在世界上的許多地區也許沒有值得信賴的金融中介機構存在。DeFi 正在建構一個跟傳統金融平行的繁榮金融世界。

去中心化金融受益於區塊鏈的特性，得以大幅降低傳統金融機構必須耗費大量時間累積的信任成本，藉由開源且部署後即不能更改的程式碼，DeFi 將需要信任的「對象受體」從協議創始人或機構轉移至「程式碼本身」。假使有間銀行老闆跟你說他們全銀行就只有他一個人，那你應該不太敢把錢存在他的銀行，一旦他跑路或遭逢什麼意外，你的畢生積蓄便可能消失不見。但在去中心化金融世界不乏許多由個人開發運行的協議，有些這樣的一人協議甚至管理了上億美元的資產。為什麼人們願意信任並使用這樣的協議？正是因為其開源的程式碼允許任何人進行檢驗，當夠多的程式高手與資安專家驗證過並將其資產放入至該協議當中，人們便認為該協議是可信任、安全的。

DeFi 轉移信任受體的特性大幅降低了金融創新的成本，整個以太坊區塊鏈宛如一個大型沙盒，來自世界各地的各路好手得以前仆後繼在此大展拳腳與身手，透過紮實的技術底子與出色的創新點子贏得全世界的目光和尊敬。

蓬勃發展的平行世界

與現實世界中的傳統金融相比，DeFi 世界像是存在於另一個時空的平行世界，在 DeFi 世界你可以和來自世界各地的投資者進行即時的金融互動，並且該世界如同永動機般沒有營業時間，沒有開收盤，不需要繁瑣的信用認證與審核機制，也不會對不同資金量體的投資者存在偏見，並且對世界上任何人皆開放。

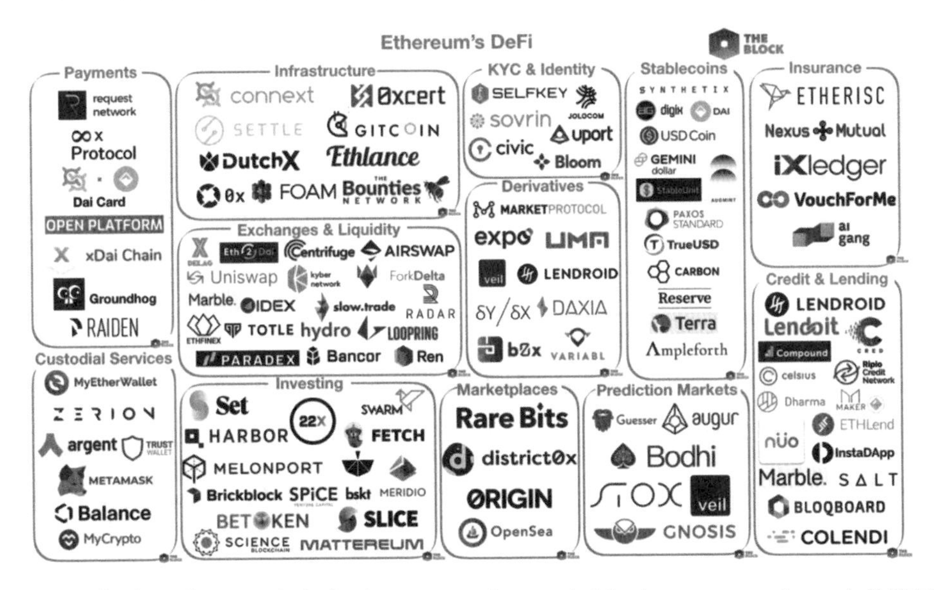

DeFi 生態系概覽圖，圖片來源：https：//www.theblockcrypto.com/genesis/15376/mapping-out-ethereums-defi

今日的 DeFi 蓬勃發展的生態系其實僅有 2 ～ 3 年的歷程。人類早最早於「世界電腦」以太坊區塊鏈上進行金融的嘗試可以追溯到 2016 年的「The DAO」，儘管該專案最終以遭竊作收，導致以太坊硬分叉為現行的以太坊（Ethereum）和以太坊經典（Ethereum Classic）兩條區塊鏈，但 The DAO 仍有其作為金融嘗試的劃時代意義。

第二個具有標誌性意義的專案則是於 2017 年末誕生的 MakerDAO 與其去中心化美元穩定幣「DAI」。由於以太幣等加密貨幣高價格波動的特性使其在金融應用上缺乏穩定性，不便於日常使用，對此 MakerDAO 做了一個前衛的嘗試，即以去中心化的方式在區塊鏈上鑄造發行對標 1 美元的「美元穩定幣」。要鑄造出 DAI，必須以高級系統計算出的抵押率超額抵押以太幣等加密貨幣資產，一旦抵押率低於系統設定值，資產便會遭到清算拍賣，透過這樣的方式發行出由加密貨幣資產作為抵押擔保的美元穩定幣 DAI。並且 MakerDAO 系統內有一套維持價格恆定的機制「DAI Saving Rate」，類似於美國聯準會（Fed）的升降息機制，系統能夠在 DAI 的價格低於 1 美元時調高 DAI Saving Rate，讓 DAI 持有者將 DAI 存回 MakerDAO 賺取高額利息，創造市場上的通貨緊縮，藉此讓價格回升為 1 美元。並在價格高於 1 美元時，降低 DAI Saving Rate 讓市場上的 DAI 供給量變多，使價格回復至 1 美元的水平。時至今日，儘管 DAI 不可避免地存在價格波動，但該系統目前為止尚可稱作運作良好，並未出現嚴重的失控情形。DAI 的出現也為各樣去中心化金融應用劃開大門。

另一個 DeFi 始祖，非 Compound 莫屬。Compound 是去中心化的借貸協議，透過人對合約（P2Contract）的機制，打造了區塊鏈上的存放款平台，經營著相似於「銀行」的業務。貸方（Lender）將各種加密貨幣資產存入智慧合約中賺取利息，借方（Borrower）則能透過超額某種抵押資產方能夠從智慧合約中借出其它種加密貨幣，藉此實現融資或融券等金融操作。Compound 藉由智慧合約完美地剔除掉「銀行」這個中介機構的角色，在 Compound 上，貸方存入的資產並非交到 Compound 老闆的手中保管，而是存入任何人都沒有權限挪用的智慧合約資金池中，一切只能按照智慧合約寫死的規則運作。Compound 上借貸的利率直接取決於市場供給需求機制的實時運作，當某樣資產供不應求時，貸方需支付高額的借款利率；借方則能享受貸方支付的高額利息。這一切的機制都是透過智慧合約自動執行，沒有涉及到第三方中介單位的介入。究其本質而言，比起去中心化銀行，Compound 更像一間去中心化「當鋪」。

下一個不得不提到的經典 DeFi 協議是中心化交易所（Decentralized Exchange）：Uniswap。傳統的交易所需要透過撮合買賣雙方的掛單方能使交易成交，在 Uniswap 則同樣是透過人對合約的機制，直接與智慧合約底下的資金池進行交易。Uniswap 仰賴流動性提供者（Liquidity Provider）提供各種交易對的資產作為庫存，作為流動性提供者則能享受每筆交易 0.3% 的交易手續費收入。Uniswap 以兩種代幣乘積為定值的演算法為每一筆交易進行報價，由於乘積為定值，交易對的一邊將永不為 0，因此 Uniswap 可以做到總是能成交的保證，但買方將依資金池的深度與成交量承受不同程度的「滑價」損失。在 Uniswap 上，任何人都能成為做市商（Market Maker），也因此任何人皆能在 Uniswap 進行上幣，只要你發行的加幣貨幣資產符合 Uniswap 支援的 ERC20 格式，便能自行在 Uniswap 上架，不存在任何形式的審核與監管機制。

DeFi 的下一步

去中心化金融 DeFi 的出現到蓬勃發展的百家爭鳴時代也不過兩三年光景，DeFi 世界重要的指標：總鎖定資產（TVL, Total Value Locked）在 2017 年 9 月只有約 100 萬美元，截至 2020 年 12 月該數值已超越 148 億美元，光是在 2020 下半年便有超過 1400% 的超誇張漲幅。然而伴隨著 DeFi 爆炸性的成長，資安事件與各樣詐騙案件亦是層出不窮，充斥著各種貪婪的投機亂象與令人聞風喪膽的幣價波動。DeFi 世界鎖定的 148 億美元資產和傳統金融世界動輒數兆美元的衍生性金融商品市場相比可謂杯水車薪，DeFi 世界距離走入大眾應用與百姓生活理財仍有很長的距離要走，除了底層基礎建設以太坊區塊鏈每秒能處理的交易量（TPS, Transactions Per Second）備受考驗外，繁複的先備知識與資產保存風險亦試煉著當代拓荒者們的智慧，現在 DeFi 世界的開發者就像是 17 世紀北美大陸的新移民一般，面對著一個野蠻陌生的疆域，有太多的新秩序等待被建立，同時卻也同時帶給人無限的發展與想像。

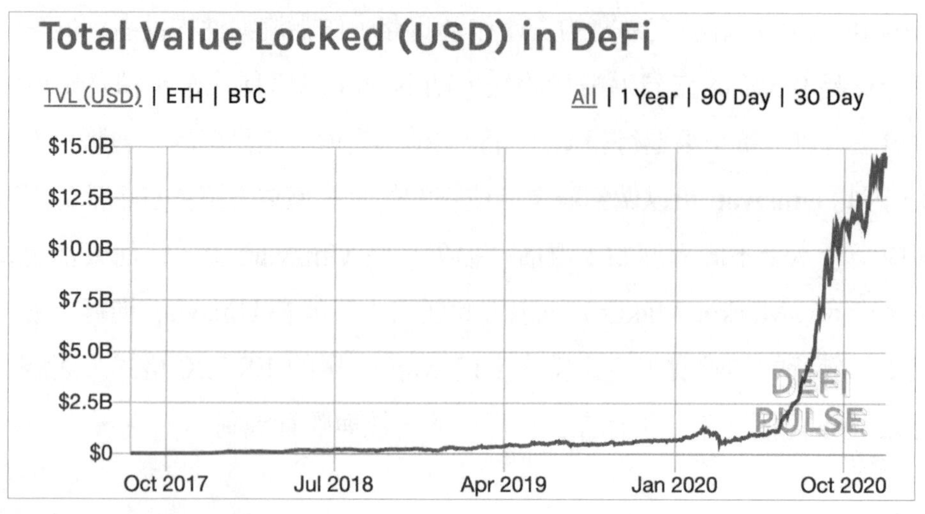

DeFi 世界的總鎖定價值，圖片來源：https：//defipulse.com/

目前 DeFi 世界的底層基礎建設如美元穩定幣（DAI）、去中心化交易所（Uniswap / Curve）及借貸協議（Compound）等已大致被建設完畢，甚至也有了些衍生性的金融應用出現，如保險協議（Nexus Mutual / 3F Mutual）、預測市場（Augur）、收益聚合器（Yearn）等。然而，和已發展數百年的傳統金融世界相比，仍有許多未被滿足的金融需求，一片浩瀚的藍海正恭迎有志之士踏入。不斷竄升的 DeFi TVL 顯示有越來越多的人更願意相信公平、公正、公開的去中心化金融世界，並將他們的資產從現實世界轉移到 DeFi 世界中，並且該趨勢正不斷地變得更加顯赫。可以預見未來數年 DeFi 世界將會更高速地蓬勃發展，其中很大程度將圍繞在「衍生性金融應用」的發展上，越來越多的投資者將會需要在去中心化金融世界處理更加繁複的金融需求，實現更高階的金融操作。針對這一趨勢，台灣團隊 Hakka Finance 尤其值得關注，以太坊資深開發者陳品以真知灼見的智慧打造出多樣前衛的金融應用，包含對沖 MakerDAO 系統崩潰風險的雨天基金保險 3F Mutual、具期貨特色的加密貨幣結構型基金 Crypto Structured Fund、能夠為流動性提供者有效對沖暫時性虧損（Impermanet Loss）風險的選擇權協議 iGain。這一系列衍生性的金融應用為去中心化金融世界邁向成熟發展提供很好的演示。區塊鏈技術發展至今，去中心化金融 DeFi 讓區塊鏈技術落地實踐，無論未來去中心化金融世界如何發展，當代的我們都正在見證重要的人類大歷史。

06 非同質化代幣（Non-Fungible Token，NFT）

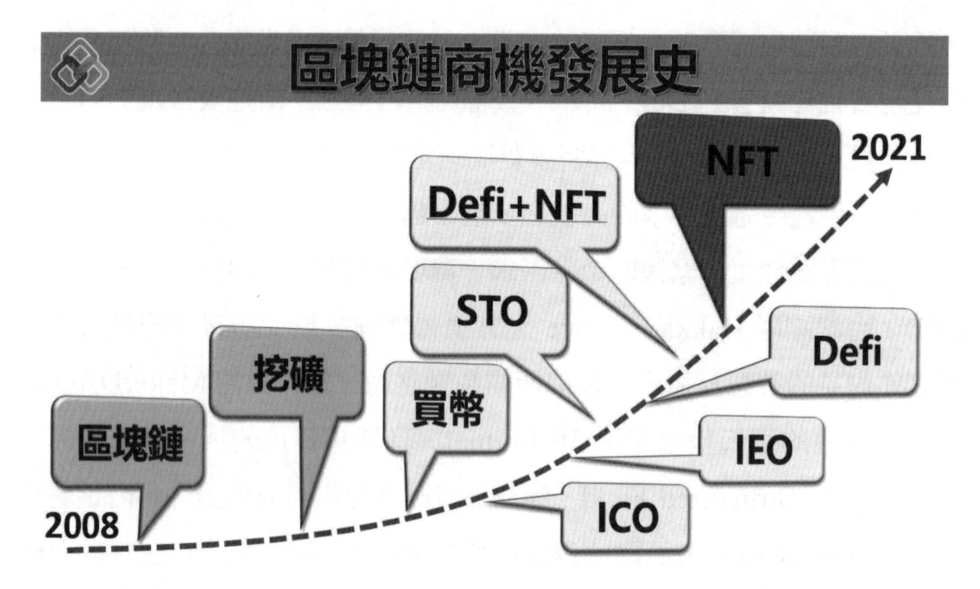

當大家對區塊鏈的認識還停留在比特幣或只能用來炒幣的印象，而經歷了這些亂象，開始冷靜探討實際應用之時，先來談談對於「幣」，也就是 Token 的認知，Token 的用途非常多元，可以用於以下的應用：

擁有權的證明、票券（門票、折價券、兌換券……各種能在數位平台上購得取得商品或服務的票券）、軟體授權、股權證明、租借使用權證明（租車、設備、空間使用、網路使用……）、道路通行證、訂閱制／會員制的通行證、群眾募資、獎勵、金融商品證明（權證／債券／衍生性商品）、投票權等等。

Token 有時以實體的方式呈現，像是我們常常拿到的停車代幣、捷運單程票的 IC 代幣；虛擬形式的就像是數位入場券（如：序號、條碼、QR code……等）到獎勵證明（平台的累積點數、使用服務的貢獻回饋），這種 Key 或 Access，都可算是廣泛的 Token 應用。

由於是種經濟誘因，區塊鏈公開透明讓 Token 具有可被驗證的稀缺性，限量發行價值就能鎖在「幣」上面，所以造成大家趨之若鶩挖礦炒幣，唯恐錯失良機。繼 DeFi 熱潮之後，以 DeFi 協議代幣迷因幣（MEME）為首的非同質化代幣（NFT），開始重新走進大眾眼中，成為了近期加密資產投資者的關注焦點，社群中甚至有人將它視為避免野蠻生長的 DeFi 泡沫化，讓 DeFi 精神可以延續的關鍵，更將可能成為加密貨幣市場的下一熱點。

Fungible Token v.s. Non-Fungible Token

在區塊鏈的世界裡，我們大致把 Token 分類成兩種，一種是可互相取代、可分割的「同質化代幣」（FT，Fungible Token，有人會稱它為 ERC-20），另一種是不可分割、不可取代、獨一無二的「非同質化代幣」（NFT，Non-Fungible Token，有人會稱它作 ERC-721）。

同質化代幣 Fungible Tokens	非同質化代幣 Non-Fungible Tokens
可替代的(Interchangeable): 可被同類型的任何代幣替代。如，一張一元美鈔可被任何一張一元美鈔取代，且對持有者沒有任何差異	**不可替代的 (Not interchangeable):** 無法被任何同類型的代幣取代。如：你的出生證明無法被其他人的出生證明所取代，即使一樣都是出生證明
一致性 (Uniform): 每個同類型的代幣在規格上完全一樣	**獨特性 (Unique):** 每個同類型的代幣皆和彼此相異,獨一無二
可分割性(Divisible): 每個代幣皆可分割成更小的單位。無論你拿到哪個單位，加總價值等同。如：一元美鈔和兩個50分硬幣或是四個25分硬幣價值相同	**不可分割性(Indivisible):** 不可分割。每個代幣最基本的單位就是一顆的單顆代幣
ERC20標準: 已是以太坊廣為人知的核發代幣標準。例:USDT、ZRX ...	**ERC721標準:** 以太坊上核發非同質化代幣的標準。例:謎戀貓(CryptoKitties)的每一隻貓都是非同質化代幣

究竟 NFT 的魅力何在？它是怎麼崛起的？又是為何再度受到大眾追捧？在弄懂非同質化代幣（Non-Fungible Token，NFT）是什麼之前，得先認識同質化代幣（Fungible Token，FT）。同質化代幣是一種可被分割、可被替代的代幣，除了最知名的主流幣種比特幣（Bitcoin）之外，最常見的，就屬基於以太坊（Ethereum）的「ERC-20」協議發行的代幣。這類型被大量發行的代幣，可讓不同用戶可以透過分割代幣、互換代幣，來進行交易買賣。

NFT 具有「稀缺性」，由於每一枚非同質化代幣，都擁有一個獨一無二的 Token ID，只能被一個擁有者或者錢包地址所擁有，因此具備一定的稀缺性。目前 NFT 多被用來標記獨特，且具備一定價值的有形資產，例如藝術品、房地產、收藏卡牌、遊戲中的虛擬寶物等。

幣圈所有的熱點都是財富效應引發的，NFT 也一樣，先是 MEME。一場突然的暴漲讓大家發現了新大陸，這是一個將流動性挖礦與 NFT 結合起來的項目，2020 年 9 月 11 日一枚 MEME 的價格不到 200 美元，後來當 MEME 推出了以 NFT 藝術畫，價格一路飆升至近 1,900 美元。

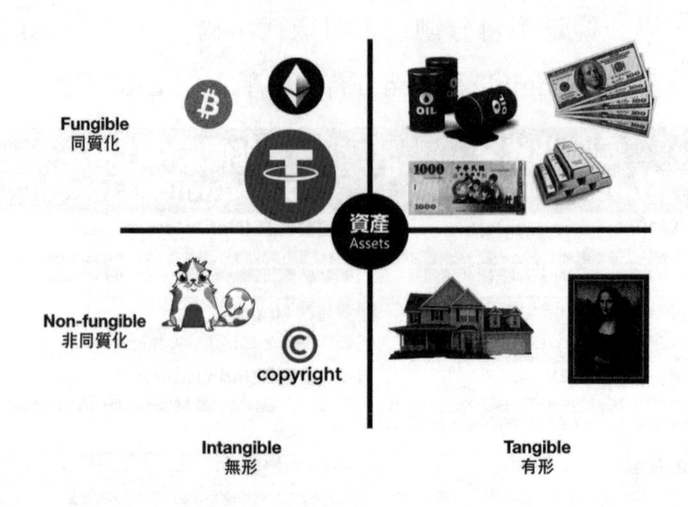

資產可分為有形、無形、同質化、非同質化交叉形成的四種資產：

第一種：有形 & 同質化

看得見摸得著的東西，例如手中的鈔票、真實的黃金、挖出來的原油、美金鈔票等。彼此之間是可以互換的，例如你手中的 100 元美金跟我手中的 100 元美金，雖然鈔票上面的序號不同，但是我們是可以互換的，也可以買到同一價值的東西。也可以用兩個 50 元硬幣換一張 100 元鈔票。

第二種：有形 & 非同質化

一樣是看得到摸得到的實物，例如達文西的蒙娜麗莎的微笑、梵谷的星空、你住的房子、你開的車子等等。但是他們卻不可以彼此交換，你無法用蒙娜麗莎的微笑去換梵谷的星空，你也無法用你的房子來換我的房子。

第三種：無形 & 同質化

大多用數位的方式呈現，例如以太幣、比特幣及各種虛擬貨幣。你手上的一顆比特幣，跟我手的一顆比特幣，是一模一樣的，彼此之間是可以互相交換的，不同的幣種之間，雖然它們彼此之間雖然屬於不同的幣種，但是也可以進行交換，例如 30 顆以太幣，可以來換一顆比特幣。

第四種：無形 & 非同質化

是看不到摸不著的，例如音樂的版權，區塊鏈上的謎戀貓、各種 NFT 的代幣。

NFT 可以分成兩類一為收藏品，二為服務，收藏品很好理解，就是人們熟知的畫、雕塑、卡牌等等。不過，收藏品的價值很難用數字定義，因為它們或多或少都與人們的主觀意識有關，它們的價值會因為創作者和收藏者的名人效應而產生極大波動，甚至同版藝術也會由於收藏者的不同導致它們的價格天壤之別。不過，NFT 不僅僅是畫、收藏品，更實際、更落地的應用是作為一項「服務」。NFT 更需要的是客觀上的價值，不應該被局限地以收藏品共有的「稀缺的」來定義，而所謂的稀缺性取決於創作者在創作時的想法，就像達芬奇可以畫 100 幅《救世主》，但他實際上只畫了一幅。現在 NFT 門票、證書、身分 ID 等應用其實就是「服務類」NFT 的初步落地，它們不存在極高的門檻，而是平民化的便捷工具。

這其實是 NFT 真正的想像空間，加密藝術只是 NFT 很小的一部分，所以我們需要更理性地看待現在的市場。目前還不是 NFT 最好的進入時機，主要有以下四個原因：大多人不懂、容易造假、基礎設施有待完善、痛點不夠。

大多人不懂

相比於 DeFi，NFT 的受眾群體顯然小得多。目前大多數人印象中的 NFT 都是「加密藝術」，無論「加密」還是「藝術」，這兩個領域都是十分小眾的。更何況當今社會缺乏對藝術的教育與普及，而藝術教育與普及的匱乏使得普通人很難分辨哪些藝術品值得收藏。就連深耕 NFT 領域的著名加密收藏家 WhaleShark 也發布推特表示，建議大家盡量不要參與 NFT 收藏品的投資，除非你有極強的審美能力，或是你擁有一台時光機。

小圈子更容易成為 KOL，而在藝術收藏領域，收藏品交易會受到名人效應的影響，KOL 進行收藏品交易會比普通人輕鬆得多，且能賣到更好的價錢，這對於普通人而言是並不公平的。

 容易造假

目前，小圈子可能還隱藏著眾多問題，一旦 NFT 領域隨著逐漸發展而壯大，越來越多人加入這個圈子，很有可能暴露更多問題，甚至會出現顛覆整個領域的漏洞。NFT 不等於稀缺和唯一性，NFT 資產並不是大家想像的稀缺和唯一的，恰恰相反，它們很容易被複製，不僅僅局限於藝術品，包括服務類的 NFT 亦如是。

例如，只要圖片一樣，把 NFT 名字修改成與真幣一樣，是可以做出假幣的。假幣當然可以區分出來，因為合約地址都不一樣，假幣並不會出現在真幣的合約歸類中，但對於新人來說，不會想到通過合約判斷真假，畢竟這要有一些技術門檻，他們僅僅通過搜索欄搜索則很容易上當受騙。而且目前的 NFT 平台審核還極不完善，雖然目前只有少數藝術家發現自己的作品被複製，但躲在隱蔽的角落中的造假者還有更多，隨著 NFT 的發展，造假者群體也將越來越龐大，問題將變得更加嚴峻。而這僅僅是目前 NFT 造假最基礎的操作，更有難度也更難以被發現的騙術，是直接複製標識著正版的 URL 編碼，複製一張圖片的同時複製它的 URL 編碼，這樣，一件贗品就可以擁有正品的「身分證」，造假者可以輕而易舉地弄假成真。而目前對於這種行為還沒有解決辦法。

基礎設施相對較差

一提到 DeFi，我們腦子裡想的是 MakerDAO、Uniswap、錢包、各大數據平台等等，這些 DeFi 生態我們可以脫口而出，因為我們已經足夠

熟悉。但一提到 NFT，你除了「畫」還能說出什麼？

你不知道 NFT 板塊中究竟包含了哪些內容，不知道有哪些平台可以交易 NFT，不知道同類產品的歷史價格，不知道究竟有多少人在玩 NFT。甚至，連最簡單的轉帳都沒有那麼完善，在幾大主流錢包中，根本無法看到自己帳戶下有沒有 NFT，更不用說轉帳，NFT 的確很熱，但這種熱是財富效應的傳遞，不是 NFT 的價值發現。

痛點不夠

NFT 目前的優勢在實體或是網路都可以做到，差別在於有沒有上鏈，有沒有基於區塊鏈的技術發展，但是這些對目前一般 99.9% 的人來說並不重要，因為目前的環境下還用得挺舒適的，並沒有什麼特別大的理由必須換掉現行的機制，懂區塊鏈的人會說：「那資料是在網上並不安全」，但對一般人來說，「上鏈」跟「上網」是沒有差別的，反而是上鏈多了很多麻煩的事情，例如要申請錢包，而且去中心化的操作介面很不友善，不小心轉錯就完蛋了，不像中心化的操作，遺失了帳號、密碼都可以找回，錢轉錯了還可以透過銀行追回，而區塊鏈的世界是不可能做到的，這些都是因為還不夠「痛」，所以才會感覺目前現行的體系就很方便安全。

未來的方向會如何的發展

應該說，NFT 雖然這幾年發展不錯，但還遠遠還沒有發揮出它應有的實力，這受限於區塊鏈自身的發展限制。目前大多數是與傳統遊戲相結合，如果區塊鏈能夠做傳統遊戲的貨幣以及道具底層，會是怎樣一個情形，我們想像一下你在魔獸世界或是暗黑裡打怪掉落金幣，是一個總量恆定的區塊鏈代幣，類似比特幣那樣。打到的裝備，具備 NFT 特性，可以直接鏈上拍賣行交易成 BTC，ETH 或者 USDT，這時候在遊戲裡的裝備就具有價值了。然而這裡面不光是技術，還有利益等各方面的制約因素，在保持傳統遊戲可玩性的同時，引入區塊鏈與 NFT，必然不是一朝一夕之事。

資產 NFT Token 化的模式，說到資產 Token 化，大家首先想到的可能是 STO，資產上鏈，如果你有一間房子想要上鏈，那麼一定是會用到 NFT，用來標識你是這套房子的主人。歐洲盃門票的 NFT 發行，本質上就是資產 Token 化的結果，只不過這裡的資產，是門票。

而當區塊鏈發展到一定成熟階段，真正讓 NFT 大放光芒的，不是資產上鏈，而是資產下鏈，例如，用 BTC 買房子 NFT 或是通過 STO 合法擁有產權。這個場景的核心要求是，房屋的登記和買賣一開始便是通過 NFT Token 在鏈上發行，然後通過 STO，把你的 NFT Token 通過鏈上面的價值轉移、確權即可。而非現在大家理解的，線下有一套房產，把他 Token 化，然後上鏈。相信到了區塊鏈的這個時代，NFT 將無處不在，再配合 VR 技術，就真的離我們不遠了。

在 2020 年的 NFT，就像 2018 年的 DeFi，有實際價值但還需要時間沉澱與發展，過早地將它推到風口浪尖，讓它在錯誤的時候萬眾矚目只會讓它受傷。在這個最具想像空間的領域，NFT 還需要更多的開發者作為先驅，將基礎設施搭建完善，再逐漸推廣、擴大影響力，但想創業的你，一定要先行準備，等待那起風時刻。

07 智能合約

智能合約是一種可以在區塊鏈環境中自動判斷、履行和執行協議條款的新技術。簡單地來說，智能合約（smart contract）是區塊鏈中一種制訂合約時所使用的特殊協議，主要用於提供驗證及執行智能合約內所訂定的條件。智能合約中內含了程式碼函數，可以與其他合約進行互動、做決策、儲存資料及傳送虛擬貨幣等功能。

比較特別的是，這些交易具有可追蹤、難以篡改與不可逆轉的特性，使智能合約能在沒有第三方的情況下，仍能進行安全的交易。此外，智能合約由創建者定義、由區塊鏈網路執行所建構而成，其當中與合約條款相關的所有訊息，全都是按照合約當中所設定的操作自動執行。

智能合約只是軟體程序，與所有程序一樣，它們完全按照程式設計師的意圖執行。智能合約就像編程應用程式一樣：「一旦出現，就去執行。」

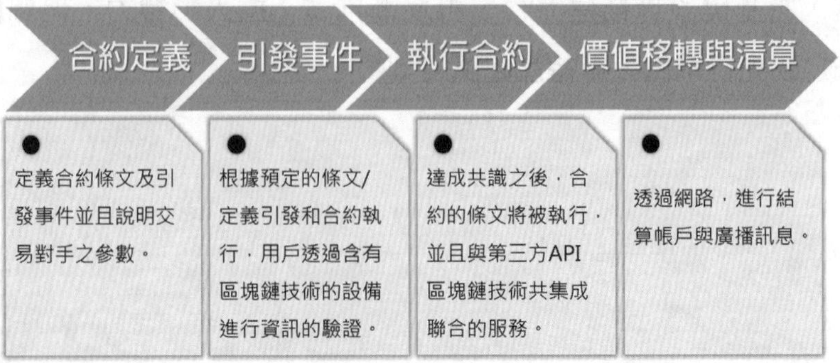

基本上通過數學計算，智能合約可以協商協議中的條款，自動驗證履行，甚至執行約定的條款，所有這些都不需要通過中央組織來批准。智能合約使公證人、代理人和律師等中間人幾乎毫無意義。

智能合約的概念最初是由計算機科學家、密碼學家 Nick Szabo 於 1993 年構思出來的。在 1994 年的一篇文章中，Nick 寫道：「智能合約的總體目標是滿足共同的合同條件（例如付款項、留置權、保密性，甚至強制執行），最大限度地減少異常以及對可信中介的需求。相關的經濟目標包括減少欺詐損失、仲裁和執行成本以及其他交易成本。現今存在的一些技術可以被視為粗略的智能合約，例如 POS 終端和（信用卡）、電子數據交換（EDI）以及公共網絡帶寬的分配。

儘管智能合約在 2009 年比特幣誕生時才出現一線生機，但以太坊完全接受了它，使得在其分布式帳本中執行和存儲智能合約成為可能。以太坊的平台專為執行智能合約而設計，使交易和 ICO（初始代幣發行）成為可能且無可挑剔。在許多方面，智能合約是所有區塊鏈技術的基石。此外，許多新興的區塊鏈初創公司依賴於智能合約有望創造的革命。

就像有一個驗證比特幣交易的節點網路一樣，智能合約也使用節點網路來驗證協議的各個方面是否已經完成。他們不需要像律師這樣的中間人來驗證這些方面是否存在，這些節點和智能合約中的代碼本身就可驗證。這也使得智能合約透明且可被所有相關方追溯。因此，各方之間的信任不再具有爭議。某些時候律師仍會被需要，但大部分工作都已完成。

最後，由於智能合約嵌在所有數據都以分散的分布式方式存儲的區塊鏈中，因此直到合同履行完成，沒有人能夠控制資金。這筆錢通常是區塊鏈的本地加密貨幣，就像以太坊的以太幣一樣。

在許多方面，智能合約就像簽訂購買汽車的合約一樣。除此之外，這些合約是自動化的，且可被數字化保護。

Nick Szabo 在文章中寫道：「我們可以將智能合約的概念延伸到財產上。可以通過在物理對象中嵌入智能合約來創建智能財產。根據合約條款，這些嵌入式協議將自動控制用於操作財產的密鑰給合法擁有該財產的代理。例如，除非經其合法所有者允許、響應協議，否則汽車可能無法運行，從而防止盜竊。如果貸款購車，並且車主未能付款，則智能合約可以自動調用留置權，留置權可將車鑰匙的控制權返還給銀行。此智能留置權可能比人為操作更經濟有效。還需要一個在貸款還清時可以證明刪除留置權的協議，困難和運作除外。例如，汽車在高速公路上飛速行駛時，收回其使用權是不安全及不人性化的。」

智能合約可以應用的場景

選舉的投票

如這次充滿戲劇性的美國總統競選，川普總統和選民一再懷疑現行投票系統的真實性。是否被非法操縱？有了智能合約，就無法以任何方式進行操縱。

如果所有投票都存儲在區塊鏈中，則幾乎不可能對其進行破解及解碼。此外，智能合約的自動化屬性可使繁瑣的投票過程變得更加簡單和完全在線，它甚至可能會改善美國低投票率的現象。

供應鏈管理

通常情況下，供應鏈受到實質紙張合約制度的阻礙。即使是最簡單的任務，這些形式必須經過許多人手。由於該系統帶來的高曝光率，盜竊、丟失和欺詐相當普遍。區塊鏈和智能合約通過向各方提供安全、透明的數字版本來克服這一缺點。它可以自動執行任務和交易，甚至可以根據存儲在其代碼中的規則來限制行為。

汽車相關

保險公司根據客戶操作車輛的方式收取費用，這些車輛將向保險公司報告數據。因為開車的行為會決定危險度，間接就影響了保險理賠和保費的高低。又例如汽車與汽車在道路上進行協商，就像一輛車允許另一輛車在滿足某些條件後更換車道，例如「如果您的乘客上班要遲到了，且路線的交通狀況更加糟糕，你可以超車到我前面去。」

房地產相關

假設您通過 Airbnb 租了一間公寓，除了這是一個存在於區塊鏈上的 Airbnb 版本，可用加密貨幣進行支付。付款後，您會收到一份按智能合約的代碼規定的數字收據。智能合約會跟蹤您是否收到了「數字密鑰」。如果您未在指定日期之前獲得此密鑰，智能合約會自動退款。當然，當房屋鑰匙等物品與網際網路數字化綁定時，此類程序的運行效果最佳。這就是（IoT）物聯網和區塊鏈結合後會在未來產生巨大能量的原因，且能實現跨行業的巨大轉變。對於那些不了解的人來說，「物聯網」是物理設備的網絡，如嵌入了軟體和傳感器的家用電器，可以通過網際網路連接和交換數據。

衛生保健

醫療保健可能非常複雜，我並非只在政治層面上談論此事。智能合約無疑有助於簡化保險審判的認證和授權程序，患者數據保護、法規遵從甚至醫療保健用品方面均可受益。

金融領域

銀行業似乎是最接納區塊鏈和智能合約的行業。當您發現通過自動化進行各種金融業務（包括國際交易）可以節省大量資金時，自能明白其中緣由。

法律問題

如前所述，傳統的合約模式通常充分依賴律師和公證人。但是，智能合約以可追溯和透明的方式自動執行這些步驟。當你考慮可以節省巨額資金和大量時間時，智能合約可以淘汰公證人和律師，將來甚至於法官都可以被智能合約所取代。

複雜問題

儘管新技術十分強大，我們仍需要幾年的時間才能在大多數行業中實施。有如下幾點原因。

- 第一點、智能合約可能變得非常複雜。智能合約通常需要不止一份智能合約才能完成任務。通常需要連結在一起的眾多智能合約來涵蓋可能發生的所有情況。在這項技術的發展初期，可能會對程式設計師構成挑戰。人工智慧有可能簡化該過程。在此之前，預計在處理高度複雜的交易時偶爾會出現錯誤。
- 第二點、這項技術最適合物聯網。沒有物聯網，智能合約本身就無法與現實世界相互作用。智能合約需要一個實體，有時也稱為

「oracle」，可知曉任務何時完成。這種「單點故障」會降低智能合約的分散性和安全性。

- 第三點、可能是最大的問題。智能合約是程式，如果程式出錯了怎麼辦？ 畢竟，這些程式仍由人類構建，漏洞也是預料之中的。當以太坊首次推出時，其智能合約中的一個錯誤就是導致價值數百萬美元的以太幣容易失竊，這導致了以太坊經典分叉的出現。

如果使用智能合約的一方發送錯誤的信息怎麼辦？ 如果人們向 Airbnb 客戶發錯了房門鑰匙怎麼辦？ 如果傳統合約存在問題或錯誤，當事人可以在事件發生之前表示質疑，但遇到智能合約即使遇到錯誤，也會被執行。

這些關鍵問題讓企業對調整智能合約感到不安。然而，大多人應該都相信開發人員和人工智慧將解決掉這些問題，試錯如影隨形。畢竟，網際網路演變至今都花費了幾十年的時間，雖然網際網路仍然存在問題和複雜性。

毫無疑問，智能合約將以某種形式成為我們未來的一部分。即便在今天，積極因素遠遠超過負面因素。透明度、欺詐減少和不可變性使智能合約成為大多數成熟企業的可靠替代方案。

智能合約的優缺點

優點

一、安全性高：智能合約經過加密並儲存於區塊鏈節點上，因此能夠確定在未經許可的情況下不會有更改、遺失的狀況。

二、交易效率高：智能合約的流程幾乎為自動化，讓交易效率提高，許多中介都可能會被淘汰。

三、可客制化：現在存有的智能合約種類多樣，並能依照客戶的需求進行修改。

缺點

一、人為因素：程式碼是工程師所寫，因此有誤寫的可能；一旦智能合約放到區塊鏈上則無法更改。

二、法律因素：智能合約在目前不受任何任何政府監管，倘若政府機構介入立法則可能出現潛在問題。

三、實施成本：智能合約必須經過編碼過後才能執行，因此，擁有豐富經驗編碼、能夠寫出沒有執行問題之智能合約工程師變得非常重要；相對地，因為技術緣故，成本也會相對提高。

08 合約交易

黃鈞蔚／區塊鏈金融操作講師

什麼是合約交易？

合約交易與現貨交易不同之處在於，現貨遵循的是傳統交易方式，即低買高賣的原則，且是實實在在的交易商品；而合約交易是指買賣雙方對未來約定某個時間，按指定價格接收一定數量的某種資產的協議進行交易。

簡單說，就是現在約好未來某個時間、地點，交易一定數量的某種商品。合約交易是一種金融衍生品，它是相對於現貨市場的交易，用戶可以在期貨合約交易中通過判斷漲跌，選擇買入做多或者賣出做空合約，來獲得價格上漲或者下跌帶來的收益。

合約交易的買賣對象是由交易所統一制定的標準化合約，交易所規定了其商品種類、交易時間、數量等標準化信息。合約代表了買賣雙方所擁有的權利和義務。

按照交割方式的不同可以將合約分為永續合約和定期合約。兩者間的主要區別就是定期合約有固定交割日，而永續合約沒有。

數字貨幣合約交易的作用，目前合約主要可以給用戶起到兩個作用

1. 以小博大：即通過槓桿來放大收益。

2. 風險對沖：則為在期貨市場買賣和現貨品種、數量相同，但是方向卻相反的期貨合約。用一個市場的盈利來彌補另外一個市場的虧損，來

規避價格風險。

除此之外，有了合約，就會使得價格在單邊上漲或下跌時，會有一個相反的力量將價格推回到一個相對理想的狀態，管控現貨市場價格，使其短期不理性價格迴歸理性。

同時合約交易可以增加資產的流動性，由於很多機構投資者無法直接投資比特幣，大交易所推出衍生品讓這類投資者擁有了進入比特幣市場的渠道，有利於機構更多投資者進入。

另外合約交易拓展了交易方式，使得虛擬資產交易策略多樣化，即可做空也可做多。同時，現貨市場和合約市場還會相互導流，使得整個數字貨幣市場的體量增大。

合約交易的方式分為兩種方式，即開多（看漲）和開空（看跌），期貨的存在給市場加入了做空機制。

舉例來說，如果現在比特幣為 2 萬美金，此時覺得價格要下跌選擇對應的槓桿倍數做空，當價格下跌到某個價位時拋出合約即可盈利。開多的模式與開空相反。

世界上的合約交易所有百百間，今天就來跟您介紹一家公開、透明、公平及安全的全球化加密貨幣衍生品交易服務平台，那就是盈幣寶（Bingbon）。那到底有多強大呢？以下一一分析給您了解。

盈幣寶（Bingbon）——全球化加密貨幣衍生品交易服務平台（資料提供：Olivia）

關於盈幣寶（BINGBON）

Bingbon 是一個全球化、區塊鏈產業領先的加密貨幣衍生品金融交易服務平台，提供主流數位資產的金融交易；它同時也是一家 FinTech

公司，目標是使加密貨幣衍生品市場發展於全世界，並讓各行各業的所有參與者能跨越門檻進行投資。

Bingbon 於 2018 年在台灣成立，其最初註冊於英屬維京群島、總部坐落新加坡，在香港、台灣、越南、愛沙尼亞和澳大利亞皆有分部。作為一家全球性的加密貨幣衍生品交易服務平台，其目前市場已覆蓋亞洲、歐洲、北美洲和大洋洲等 37 個國家和地區，允許用戶使用加密貨幣、全球指數、外匯和商品合約等多頭和空頭交易；除了為用戶提供簡單、易用、專業的數位資產衍生品交易產品與服務，獲得廣大使用者良好口碑外，Bingbon 亦提供跟單服務。

Bingbon 的創始團隊來自於史丹佛大學、Google、阿里巴巴，包含傳統金融專家以及頂級投資機構人等，其設計理念以保障用戶利益、打造公平公正的交易環境為準則，為用戶提供極致的交易體驗，致力於讓數位資產衍生品交易簡單而透明，成為業內最安全穩定、便捷高效的交易服務平台。從上線開始，Bingbon 始終貫徹用戶為本、公平公正、完整體驗的價值觀，也是透過這些理念來引導產品設計和營運方式。Bingbon 無穿倉分攤機制，利潤實時結算。盈利後即時可用，幫助提高資金效率；綜合幣安、火幣現貨行情，無插針、無行情操縱風險；並且與慢霧科技深度合作，安全度媲美傳統銀行、0 資產丟失歷史；11 重錢包安全防護措施，為用戶資產護航。而平台同時具有超乎尋常的行動交易體驗，多終端完美兼容，隨時滿足各種場景的交易需求。

儘管平台仍未做到至善至美，對於所有瑕疵 Bingbon 始終願意與用戶溝通，關心並聽取用戶意見，相信 Bingbon 在未來的數位資產衍生品交易平台競爭中仍能脫穎而出，透過不斷創新、打造產品努力成為區塊鏈產業中用戶首選的衍生品交易平台，並進而推動區塊鏈數位資產產業的發展。

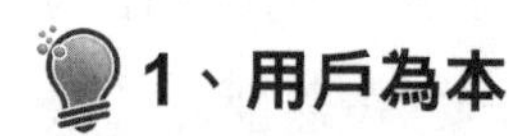

Bingbon 的特點

1、用戶為本

Bingbon 用心傾聽每一位用戶的聲音，鼓勵用戶提出各種問題與建議，以利其不斷打造產品，讓產品更簡單上手。透過整頓客服團隊，打造流暢的客服中心，讓服務品質穩定提升、快速解答用戶疑問。

多重冷熱錢包及離線簽名，Bingbon 提供銀行級的錢包安全服務，保障使用者資產安全，而 AI 智慧提幣風控系統，做到提幣高效和安全的雙重保障。

2、公平公正

不作假、不插針，是 Bingbon 嚴格控管的要求，從系統設計上就杜絕了作假或插針的可能；同時，通過公開標記價格計算規則、支援使用者即時查詢標記價格的來源和結果等步驟，讓平台完全沒有作假和插針的能力，也方便用戶隨時查詢。

Bingbon 採用幣安、火幣兩大交易所的現貨價格進行綜合計算，當兩大交易所現貨價格出現異常，則導入 OKEx 交易所現貨價格輔助決策，同時放棄異常交易所的現貨價格，立即導入 OKEx 參與標記價格計算。當異常恢復，則自動切換為幣安和火幣的標記價格方案。

3、完整體驗

Bingbon 對產品體驗追求完整，把產品複雜性交給系統實現，讓使用者做到輕鬆上手，交易無憂。

➢ 止盈止損：

支援開倉時設置、持倉中修改止盈止損價格，用戶無須隨時看盤。

➢ 計畫委託：

支援多策略委託，不需凍結帳戶資金，合理使用的情況下，可以大大提高抓住行情的機率以及資金使用效率。

➢ 訂單獨立：

支援使用者同時開不同方向的訂單，對訂單進行對鎖，進而提升用戶利潤或控制風險。

➢ 保證金機制：

訂單的收益可即時計算保證金，確保保證金得到更加充分的利用，降低可能的強制平倉風險。

➢ 用戶教育：

為了防止用戶因認知不足導致額外虧損、上當受騙等，平台在各處給予用戶風險提示、安全教育等，進而提升相關交易認知。

➢ 合法化的努力

合法是 Bingbon 從創始即要求的發展方向。想貫徹一家全球化數位金融服務公司的精神，合法對永續發展的重要性不言而喻，Bingbon 目前已獲得多個合法且受當地政府或相關機構認可和監管的金融服務牌照，且還在持續申請更多國家或地區的合法牌照。（參見後文 Bingbon《牌照資訊指南》）

 Bingbon 三大優勢

 1. 簡單 & 易用

- 對衍生品市場和用戶深入調查後，Bingbon 推出以用戶為中心設計的輕量級交易產品。
- 產品「小而美」，崇尚極簡、易用交互，強化交易認知，讓數位資產衍生品交易更容易、交易成本更低。

 2. 公平 & 透明

- 採用標記價格，引入火幣、幣安、OKEx 三大現貨交易平台行情，保障交易的公平公正。
- 無穿倉分攤機制，實時結算、資金流動更自由。

3. 安全 & 穩定

- 領先區塊鏈安全團隊與嚴格的風控流程，為資產與資訊安全護航。
- 市場流動性充足，極端行情下交易依舊流暢。

可以在 CoinMarketCap 上找到 Bingbon 的相關資訊：

https：//coinmarketcap.com/zh-tw/exchanges/bingbon/

CoinMarketCap

Cyber Monday

Bingbon

NT$9,492,888,319 TWD

https://bingbon.com/en-us

@BingbonOfficial

關於Bingbon

Bingbon is a FinTech company that aims to make crypto derivatives market available and accessible to the world and enabling all participants from all walks of life to invest in a simple and transparent way.

Established in 2018, Bingbon allows users to trade contracts of Cryptocurrencies, Global Indices, Forex, and Commodities for long and short positions. Bingbon is a crypto derivatives exchange that offers copy trading for users.

Writing emails in English? Grammarly is your secret weapon.

活躍市場

Rank	貨幣	交易對	交易量（24小時）	價格	交易量 (%)	Liquidity	類別	手續費類型	更新時間
1	Bitcoin	BTC/USDT	NT$5,953,379,681	NT$505,761.10	62.71%	-	Derivatives	Percentage	最近
2	Ethereum	ETH/USDT	NT$2,365,734,854	NT$15,399.15	24.92%	-	Derivatives	Percentage	最近
3	Cardano	ADA/USDT	NT$564,916,094	NT$4.63	5.95%	-	Derivatives	Percentage	最近
4	XRP	XRP/USDT	NT$270,179,269	NT$18.05	2.85%	-	Derivatives	Percentage	最近
5	Bitcoin Cash	BCH/USDT	NT$123,310,328	NT$8,036.59	1.30%	-	Derivatives	Percentage	最近
6	Chainlink	LINK/USDT	NT$77,859,998	NT$379.88	0.82%	-	Derivatives	Percentage	最近
7	Litecoin	LTC/USDT	NT$47,857,835	NT$2,079.80	0.50%	-	Derivatives	Percentage	最近
8	EOS	EOS/USDT	NT$25,852,216	NT$86.03	0.27%	-	Derivatives	Percentage	最近
9	Uniswap	UNI/USDT	NT$15,670,312	NT$98.92	0.17%	-	Derivatives	Percentage	最近
10	TRON	TRX/USDT	NT$12,700,413	NT$0.875771	0.13%	-	Derivatives	Percentage	最近
11	Filecoin	FIL/USDT	NT$12,184,601	NT$880.18	0.13%	-	Derivatives	Percentage	最近
12	Polkadot	DOT/USDT	NT$10,194,934	NT$139.29	0.11%	-	Derivatives	Percentage	最近
13	Tezos	XTZ/USDT	NT$8,905,404	NT$68.18	0.09%	-	Derivatives	Percentage	最近
14	Bitcoin SV	BSV/USDT	NT$4,953,100	NT$4,788.56	0.05%	-	Derivatives	Percentage	最近

Bingbon《牌照資訊指南》

1. MTR 牌照概述

歐洲愛沙尼亞 MTR 牌照，是加密貨幣暨錢包雙牌照，此牌照服務涵蓋面廣，在以區塊鏈為底層技術的項目中具有一定的權威性。

愛沙尼亞共和國（愛沙尼亞語：Eesti Vabariik，英語：Republic of Estonia），簡稱愛沙尼亞。

世界銀行將愛沙尼亞列為高收入國家。由於其高速成長的經濟，愛沙尼亞經常被稱作「波羅的海之虎」，人口僅 130 萬的小國誕生了

Skype、Playtech、TransferWise、Taxify 這四家估值十億美元以上的獨角獸公司。

愛沙尼亞於 1999 年 9 月加入世界貿易組織，並於 2004 年 5 月 1 日加入歐盟。當前愛沙尼亞經濟發展迅速，資訊科技較發達。

2011 年 1 月 1 日，愛沙尼亞正式加入歐元區，成為歐元區第 17 個國家。另外值得一提的是 2007 年推行的數位化公民計畫。對於區塊鏈的支持者來說，愛沙尼亞是最有吸引力的國家之一。

➢ 監管機構

與監管部門的溝通和交流對於區塊鏈項目具有很大的價值。在愛沙尼亞，與金融監管機構（金融監管局或金融情報單位）的溝通和互動要比美國或新加坡容易得多，它們提供各種必需的法律資訊，並且大多願意在其管轄範圍內的各種問題上提供協助；最重要的是，大多數官員都會講英語。

➢ 立法

目前，愛沙尼亞頒發加密貨幣交易牌照，加密貨幣操作受其他支付工具的許可規定（自 2017 年 8 月 12 日起，它被指定「虛擬價值」）。

Bingbon MTR 牌照地址：https：//mtr.mkm.ee/juriidiline_isik/263186 ？ backurl=%2Fjuriidiline_isik

MTR 查詢官方地址：https：//mtr.mkm.ee/

Bingbon 註冊號：14789250

MTR Majandustegevuse register

Ettevõtja üldandmed

Ettevõtja andmed

Ettevõtja nimi	Bingbon Global OÜ
Registrikood	14789250

Kontaktandmed

Telefon	
Mobiil	
E-post	eestifirma24@gmail.com
Veebileht	

Tüüp	Aadress
Ametlik aadress	Peterburi tee 47, Lasnamäe linnaosa, Tallinn, Harju maakond, 11415

Majandustegevusteated (0)

Arhiveerimata majandustegevusteateid ei ole

Tegevusload (2)

Number	Kehtivuse algus	Kehtivuse lõpp	Kehtiv	Tegevusala	Lisainfo
FVR001074	02.09.2019	Tähtajatu	Jah	Virtuaalvääringu raha vastu vahetamise teenus	
FRK000967	02.09.2019	Tähtajatu	Jah	Virtuaalvääringu rahakotiteenus	

【許可文件如下】

CERTIFICATE OF LICENSE

Pursuant to Charpter 8 of the Money Laundering and Terrorist Financing Prevention Act, the Rules and Regulations of Financial Intelligence Unit of Politsei- ja Piirivalveamet, the Politsei- ja Piirivalveamet does hereby issue the license to:

BINGBON OÜ

Area of activity	Financial services, Providing a virtual currency wallet service
License number	FRK000967
Area of activity	Financial services, Providing services of exchanging a virtual currency against a fiat currency
License number	FVR001074
Start of validity	02.09.2019
Vaild Until	Timeless

2. 澳洲 DCE 牌照概述

澳大利亞是全球領先的核心金融市場，獲得澳大利亞的監管牌照，能大大增強平台的實力以及客戶信心，可稱為加密貨幣交易機構標配的牌照。2018 年 4 月，聯邦議會通過了《 2018 年反洗錢和反恐融資修訂法案》（AML/CTF 修正案），對澳大利亞反洗錢和反恐融資法進行了修改。所以此後在澳大利亞經營的加密貨幣交易所如今受到澳洲金融監管機構 AUSTRAC 的監督，並被限制洗錢和恐怖主義資助活動。澳大利亞的新法律賦予 AUSTRAC 監管加密貨幣交易所交易各種加密貨幣（包括比特幣、以太坊和瑞波幣等等）的權利。

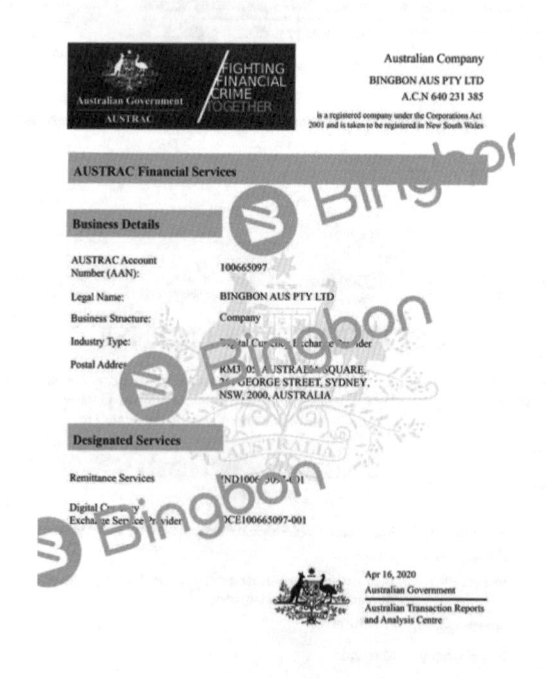

Australian Government
AUSTRAC
FIGHTING FINANCIAL CRIME TOGETHER

Australian Company
BINGBON AUS PTY LTD
A.C.N 640 231 385
is a registered company under the Corporations Act 2001 and is taken to be registered in New South Wales

AUSTRAC Financial Services

Business Details

AUSTRAC Account Number (AAN):	100665097
Legal Name:	BINGBON AUS PTY LTD
Business Structure:	Company
Industry Type:	[illegible]ital Cu[illegible] [illegible]char[illegible]e [illegible]ider
Postal Addre[illegible]	RM3[illegible]05 [illegible]USTRA[illegible] SQUARE, [illegible] GEORGE STREET, SYDNEY, NSW, 2000, AUSTRALIA

Designated Services

Remittance Services	[illegible]ND1006[illegible]-[illegible]01
Digital C[illegible] Excha[illegible]e Ser[illegible]ce [illegible]vider	[illegible]CE100665097-001

Apr 16, 2020
Australian Government
Australian Transaction Reports and Analysis Centre

3.MSB 牌照概述

美國 MSB（Money Services Business）牌照是由 FinCEN（美國財政部下設機構金融犯罪執法局）監管並頒發的金融牌照，主要監管對象是金融服務相關的業務與公司，範圍包括國際匯款、外匯兌換、貨幣交易及轉移（包括加密貨幣）、提供預付項目、簽發旅行支票等業務，從事上述相關業務的公司，必須申請 MSB 牌照，才能合法落地。

MSB（Money Service Businesse）牌照是由財政部反金融詐騙執行司頒發，這個部門的英文名稱為 Financial Crimes Enforcement Network Department of the Treasure。

➢ 監督

FinCEN 成立於 1990 年，旨在透過分析《銀行保密法》（BSA）要求的資訊，支援聯邦、州、地方和國際執法。多年來，FinCEN 員工為 BSA 收集的資訊增加價值、發展了專業知識。

在 FinCEN 監督期間，重要的是要證明所需的文件已到位，並且授權代表您行事的員工、代理人和所有其他人都經過良好的培訓，能夠有效地執行合規計畫的所有要素。高級官員必須批准合規計畫，且必須具有執行合規計畫要求的必要權限。

2013 年 3 月 18 日，FinCEN 向管理、交換或使用加密貨幣的人員發布了 FinCEN 條例的應用（FinCEN 規則適用於人員管理、交換或使用加密貨幣指南），明確了企業和個人在 MSB 註冊中使用加密貨幣的要求。MSB 是貨幣服務業務的縮寫，它屬於 FinCEN（美國財政部金融犯罪執法局）、屬於登記許可制度。凡從事貨幣服務業務的，必須申請經營許可證。目前，火幣、OKEX、幣安、美國大幣網、英國 UKF GROUP 等全球大型交易所、外匯公司擁有此牌照。

➢ 牌照查詢

美國 MSB 牌照查詢地址：https：//www.fincen.gov/msb-state-selector 在 LEGAL NAME 處填寫 Bingbon 進行搜索

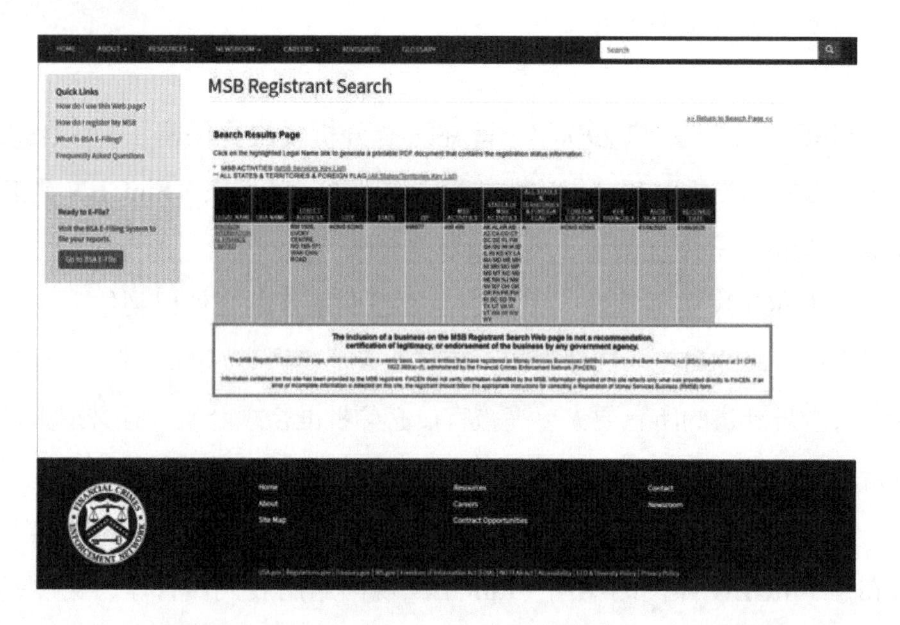

【許可文件如下】

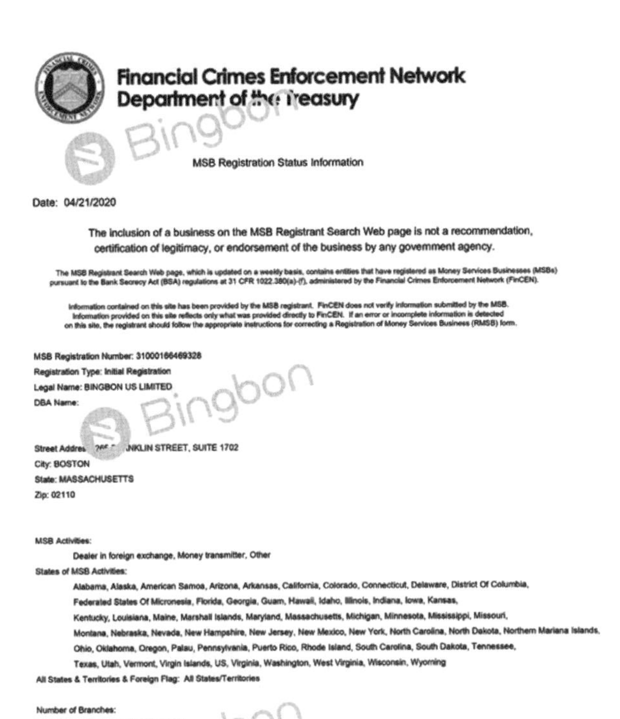

Financial Crimes Enforcement Network
Department of the Treasury

MSB Registration Status Information

Date: 04/21/2020

The inclusion of a business on the MSB Registrant Search Web page is not a recommendation, certification of legitimacy, or endorsement of the business by any government agency.

The MSB Registrant Search Web page, which is updated on a weekly basis, contains entities that have registered as Money Services Businesses (MSBs) pursuant to the Bank Secrecy Act (BSA) regulations at 31 CFR 1022.380(a)-(f), administered by the Financial Crimes Enforcement Network (FinCEN).

Information contained on this site has been provided by the MSB registrant. FinCEN does not verify information submitted by the MSB. Information provided on this site reflects only what was provided directly to FinCEN. If an error or incomplete information is detected on this site, the registrant should follow the appropriate instructions for correcting a Registration of Money Services Business (RMSB) form.

MSB Registration Number: 31000166469328
Registration Type: Initial Registration
Legal Name: BINGBON US LIMITED
DBA Name:

Street Addres[illegible]NKLIN STREET, SUITE 1702
City: BOSTON
State: MASSACHUSETTS
Zip: 02110

MSB Activities:
Dealer in foreign exchange, Money transmitter, Other
States of MSB Activities:
Alabama, Alaska, American Samoa, Arizona, Arkansas, California, Colorado, Connecticut, Delaware, District Of Columbia, Federated States Of Micronesia, Florida, Georgia, Guam, Hawaii, Idaho, Illinois, Indiana, Iowa, Kansas, Kentucky, Louisiana, Maine, Marshall Islands, Maryland, Massachusetts, Michigan, Minnesota, Mississippi, Missouri, Montana, Nebraska, Nevada, New Hampshire, New Jersey, New Mexico, New York, North Carolina, North Dakota, Northern Mariana Islands, Ohio, Oklahoma, Oregon, Palau, Pennsylvania, Puerto Rico, Rhode Island, South Carolina, South Dakota, Tennessee, Texas, Utah, Vermont, Virgin Islands, US, Virginia, Washington, West Virginia, Wisconsin, Wyoming
All States & Territories & Foreign Flag: All States/Territories

Number of Branches:
Authorized Signature Date: 04/14/2020
Received Date: 04/14/20[illegible]

以上是三牌照資訊匯總編輯，更新時間 2020/04/29（原資訊披露時間 2020/02/02）。

免責聲明

本免責聲明應與平台的服務協議（https：//support.bingbon.io/hc/zh-tw/articles/360033286474-服務協議）一起閱讀。簡而言之，我們希望當您在我們的平台上交易時能夠理解相關重要的合規事宜和責任條款。

1. 目的

為了維護一個健全、合規的數位資產交易平台，我們建立並實施了一系列的反洗錢、反恐怖融資和貿易與經濟制裁計畫，並且做出相關責任條款的聲明。我們致力於推進合法、透明的商業活動，並在用戶、監管機構和數位資產行業中保持一個良好的聲譽。

2. 監管環境

我們瞭解到監管機構對數位資產的監管與規範採取了多種方式，包括將數位資產定義或歸類為虛擬金融資產（馬耳他）、可兌換加密貨幣（美國 FinCEN）或者虛擬商品（香港）。作為交易平台，我們認為平台上提供的所有數位資產屬於創新的另類資產類別，因此，數位資產不應該被稱為錢或貨幣。

3. 披露

數位資產非金錢或法定貨幣。比特幣和萊特幣等數位資產不以任何政府或中央銀行為後盾支持。在不同時期我們可能會對各政府機構所採取的監管方式有不同見解。但是，我們會一直全面遵守我們經營所在國家的規章制度；同時，我們定期與監管機構和同行探討監管數位資產業務的最佳方法。

我們與政府部門合作並遵守適用法規。作為良好的企業公民，執法部門可能會要求我們提供資訊，並且如果法律允許執法調查以追查和阻止非法活動，我們將提供幫助。這也意味著我們的平台僅適用於守法的客戶。我們希望能為您提供服務，同時，我們也希望您在我們的平台上能夠合法地行事。

此外，Bingbon 遵守所有國家或地區對於區塊鏈加密數位資產的所有法律，我們的服務並不對以下國家或地區的居民開放：阿富汗、布隆迪、白俄羅斯、中非共和國、剛果、中國大陸、香港特別行政區、澳門特別行政區、新加坡、馬來西亞、埃塞俄比亞、幾內亞、幾內亞比紹、伊拉克、伊朗、民主人民共和國、韓國、黎巴嫩、斯里蘭卡、利比亞、塞爾維亞、蘇丹、索馬裡、南蘇丹、阿拉伯敘利亞共和國、泰國、突尼斯、特立尼達和多巴哥、烏克蘭、烏干達、委內瑞拉、也門、津巴布韋、古巴、美國（包括所有美國領土，如波多黎各、美屬薩摩亞、關島）。此排除國家或地區列表可能會有所變化，亦可能因不同服務而異。

4. 反洗錢／反恐怖融資方案

透過基於風險管理的多層次控制系統，我們設計了自己的反洗錢和反恐怖融資方案以合理防止洗錢和恐怖主義融資。

該方案的第一層包括嚴格的用戶身分識別程式，包括驗證個人和企業用戶的身分。除了獲得身分證明檔案外，我們還向非自然人用戶取得其機構受益所有人 / 自然人的資訊，這是為符合國際標準例如金融行動特別工作組（FATF）的要求。

第二層包括基於風險的系統控制，以保證額外的客戶盡職調查得以執行。為了實現此，我們將用戶（包括實益擁有人）在香港特區政府公報、美國海外資產控制辦公室（OFAC）制裁名單和聯合國安理會制裁名單以及其他制裁名單公佈的機構 / 人員名單中進行篩選。我們也可以酌情在其他名單中進行篩選，以保護我們的聲譽和客戶。

第三層包括持續監控可疑活動。如果我們懷疑或有理由懷疑存在可疑交易活動，我們將酌情向當地監管機構提交可疑交易活動報告。通常，可疑交易與客戶已知的合法業務或個人日常交易活動不一致。

5. 風險

數位資產交易被認為具有高風險。數位資產不以任何政府或中央銀行為後盾支持，交易或持有數位資產的風險可能很大，您應該根據您的財務狀況仔細考慮持有或交易數位資產是否適合您。

社交媒體

Facebook

Twitter

Telegram

Medium

Reddit

了解完 Bingbon 其多麼強大的背景、安全機制及功能後，您的頭上一定冒出很多問號？？這麼厲害的合約交易所對我到底有什麼用處呢？它又可以幫助我什麼呢？

盈幣寶（Bingbon）不只是單純的合約交易平台，它還可以當作是您的斜槓及被動收入的來源，因為在 Bingbon 裡有跟單系統的功能，這個跟單系統可以讓您挑選優質的交易員，並且自動跟著他下單交易獲利。

比方說，在股票市場大家最常聽到的常勝軍——巴菲特，如果現在某一家的股票交易有跟單系統，可以讓我挑選巴菲特然後系統自動跟著他買進股票，他賣出的時候跟單系統也自動的賣出，那這樣是不是獲利大於虧損變得很容易了。那在 Bingbon 的跟單系統也是一樣如此，只要挑選對的交易員及風險管控得宜，基本上，每個月想要有固定的被動收入就不是一件難事了。

但是，在挑選優質的交易員也不是隨隨便便看系統上各個交易員的數據資料就可以的，因為當中還暗藏了許多的玄機，有可能您跟的交易員表面上數據都很漂亮，或者是前段跟的時候都賺錢，但是賠的時候就把賺的甚至還賠到本，那就得不償失了。

在這先恭喜您看到這一本書，因為我們團隊在這方面已經研究多時了，也幫您精心挑選及測試交易員，並且配置最優質及互補的交易員讓您每個月至少有 10% 以上的獲利，而且是永續的，請跟著以下的步驟先領取 100 美元的贈金，開啟自由人生！

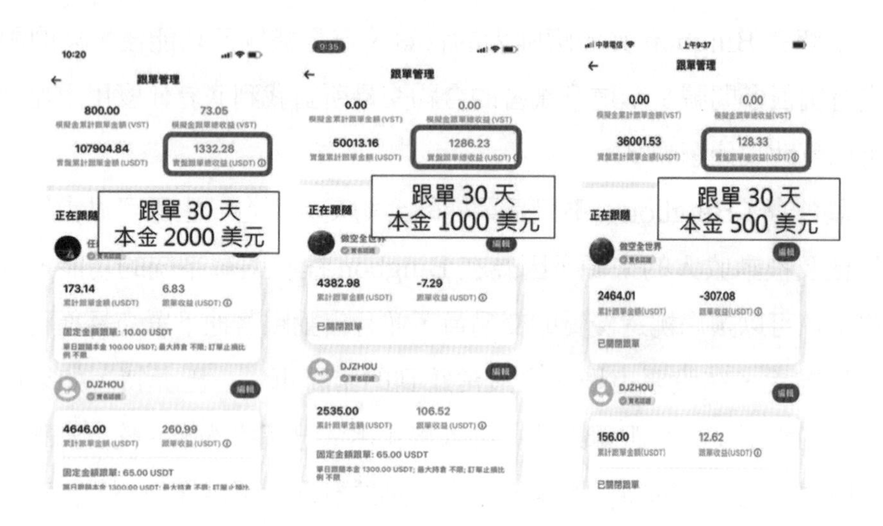

Bingbon 操作說明 - APP 版

一、Bingbon 註冊及下載

收到好友邀請掃描後，註冊後可將按照以下流程完成下載

（一）iOS 下載流程，註冊完後點選下載 APP，選擇 iOS 穩定版本進行下載，安卓系統直接至 Play 商店下載即可。

（二）先行下載 TestFlight 打開後再下載 Bingbon App

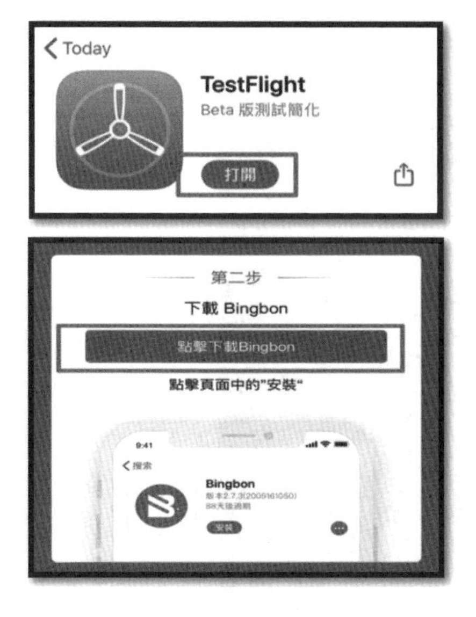

二、合約操作下單

以標準合約 BTC/USDT 模擬倉為例，選擇開單的方向「買漲」或

「買跌」，然後選擇下單帳戶「 VST 帳戶（模擬金）」

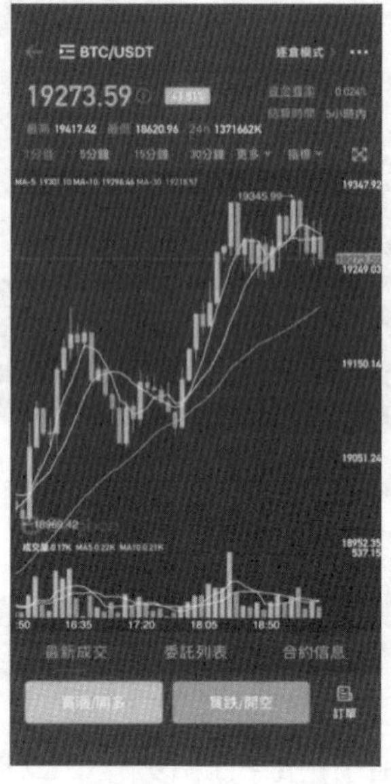

市價：以現在市場價格直接進場

計畫：以期待性價格計畫掛單進場

槓桿：放大交易額的方式（槓桿越高風險越高）

本金：下單金額

高級設置：設定止盈止損，即設定獲利了結或止損出場的工具

下完單後可點選訂單查看，亦可再次調整止盈止損設定

若要獲利了結或止損出場，可點選「平倉」

 三、資產操作：充值、劃轉、提幣

（一）充值：將幣從其他錢包帳戶充值進來

點選「資產」後點選「充值」進入充值頁面

選擇充值幣種，在此以 USDT 為例

USDT 目前於 Bingbon 有三種區塊鏈充值方式——

1、ERC20（又稱以太鏈），地址開頭為 0

2、TRC20（又稱波場鏈），地址開頭為 T

3、OMNI（又稱比特鏈），地址開頭為 1

（二）劃轉：幣充值進來後會為在「資金帳戶」，需做劃轉至「標準合約帳戶」始得下單。

（三）提幣：指把幣提出至其他錢包帳戶。

點選「資產」後點選「提幣」進入提幣頁面。

選擇提幣幣種，在此以 USDT 為例

USDT 目前於 Bingbon 有三種區塊鏈提幣方式，分別為：ERC20、TRC20、OMNI

提幣注意事項：

1、提幣時需注意區塊鏈傳送地址需為同一區塊鏈，不得跨鏈轉移

TRC20 → TRC20（○）幣可成功轉移至錢包

TRC20 → ERC20（×）幣將永遠消失

2、提幣手續費

（1）TRC20 手續費低，傳幣速度快

（2）ERC20 手續費中，傳幣速度中

（3）OMNI 手續費高，傳幣速度慢

四、關於 KYC 驗證的說明

KYC 驗證即「身分認證」，透過身分證或護照等證件證明用戶的身分，確保用戶資料的真實性，KYC 驗證前後提幣限額不同，區別如下：

未實名：USDT 單日上限 1 萬，單筆最大 1 萬，累計 4 萬。

未實名：ETH 單日上限 50，單筆最大 50，累計 200。

未實名：BTC 單日上限 1，單筆最大 1，累計 4。

實名：USDT 單日上限 10 萬，單筆最大 100 萬，累計無限制。

實名：ETH 單日上限 150，單筆最大 400，累計無限制。

實名：BTC 單日上限 2，單筆最大 5，累計無限制。

如何進行 KYC 驗證（以護照為例）

1. 在 Bingbon APP「我的」頁面點選「身分認證」。

2. 輸入姓名（英文名）、護照號碼後進入下一步

溫馨提示：請確定輸入訊息與證件一致。

00:21
身份認證
身份證
護照
姓名 請輸入姓名
護照號 請輸入護照號
下一步

3. 按提示上傳 KYC 所需照片

溫馨提示：提交審核後，若提交的資訊真實無誤，預計一個工作日內將會通過審核；若提示審核失敗，請留意失敗提示並依照指示重新提交 KYC 驗證，或諮詢在線客服了解詳情。

當下合約市場還處於逐鹿群雄的階段，無論是頭部還是新銳，各個方面都不完善。Bingbon 屬於率先的第一批合約玩家，其「埋頭做事，抬頭看路」的穩健風格，使其擁有良好的產品體驗和較大的用戶基礎，成為合約小白首選的第一站。合約市場同現貨市場一樣，最終都會形成馬太效應，出現贏者通吃的局面。Bingbon 的發展始終堅持「公平不作惡」的持續性原則，為用戶提供良好的服務體驗和完善的風控體系，唯有堅守本心才能在激烈的合約大戰中笑到最後。

相信看到這裡的您，一定註冊好帳號並下載好盈幣寶 APP 了，但您心裡一定還有幾個疑問？那就是我到底要如何運用 Bingbon 贈送的 100 美金自行下單，以及跟單功能來賺錢呢？這些問題我們都幫您想好了，您只要掃描以下的 QR-Code 加入魔法盈幣寶的社群，就會有我們定期的線上及線下實體課程的資訊，帶您一起在區塊鏈金融賺翻全世界。

09 DAPP 運用

什麼是 DAPP

DAPP 是 Decentralized Application，翻譯過來是分散式應用或去中心化應用，它是基於區塊鏈底層開發平臺建立的。DAPP 與區塊鏈底層平臺的關係就好比 APP 與安卓，IOS 系統的關係，一個真正的 DAPP，需要同時滿足以下幾個條件：

1、DAPP 必須是開源、自治的，資料必須加密後存儲在公開的區塊鏈上，沒有協力廠商機構決定這個應用的運行。

2、DAPP 的升級和改造必須由大部分用戶意見達成一致後才能進行。

3、DAPP 不會單點失敗，而造成整個網路的癱瘓。即網路中必須存在大量節點，且一個節點出現問題，並不會影響整個網路的運行。

4、DAPP 必須有一個去中心化的共識機制，這種共識機制可無需協力廠商來達成共識。

5、應用必須有內部通證，即支付工具。比如 Ufile Chain 的首款 DAPP，使用者需要使用這個系統內的通證來進行交易。

6、應用代幣的產生必須依據標準的加密演算法，有價值的節點可以根據該演算法獲取相應的代幣獎勵。

DAPP 與 APP 的區別

從客戶體驗角度，APP 相對於 DAPP 有四大問題，一是截留使用者資料，二是壟斷生態平臺，三是保留用戶權利，四是限制產品標準扼殺創新。

從技術角度，DAPP 與 APP 區別主要有兩個方面，一是 APP 在安卓或蘋果系統上安裝並運行；DAPP 在區塊鏈公鏈上開發並結合智慧合約；二是 APP 資訊存儲在資料服務平臺，運營方可以直接修改；DAPP 資料加密後存儲在區塊鏈，難以篡改。

DAPP 的分類

根據去中心化的物件，DAPP 可以進行分類。對於一個中心化伺服器而言，包括計算、存儲能力，以及所產生的資料三個方面，而由資料之前的關聯度又產生了某種特定的「關係」。因此一般而言，去中心化包括以下幾類，

- 基於計算能力的去中心化（如 POW 機制）
- 基於存儲能力的去中心化（如 IPFS）
- 基於資料的去中心化（如 STEEMIT）
- 基於關係的去中心化（如去中心化 ID）

APP，是指智慧手機的協力廠商應用程式，APP 的出現，改變了人們的社交、出行、支付、娛樂等方式，中心化 APP 給人們帶來便利的同時，其弊端也逐漸顯現，過度獲取使用者資訊，侵犯使用者隱私，非法倒賣使用者資訊等問題層出不窮，這些問題的出現促進了 APP 應用的變革，於是去中心化的 DAPP 悄然興起。

DAPP 的優缺點是什麼？

優點：

- 去中心化：沒有單點故障，政府或者個人很難控制整個網路。
- 持續工作：依靠 P2P 系統，即使個人的電腦或者一部分網路癱瘓，DAPP 依然可以運行。
- 區塊鏈基石：通過智慧合約可以輕鬆將加密貨幣整合到 DAPP 的基本功能中。
- 原始程式碼公開：促進 DAPP 生態系統的廣泛開發，促使開發者開發出更多有用和有趣的功能。

缺點：

- 駭客：因為 DAPP 的智慧合約是開源的，駭客可以分析並找到漏洞。DAPP 很容易遭到駭客的攻擊，這可能會威脅用戶的資金安全。
- 可用性：很多 DAPP 幾乎都沒有使用者介面，但隨著時間推移這方面應該會改善。
- 使用者體驗差：因為是去中心化關係，要有一定的技術門檻，不像 APP 一樣在使用者介面和感受都經過優化。
- 用戶：DAPP 的使用用戶很少，導致了 DAPP 交互性很差。
- 抵制審查：DAPP 可以自由運行的能力導致了龐氏騙局、逃出騙局和所謂的暗殺市場。

有哪些 DAPP ？

更多 DAPP 可在此查詢 http：//www.readblocks.com/dapp

- State Of The DAPPs 列出了 2000 多個基於以太坊網絡的

DAPP，其中一些項目已經終止或遭到破壞。

- 目前最流行的 DAPP 是去中心化的加密貨幣交換，人們可以通過它用一種加密貨幣交換另一種加密貨幣。
- DAPPRadar 列出了 EOS 上的 60 個 DAPP，EOS 是一種專注快速交易和微支付的加密貨幣。

「Forsage」是全球首創 100% 去中心化全球共享矩陣項目

官方網站：https：//forsage.io/i/qx9ysa/

在以太坊 DAPP 用戶榜與 Gas（轉帳費）消耗榜上，一個名為 Forsage（中文名為佛薩奇）的項目自年初以來長期佔據榜單前三的位置，最高單日交易筆數超 4 萬筆、活躍地址超 2 萬，總參與地址超過 110 萬，資金參與價值超 3 億美金，今年經常在以太坊相關數據網站查看信息的投資者或許都看到過這個名字，再進一步瞭解或許能知道這是 DAPP 的項目，但大多對 Forsage 如何運作、為何吸引到龐大用戶群體不甚瞭解。

Forsage 項目由據稱為俄羅斯居民的 Lado Okhotnikov 於 2020 年 2 月初發起，是一個使用以太坊智能合約運作的類金字塔模式項目，用戶通過向智能合約支付一定 ETH 後加入該計畫，並通過邀請更多用戶向智能合約支付 ETH 獲得佣金獎勵，有組織行銷的性質，但其走紅更關鍵的原因在於其中的雙矩陣、獎勵滑落等設計。

Forsage 不是投資，它是一個捐贈式的眾籌平台，網路上很多人說它是個龐式騙局，但是了解去中心化 DAPP 之後，你會發現其實不是這麼一回事，它只是利用去中心化的智能合約進行一個捐贈式的遊戲，所有的智能合約規則都在鏈上，是無法進行修改，100% 建立在智能合約，100% 公開開源，不受任何人或第三方管控，所有 ETH 矩陣 100% 獲利規則永遠上鏈封存智能合約，永續執行，而且所有的以太幣往來，都是直接在自己的錢包裡面操作，不是轉到系統的錢包裡面，系統的沉澱資金池為 0，表示系統不收取、不存放任何的費用，進來的以太幣 100% 打出去，Forsage 於 2020 年 2 月在以太坊區塊鏈內開發。該公司表示，它願意與世界分享這種破壞性技術。他們特別指出，在 2020 年 2 月 6 日，其開發人員在永久存在的且無法被任何實體修改的區塊鏈上「實施了自執行智能合約」。

Forsage 甚至宣布創建「以太坊區塊鏈矩陣項目」，聲稱智能合約「為去中心市場參與者提供了直接參與個人和商業交易的能力」。風險這個問題在 Forsage 上趨近於 0，Forsage 基於智能合約區塊鏈系統工作。智能合約的代碼位於以太坊公鏈全開源，所有人都看得到程式代碼，所有收益和轉帳都直接進入你的個人錢包，沒有任何隱藏費用，也沒有第三方消耗。這確保了你賺的任何錢都屬於你，只有你自己可以拿到你錢包裡的錢。

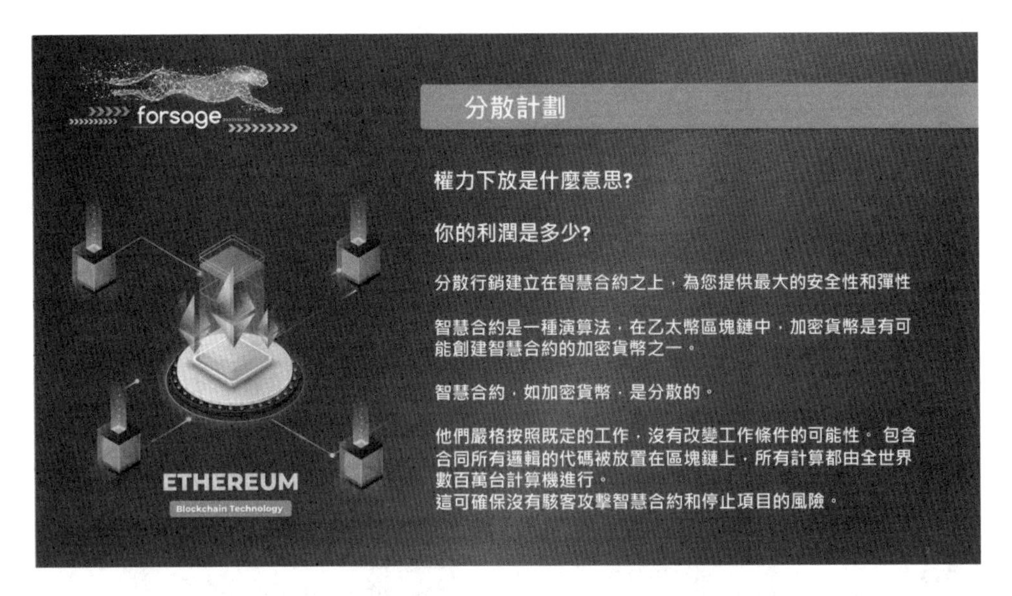

Forsage 的走紅不僅僅在於將常見的多層分銷網絡搬到以太坊智能合約上，更在於充分利用智能合約的安全、去中心化特性，讓所有參與者信任。

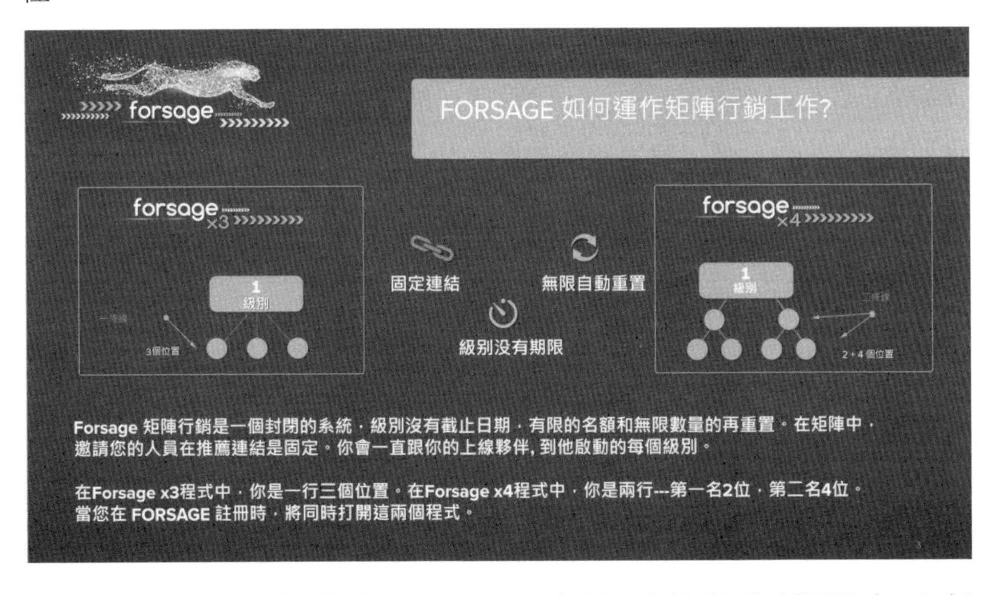

進入 Forsage 的門檻為 0.05ETH，但這兩個矩陣分別還設有 12 個

級別，門檻從 0.05ETH、0.1ETH 最高可至 51.2ETH，每個級別的資金門檻都是前一級別的兩倍，用戶每投入一筆 ETH 都會按照前述機制轉入更高級別推薦者錢包。

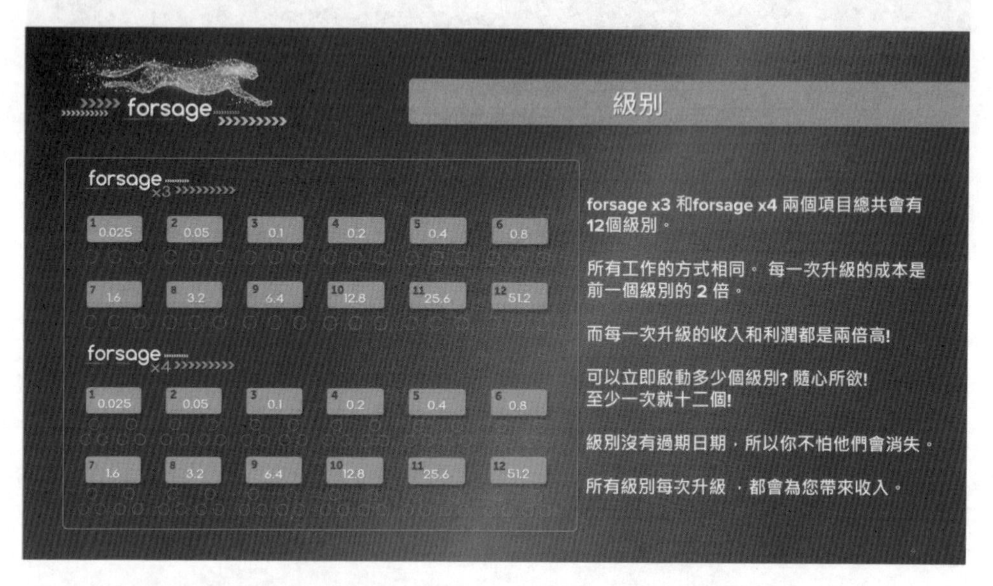

不同矩陣有不同的運作機制，x3 矩陣的設計是每個用戶 ID 下設有 3 個點位，即三個被推薦者位置，前兩個被推薦者的 0.025 個 ETH 會直接轉入推薦者錢包地址，第三個被推薦者的資金會自動轉入其推薦者的更上一級推薦者用戶地址。此後的推薦用戶則會重複進行這個流程，即每發展兩名下線的獎金歸自己，每發展第三名下線的獎勵歸自己的上級。

x4 矩陣的設計是每個用戶 ID 設有 6 個推薦者點位，前 2 個推薦者的 0.025 個 ETH 都會轉入該用戶上線推薦者的錢包地址，第 3、4、5 個推薦者的發展資金則歸該用戶，第 6 個推薦者的資金則會隨機轉入附近點位的用戶錢包。

根據各方面資料顯示，用戶參與 Forsage 項目首先需要打開來自上級推薦者的鏈接，並向 Forsage 智能合約支付 0.05 個 ETH，該智能合約不沉澱任何資金，而是會將這部分資金分為兩部分通過 x3 矩陣與 x4 矩陣自動轉入上級或更上級推薦者的以太坊錢包，即各有 0.025 個 ETH。

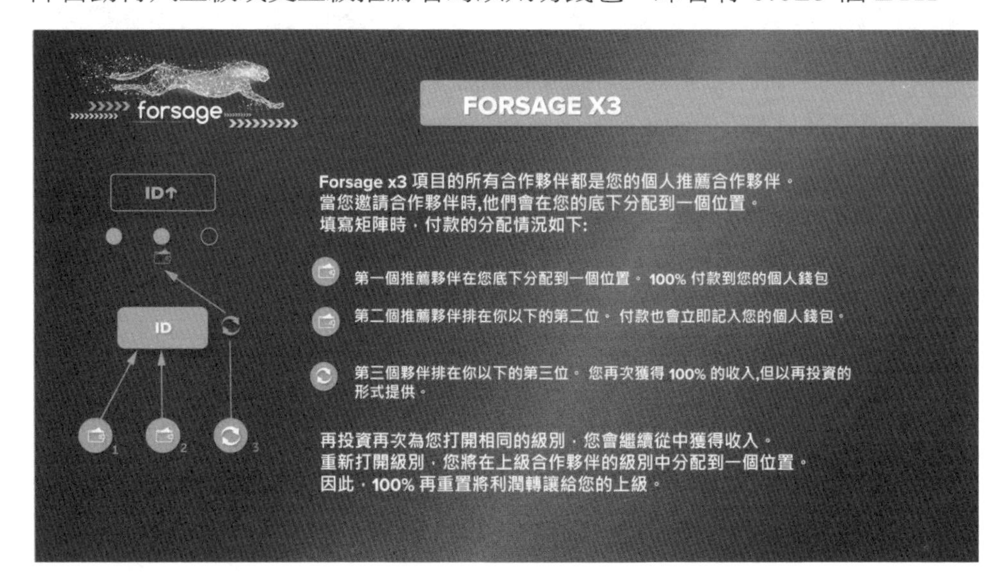

Forsage 的設計是讓用戶投入更多 ETH、提升矩陣級別的機制在於，如果某用戶的矩陣級別低於其下線的級別，那麼來自下線的獎勵就會繞過該用戶錢包，「滑落」至推薦層級更高、矩陣級別不低於該用戶的上線錢包。

舉例而言，如果某用戶只開通到 0.5ETH 級別的矩陣，如果其下線投入 3.2 個 ETH 開通更高級別矩陣，那麼這名下線的資金分配會完全繞過該用戶，從而產生類似加密貨幣交易領域的「FOMO」錯失恐懼症（Fear of missing out，簡稱：FOMO）心理。

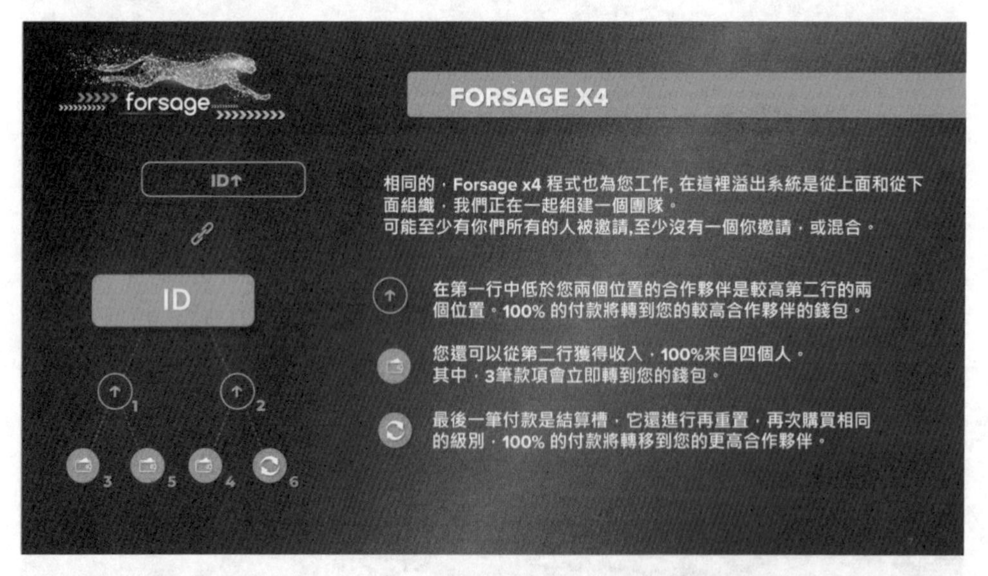

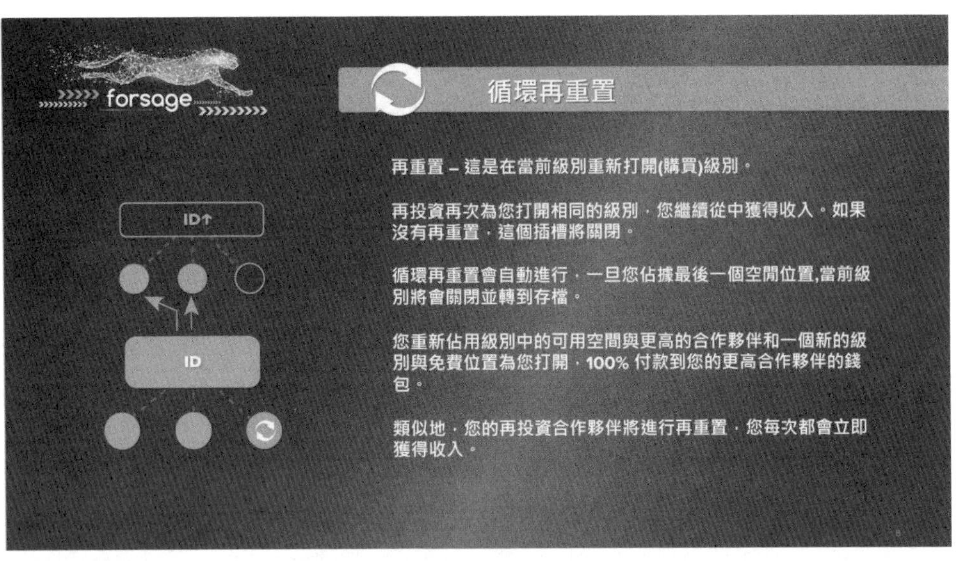
forsage
循環再重置
再重置 – 這是在當前級別重新打開(購買)級別。
再投資再次為您打開相同的級別，您繼續從中獲得收入。如果沒有再重置，這個插槽將關閉。
循環再重置會自動進行，一旦您佔據最後一個空間位置,當前級別將會關閉並轉到存檔。
您重新佔用級別中的可用空間與更高的合作夥伴和一個新的級別與免費位置為您打開，100% 付款到您的更高合作夥伴的錢包。
類似地，您的再投資合作夥伴將進行再重置，您每次都會立即獲得收入。
ID↑
ID

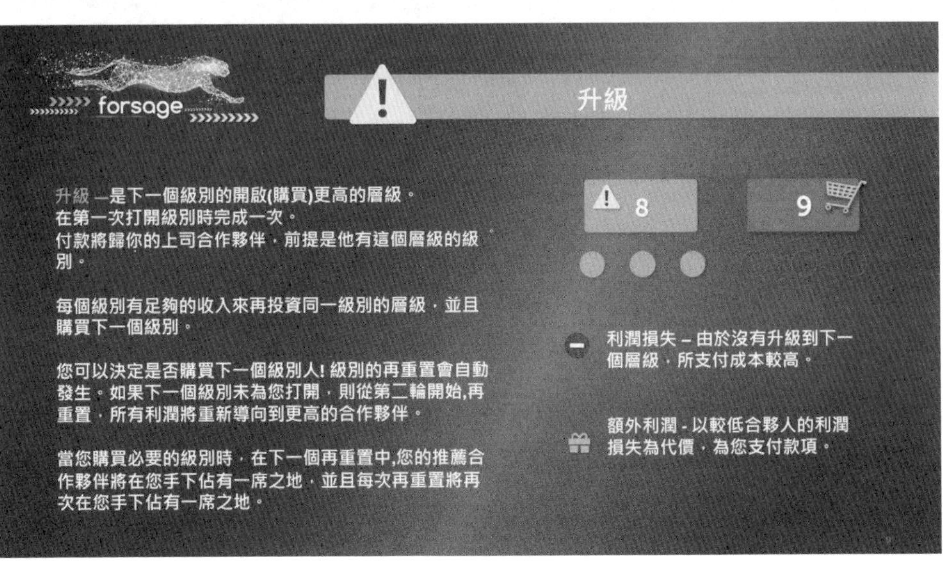
forsage
升級
升級 –是下一個級別的開啟(購買)更高的層級。
在第一次打開級別時完成一次。
付款將歸你的上司合作夥伴，前提是他有這個層級的級別。
每個級別有足夠的收入來再投資同一級別的層級，並且購買下一個級別。
您可以決定是否購買下一個級別人! 級別的再重置會自動發生。如果下一個級別未為您打開，則從第二輪開始,再重置，所有利潤將重新導向到更高的合作夥伴。
當您購買必要的級別時，在下一個再重置中,您的推薦合作夥伴將在您手下佔有一席之地，並且每次再重置將再次在您手下佔有一席之地。
8
9
利潤損失 – 由於沒有升級到下一個層級，所支付成本較高。
額外利潤 - 以較低合夥人的利潤損失為代價，為您支付款項。

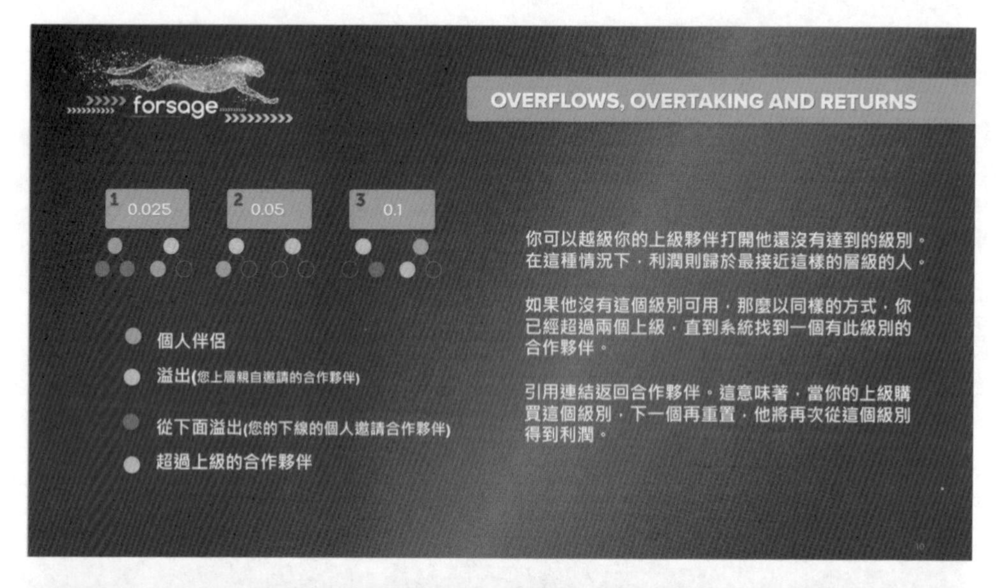

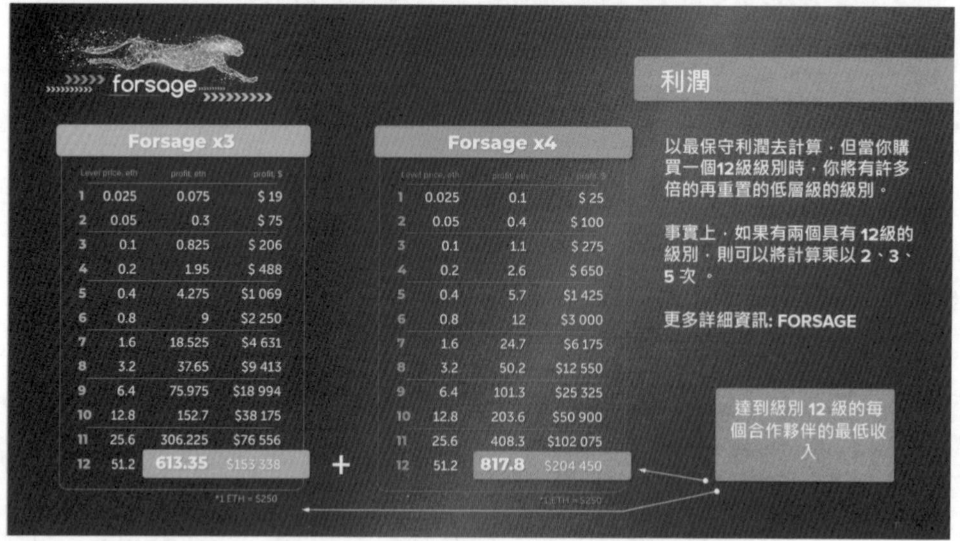

Forsage x3

	Level price, eth	profit, eth	profit, $
1	0.025	0.075	$ 19
2	0.05	0.3	$ 75
3	0.1	0.825	$ 206
4	0.2	1.95	$ 488
5	0.4	4.275	$1 069
6	0.8	9	$2 250
7	1.6	18.525	$4 631
8	3.2	37.65	$9 413
9	6.4	75.975	$18 994
10	12.8	152.7	$38 175
11	25.6	306.225	$76 556
12	51.2	613.35	$153 338

Forsage x4

	Level price, eth	profit, eth	profit, $
1	0.025	0.1	$ 25
2	0.05	0.4	$ 100
3	0.1	1.1	$ 275
4	0.2	2.6	$ 650
5	0.4	5.7	$1 425
6	0.8	12	$3 000
7	1.6	24.7	$6 175
8	3.2	50.2	$12 550
9	6.4	101.3	$25 325
10	12.8	203.6	$50 900
11	25.6	408.3	$102 075
12	51.2	817.8	$204 450

在這種情況下，Forsage 用戶在投入參與後的收益就可以來自兩部分，一部分為所謂的動態收益，即源於自己直接推薦用戶的獎勵，需要投入大量精力拓展下線；另一部分則是所謂的靜態收益，只要用戶開通的矩陣級別夠高並發展了一定數量的下線，那麼就可能出現其下線在進一步發

展下線時，出現矩陣級別低於更低下線的情況，那麼就可以享受到這些下線的「滑落」收益。

更具體而言，Forsage 相比於過去的傳銷與資金盤項目，主要有以下幾個特點：設有極低的資金門檻，後續再通過各種機制刺激投入；層級關係與收益高低沒有直接關係，用戶可以通過開通更高級別的矩陣提升自己「攔截」滑落獎勵的可能；基於智能合約運行，不存在資金沉澱與崩盤風險。

同時，這些營銷活動的展開也極大地刺激了市場對 ETH 的購買需求，其 6 ～ 8 月爆發式的成長趨勢與 ETH 今年年中的價格走勢也呈現出一定的關聯性。

不過從 2020 年 9 月初開始，Forsage 在以太坊網絡的各項數據呈現快速下滑的態勢，大部分日期的活躍地址都在 1000 ～ 2000 之間。這一定程度上是由於該項目官方在波場推出了新版本 Forsage，以減少以太坊網絡過高 Gas 費對新用戶的潛在影響，同時還推出了名為 xGOLD 的

新玩法。但從波場瀏覽器數據來看，Forsage 波場版平均每日活躍地址也在 1000～2000 之間，與以太坊數據相加也遠遠低於巔峰期超 2 萬的日活。

Forsage 與金字塔一樣嗎？

Forsage 是新一代的眾籌平台，與金字塔無關。金融金字塔的原則基於這樣一個事實，大部分的錢集中在其創造者的手中，你來得越早，錢就越多，而且金字塔計畫可以在任何時間被關閉。Forsage 平台的參與者，無論是領導者還是新人，都是平等的。要停止平台，沒有人可以做到，因為它的功能是由一個不能刪除或篡改的智能合約保證的，即使網站停止工作，所有的數據和結構都將是完整的，只要有互聯網和電力，智能合約將繼續運行。

因為加入 Forsag 是完全沒有任何產品的，所有參與者的利潤皆來自不斷地接紹新人來加入，魔法講盟特別因應此缺陷加以改進，針對新加入魔法底下 Forsag 者，額外贈送加入當下以太幣總額更高價值的課程方案（課程內容及以太幣數量魔法講盟會依實際狀況調整），做為加入魔法講明底下成員的好康，也唯有透過本書的推薦連接加入者才享有此優惠，也可與筆者聯繫合作事宜。

方案

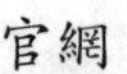

學習領航家——新絲路視頻

讓您一饗知識盛宴，偷學大師真本事！

活在知識爆炸的 21 世紀，您要如何分辨看到的是落地資訊還是忽悠言詞？
成功者又是如何在有限時間內，從龐雜的資訊中獲取最有用的智慧？
巨量的訊息，帶來新的難題，新絲路視頻讓您睜大雙眼，
從另一個角度重新理解世界，看清所有事情的真相，
培養視野、養成觀點！

想做個聰明的閱聽人，您必須懂得善用新媒體，不斷地學習。**新絲路視頻** 便提供閱聽者一個更有效的吸收知識方式，讓想上進、想擴充新知的你，在短短 30 ～ 90 分鐘的時間內，便能吸收最優質、充滿知性與理性的內容（知識膠囊），快速習得大師的智慧精華，讓您閒暇的時間也能很知性！

師法大師的思維，長知識、不費力！

新絲路視頻 重磅邀請台灣最有學識的出版之神——王晴天博士主講，有料會寫又能說的王博士憑著扎實學識，被喻為台版「羅輯思維」，他不僅是天資聰穎的開創者，同時也是勤學不倦，孜孜矻矻的實踐家，再忙碌，每天必撥時間學習進修。他根本就是終身學習的終極解決方案！

在 **新絲路視頻** ，您可以透過「**歷史真相系列 1 ～**」、「**說書系列 2 ～**」、「**文化傳承與文明之光 3 ～**」、「**寰宇時空史地 4 ～**」、「**改變人生的 10 個方法 5 ～**」、「**真永是真真讀書會 6 ～**」一同與王博士探討古今中外歷史、文化及財經商業等議題，有別於傳統主流的思考觀點，不只長知識，更讓您的智慧升級，不再人云亦云。

新絲路視頻 於 YouTube 及兩岸的視頻網站、各大部落格及土豆、騰訊、網路電台……等皆有發布，邀請您一同成為知識的渴求者，跟著 **新絲路視頻** 偷學大師的成功真經，開闊新視野、拓展新思路、汲取新知識。

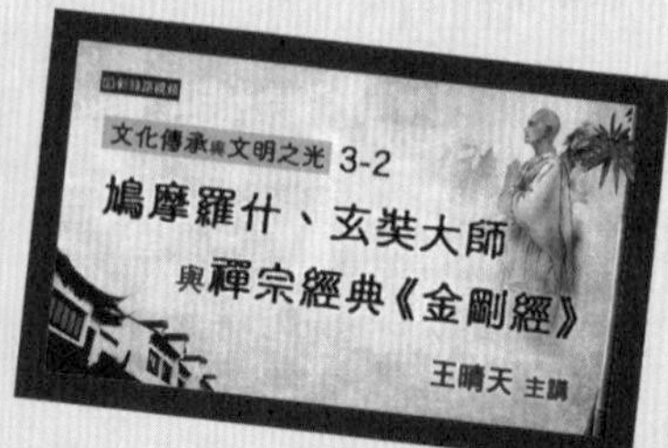

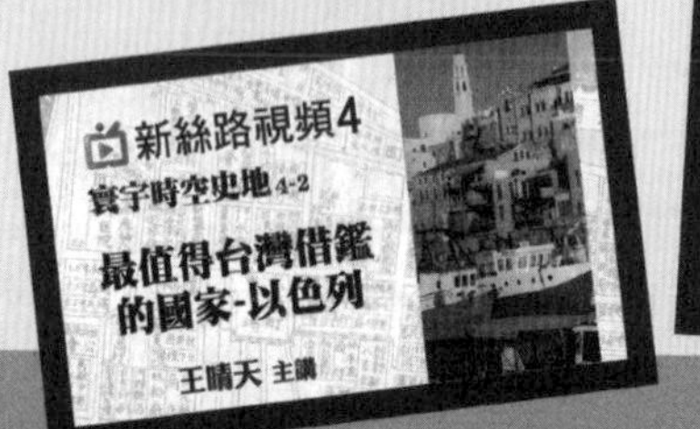

www.silkbook.com　新．絲．路．網．路．書．店　silkbook○com

國家圖書館出版品預行編目資料

區塊鏈創業 / 吳宥忠 著.. -- 初版. -- 新北市：創見文化出版，采舍國際有限公司發行 2021.2 面；公分-- （MAGIC POWER ；13）
ISBN 978-986-271-896-4（平裝）

1.電子商務 2.創業

490.29 109021244

區塊鏈創業

洞見趨勢，鏈接未來，翻轉人生！

THE BEST BLOCKCHAIN FOR YOUR BUSINESS

區塊鏈創業

本書採減碳印製流程，碳足跡追蹤並使用優質中性紙（Acid & Alkali Free）通過綠色環保認證，最符環保需求。

作者／吳宥忠

出版者／魔法講盟 委託創見文化出版發行

總顧問／王寶玲

總編輯／歐綾纖

文字編輯／蔡靜怡

美術設計／蔡瑪麗

台灣出版中心／新北市中和區中山路2段366巷10號10樓

電話／（02）2248-7896

傳真／（02）2248-7758

ISBN／978-986-271-896-4

出版日期／2021年2月初版

全球華文市場總代理／采舍國際有限公司

地址／新北市中和區中山路2段366巷10號3樓

電話／（02）8245-8786

傳真／（02）8245-8718

全系列書系特約展示門市

新絲路網路書店

地址／新北市中和區中山路2段366巷10號10樓

電話／（02）8245-9896

網址／www.silkbook.com

本書於兩岸之行銷（營銷）活動悉由采舍國際公司圖書行銷部規畫執行。